房屋市政工程施工安全监督人员培训考核教材（法律法规）

住房和城乡建设部工程质量安全监管司　组织编写

中国建筑工业出版社

图书在版编目（CIP）数据

房屋市政工程施工安全监督人员培训考核教材 . 法律法规 / 住房和城乡建设部工程质量安全监管司组织编写 . 北京 : 中国建筑工业出版社 , 2025. 1. -- ISBN 978-7-112-30903-0

Ⅰ . TU990.05

中国国家版本馆 CIP 数据核字第 2025HY1435 号

本书按照住房城乡建设部发布的《房屋市政工程施工安全监督人员培训考核大纲》编写，系统梳理了安全监督人员需要掌握的法律、行政法规、部门规章及行政规范性文件，对于安全监督人员更好地从事监督工作具有重要的参考意义，适合相关从业人员使用。（如有疑问请发送至邮箱：1148678588@qq.com）

责任编辑：王华月　张　磊
责任校对：芦欣甜

房屋市政工程施工安全监督人员培训考核教材（法律法规）
住房和城乡建设部工程质量安全监管司　组织编写

*

中国建筑工业出版社出版、发行（北京海淀三里河路9号）
各地新华书店、建筑书店经销
北京点击世代文化传媒有限公司制版
北京云浩印刷有限责任公司印刷

*

开本：787 毫米 × 1092 毫米　1/16　印张：16½　字数：371 千字
2025 年 3 月第一版　2025 年 3 月第一次印刷
定价：**58.00** 元
ISBN 978-7-112-30903-0
（44538）

如有内容及印装质量问题，请与本社读者服务中心联系
电话：（010）58337283　QQ：2885381756
（地址：北京海淀三里河路9号中国建筑工业出版社604室　邮政编码：100037）

本书编委会

前言

房屋市政工程施工安全监督人员是对房屋建筑和市政基础设施工程的建设责任主体履行安全生产职责，执行法律、法规、规章、制度及工程建设强制性标准等情况实施监督的专业技术人员，是保障施工安全的重要防线。实施监督人员考核、落实持证上岗制度是提升房屋市政工程施工安全监管水平、保障人民群众生命财产安全的重要举措。房屋市政工程施工安全监督人员作为防范化解安全风险的关键因素、预防管控的“第一道防线”，既要掌握必要的法律知识和专业技能，也要具备一定的现场实操能力。监督人员经考核合格，由省、自治区、直辖市人民政府住房城乡建设主管部门对考核合格的房屋市政工程施工安全监督机构人员签发考核合格证书后，方可从事施工安全监督工作。

《房屋市政工程施工安全监督人员培训考核大纲》分为法律法规、标准规范、实操案例三个科目，其中，实操案例包括现场事故隐患识别与分析和事故调查与分析。

本系列教材严格按照住房和城乡建设部工程质量安全监管司发布的《房屋市政工程施工安全监督人员培训考核大纲》，由大纲编制专家编写，分法律法规和标准规范两本书。本书为法律法规分册，书中详细列明了安全监督人员需要了解、熟悉、掌握的主要法律法规和部门规章，既可以作为安全监督人员考核应试的学习教材，更可作为平时工作中的案头书，期待本书的出版能对安全监督人员日常工作有所帮助。

由于水平有限，难免存在疏漏和不当之处，诚请广大读者提出宝贵意见，以便于修正。如有疑问请发送邮件至邮箱：1148678588@qq.com。

目　录

一、法律

（一）中华人民共和国建筑法

（1997年11月1日第八届全国人民代表大会常务委员会第二十八次会议通过，2011年4月22日第十一届全国人民代表大会常务委员会第二十次会议第一次修订，2019年4月23日第十三届全国人民代表大会常务委员会第十次会议第二次修订）

第一章　总　则

第一条　为了加强对建筑活动的监督管理，维护建筑市场秩序，保证建筑工程的质量和安全，促进建筑业健康发展，制定本法。

第二条　在中华人民共和国境内从事建筑活动，实施对建筑活动的监督管理，应当遵守本法。

本法所称建筑活动，是指各类房屋建筑及其附属设施的建造和与其配套的路线、管道、设备的安装活动。

第三条　建筑活动应当确保建筑工程质量和安全，符合国家的建筑工程安全标准。

第四条　国家扶持建筑业的发展，支持建筑科学技术研究，提高房屋建筑设计水平，鼓励节约能源和保护环境，提倡采用先进技术、先进设备、先进工艺、新型建筑材料和现代管理方式。

第五条　从事建筑活动应当遵守法律、法规，不得损害社会公共利益和他人的合法权益。

任何单位和个人都不得妨碍和阻挠依法进行的建筑活动。

第六条　国务院建设行政主管部门对全国的建筑活动实施统一监督管理。

第二章　建筑许可

第一节　建筑工程施工许可

第七条　建筑工程开工前，建设单位应当按照国家有关规定向工程所在地县级以上人民政府建设行政主管部门申请领取施工许可证；但是，国务院建设行政主管部门确定的限额以下的小型工程除外。

按照国务院规定的权限和程序批准开工报告的建造工程，不再领取施工许可证。

第八条　申请领取施工许可证，应当具备下列条件：

（一）已经办理该建筑工程用地批准手续；

（二）依法应当办理建设工程规划许可证的，已经取得建设工程规划许可证；

（三）需要拆迁的，其拆迁进度符合施工要求；

（四）已经确定建筑施工企业；

（五）有满足施工需要的资金安排、施工图纸及技术资料；

（六）有保证工程质量和安全的具体措施；

建设行政主管部门应当自收到申请之日起七日内，对符合条件的申请颁发施工许可证。

第九条 建设单位应当自领取施工许可证之日起三个月内开工。因故不能按期开工的，应当向发证机关申请延期；延期以两次为限，每次不超过三个月。既不开工又不申请延期或者超过延期时限的，施工许可证自行废止。

第十条 在建的建筑工程因故中止施工的，建设单位应当自中止施工之日起一个月内，向发证机关报告，并按照规定做好建筑工程的维护管理工作。

建筑工程恢复施工时，应当向发证机关报告；中止施工满一年的工程恢复施工前，建设单位应当报发证机关核验施工许可证。

第十一条 按照国务院有关规定批准开工报告的建筑工程，因故不能按期开工或者中止施工的，应当及时向批准机关报告情况。因故不能按期开工超过六个月的，应当重新办理开工报告的批准手续。

第二节 从业资格

第十二条 从事建筑活动的建筑施工企业、勘察单位、设计单位和工程监理单位，应当具备下列条件：

（一）有符合国家规定的注册资本；

（二）有与其从事的建筑活动相适应的具有法定执业资格的专业技术人员；

（三）有从事相关建筑活动所应有的技术装备；

（四）法律、行政法规规定的其他条件。

第十三条 从事建筑活动的建筑施工企业、勘察单位、设计单位和工程监理单位，按照其拥有的注册资本、专业技术人员、技术装备和已完成的建筑工程业绩等资质条件，划分为不同的资质等级，经资质审查合格，取得相应等级的资质证书后，方可在其资质等级许可的范围内从事建筑活动。

第十四条 从事建筑活动的专业技术人员，应当依法取得相应的执业资格证书，并在执业资格证书许可的范围内从事建筑活动。

第三章 建筑工程发包与承包

第一节 一般规定

第十五条 建筑工程的发包单位与承包单位应当依法订立书面合同，明确双方的权利和义务。

发包单位和承包单位应当全面履行合同约定的义务。不按照合同约定履行义务的，依法承担违约责任。

第十六条　建筑工程发包与承包的招标投标活动，应当遵循公开、公正、平等竞争的原则，择优选择承包单位。

建筑工程的招标投标，本法没有规定的，适用有关招标投标法律的规定。

第十七条　发包单位及其工作人员在建筑工程发包中不得收受贿赂、回扣或者索取其他好处。

承包单位及其工作人员不得利用向发包单位及其工作人员行贿、提供回扣或者给予其他好处等不正当手段承揽工程。

第十八条　建筑工程造价应当按照国家有关规定，由发包单位与承包单位在合同中约定。公开招标发包的，其造价的约定，须遵守招标投标法律的规定。

发包单位应当按照合同的约定，及时拨付工程款项。

第二节　发　包

第十九条　建筑工程依法实行招标发包，对不适于招标发包的可以直接发包。

第二十条　建筑工程实行公开招标的，发包单位应当依照法定程序和方式，发布招标公告，提供载有招标工程的主要技术要求、主要的合同条款、评标的标准和方法以及开标、评标、定标的程序等内容的招标文件。

开标应当在招标文件规定的时间、地点公开进行。开标后应当按照招标文件规定的评标标准和程序对标书进行评价、比较，在具备相应资质条件的投标者中，择优选定中标者。

第二十一条　建筑工程招标的开标、评标、定标由建设单位依法组织实施，并接受有关行政主管部门的监督。

第二十二条　建筑工程实行招标发包的，发包单位应当将建筑工程发包给依法中标的承包单位。建筑工程实行直接发包的，发包单位应当将建筑工程发包给具有相应资质条件的承包单位。

第二十三条　政府及其所属部门不得滥用行政权力，限定发包单位将招标发包的建筑工程发包给指定的承包单位。

第二十四条　提倡对建筑工程实行总承包、禁止将建筑工程肢解发包。

建筑工程的发包单位可以将建筑工程的勘察、设计、施工、设备采购一并发包给一个工程总承包单位；也可以将建筑工程勘察、设计、施工、设备采购的一项或者多项发包给一个工程总承包单位；但是，不得将应当由一个承包单位完成的建筑工程肢解成若干部分发包给几个承包单位。

第二十五条　按照合同约定，建筑材料、建筑构配件和设备由工程承包单位采购的，发包单位不得指定承包单位购入用于工程的建筑材料、建筑构配件和设备或者指定生产厂、供应商。

第三节　承　包

第二十六条　承包建筑工程的单位应当持有依法取得的资质证书，并在其资质等级许可的业务范围内承揽工程。

禁止建筑施工企业超越本企业资质等级许可的业务范围或者以任何形式用其他建筑施工企业的名义承揽工程。禁止建筑施工企业以任何形式允许其他单位或者个人使用本企业的资质证书、营业执照，以本企业的名义承揽工程。

第二十七条　大型建筑工程或者结构复杂的建筑工程，可以由两个以上的承包单位联合共同承包。共同承包的各方对承包合同的履行承担连带责任。

两个以上不同资质等级的单位实行联合共同承包的，应当按照资质等级低的单位的业务许可范围承揽工程。

第二十八条　禁止承包单位将其承包的全部建筑工程转包给他人，禁止承包单位将其承包的全部建筑工程肢解以后以分包的名义分别转包给他人。

第二十九条　建筑工程总承包单位可以将承包工程中的部分工程发包给具有相应资质条件的分包单位；但是，除总承包合同中约定的分包外，必须经建设单位认可。施工总承包的，建筑工程主体结构的施工必须由总承包单位自行完成。

建筑工程总承包单位按照总承包合同的约定对建设单位负责；分包单位按照分包合同的约定对总承包单位负责。总承包单位和分包单位就分包工程对建设单位承担连带责任。

禁止总承包单位将工程分包给不具备相应资质条件的单位。禁止分包单位将其承包的工程再分包。

第四章　建筑工程监理

第三十条　国家推行建筑工程监理制度。

国务院可以规定实行强制监理的建筑工程的范围。

第三十一条　实行监理的建筑工程，由建设单位委托具有相应资质条件的工程监理单位监理。建设单位与其委托的工程监理单位应当订立书面委托监理合同。

第三十二条　建筑工程监理应当依照法律、行政法规及有关的技术标准、设计文件和建筑工程承包合同，对承包单位在施工质量、建设工期和建设资金使用方面，代表建设单位实施监督。

工程监理人员认为工程施工不符合工程设计要求、施工技术标准和合同约定的，有权要求建筑施工企业改正。

工程监理人员发现工程设计不符合建筑工程质量标准或者合同约定的质量要求的，应当报告建设单位要求设计单位改正。

第三十三条　实施建筑工程监理前，建设单位应当将委托的工程监理单位、监理的内容及监理权限，书面通知被监理的建筑施工企业。

第三十四条　工程监理单位应当在其资质等级许可的监理范围内，承担工程监理业务。

工程监理单位应当根据建设单位的委托，客观、公正地执行监理任务。

工程监理单位与被监理工程的承包单位以及建筑材料、建筑构配件和设备供应单位不得有隶属关系或者其他利害关系。

工程监理单位不得转让工程监理业务。

第三十五条 工程监理单位不按照委托监理合同的约定履行监理义务，对应当监督检查的项目不检查或者不按规定检查，给建设单位造成损失的，应当承担相应的赔偿责任。

工程监理单位与承包单位串通，为承包单位谋取非法利益，给建设单位造成损失的，应当与承包单位承担连带赔偿责任。

第五章 建筑安全生产管理

第三十六条 建筑工程安全生产管理必须坚持安全第一、预防为主的方针，建立健全安全生产的责任制度和群防群治制度。

第三十七条 建筑工程设计应当符合按照国家规定制定的建筑安全规程和技术规范，保证工程的安全性能。

第三十八条 建筑施工企业在编制施工组织设计时，应当根据建筑工程的特点制定相应的安全技术措施；对专业性较强的工程项目，应当编制专项安全施工组织设计，并采取安全技术措施。

第三十九条 建筑施工企业应当在施工现场采取维护安全、防范危险、预防火灾等措施；有条件的，应当对施工现场实行封闭管理。

施工现场对毗邻的建筑物、构筑物和特殊作业环境可能造成损害的，建筑施工企业应当采取安全防护措施。

第四十条 建设单位应当向建筑施工企业提供与施工现场相关的地下管线资料，建筑施工企业应当采取措施加以保护。

第四十一条 建筑施工企业应当遵守有关环境保护和安全生产的法律、法规的规定，采取控制和处理施工现场的各种粉尘、废气、废水、固体废物以及噪声、振动对环境的污染和危害的措施。

第四十二条 有下列情形之一的，建设单位应当按照国家有关规定办理申请批准手续：

（一）需要临时占用规划批准范围以外场地的；

（二）可能损坏道路、管线、电力、邮电通讯等公共设施的；

（三）需要临时停水、停电、中断道路交通的；

（四）需要进行爆破作业的；

（五）法律、法规规定需要办理报批手续的其他情形。

第四十三条 建设行政主管部门负责建筑安全生产的管理，并依法接受劳动行政主管部门对建筑安全生产的指导和监督。

第四十四条 建筑施工企业必须依法加强对建筑安全生产的管理，执行安全生产责任制度，采取有效措施，防止伤亡和其他安全生产事故的发生。

建筑施工企业的法定代表人对本企业的安全生产负责。

第四十五条 施工现场安全由建筑施工企业负责。实行施工总承包的，由总承包单位负责。分包单位向总承包单位负责，服从总承包单位对施工现场的安全生产管理。

第四十六条 建筑施工企业应当建立健全劳动安全生产教育培训制度，加强对职工安全生产的教育培训；未经安全生产教育培训的人员，不得上岗作业。

第四十七条 建筑施工企业和作业人员在施工过程中，应当遵守有关安全生产的法律、法规和建筑行业安全规章、规程，不得违章指挥或者违章作业。作业人员有权对影响人身健康的作业程序和作业条件提出改进意见，有权获得安全生产所需的防护用品。作业人员对危及生命安全和人身健康的行为有权提出批评、检举和控告。

第四十八条 建筑施工企业应当依法为职工参加工伤保险缴纳工伤保险费。鼓励企业为从事危险作业的职工办理意外伤害保险，支付保险费。

第四十九条 涉及建筑主体和承重结构变动的装修工程，建设单位应当在施工前委托原设计单位或者具有相应资质条件的设计单位提出设计方案；没有设计方案的，不得施工。

第五十条 房屋拆除应当由具备保证安全条件的建筑施工单位承担，由建筑施工单位负责人对安全负责。

第五十一条 施工中发生事故时，建筑施工企业应当采取紧急措施减少人员伤亡和事故损失，并按照国家有关规定及时向有关部门报告。

第六章　建筑工程质量管理

第五十二条 建筑工程勘察、设计、施工的质量必须符合国家有关建筑工程安全标准的要求，具体管理办法由国务院规定。

有关建筑工程安全的国家标准不能适应确保建筑安全的要求时，应当及时修订。

第五十三条 国家对从事建筑活动的单位推行质量体系认证制度。从事建筑活动的单位根据自愿原则可以向国务院产品质量监督管理部门或者国务院产品质量监督管理部门授权的部门认可的认证机构申请质量体系认证。经认证合格的，由认证机构颁发质量体系认证证书。

第五十四条 建设单位不得以任何理由，要求建筑设计单位或者建筑施工企业在工程设计或者施工作业中，违反法律、行政法规和建筑工程质量、安全标准，降低工程质量。

建筑设计单位和建筑施工企业对建设单位违反前款规定提出的降低工程质量的要求，应当予以拒绝。

第五十五条 建筑工程实行总承包的，工程质量由工程总承包单位负责，总承包单位将建筑工程分包给其他单位的，应当对分包工程的质量与分包单位承担连带责任。分包单位应当接受总承包单位的质量管理。

第五十六条 建筑工程的勘察、设计单位必须对其勘察、设计的质量负责。勘察、设计文件应当符合有关法律、行政法规的规定和建筑工程质量、安全标准、建筑工程勘察、设计技术规范以及合同的约定。设计文件选用的建筑材料、建筑构配件和设备，应当注明其规格、型号、性能等技术指标，其质量要求必须符合国家规定的标准。

第五十七条 建筑设计单位对设计文件选用的建筑材料、建构配件和设备，不得指定生产厂、供应商。

第五十八条 建筑施工企业对工程的施工质量负责。

建筑施工企业必须按照工程设计图纸和施工技术标准施工，不得偷工减料。工程设计的修改由原设计单位负责，建筑施工企业不得擅自修改工程设计。

第五十九条 建筑施工企业必须按照工程设计要求、施工技术标准和合同的约定，对建筑材料、建筑构配件和设备进行检验，不合格的不得使用。

第六十条 建筑物在合理使用寿命内，必须确保地基基础工程和主体结构的质量。

第六十一条 交付竣工验收的建筑工程，必须符合规定的建筑工程质量标准，有完整的工程技术经济资料和经签署的工程保修书，并具备国家规定的其他竣工条件。

建筑工程竣工经验收合格后，方可交付使用；未经验收或者验收不合格的，不得交付使用。

第六十二条 建筑工程实行质量保修制度。

建筑工程的保修范围应当包括地基基础工程、主体结构工程、屋面防水工程和其他土建工程，以及电气管线、上下水管线的安装工程，供热、供冷系统工程等项目；保修的期限应当按照保证建筑物合理寿命年限内正常使用，维护使用者合法权益的原则确定。具体的保修范围和最低保修期限由国务院具体规定。

第六十三条 任何单位和个人对建筑工程的质量事故、质量缺陷都有权向建设行政主管部门或者其他有关部门进行检举、控告、投诉。

第七章 法律责任

第六十四条 违反本法规定，未取得施工许可证或者开工报告未经批准擅自施工的，责令改正，对不符合开工条件的责令停止施工，可以处以罚款。

第六十五条 发包单位将工程发包给不具有相应资质条件的承包单位的，或者违反本法规定将建筑工程肢解发包的，责令改正，处以罚款。

超越本单位资质等级承揽工程的，责令停止违法行为，处以罚款，可以责令停业整顿，降低资质等级；情节严重的，吊销资质证书；有违法所得的，予以没收。

未取得资质证书承揽工程的，予以取缔，并处罚款；有违法所得的，予以没收。

以欺骗手段取得资质证书的，吊销资质证书，处以罚款；构成犯罪的，依法追究刑事责任。

第六十六条　建筑施工企业转让、出借资质证书或者以其他方式允许他人以本企业的名义承揽工程的，责令改正，没收违法所得，并处罚款，可以责令停业整顿，降低资质等级；情节严重的，吊销资质证书。对因该项承揽工程不符合规定的质量标准造成的损失，建筑施工企业与使用本企业名义的单位或者个人承担连带赔偿责任。

第六十七条　承包单位将承包的工程转包的，或者违反本法规定进行分包的，责令改正，没收违法所得，并处罚款，可以责令停业整顿，降低资质等级；情节严重的，吊销资质证书。

承包单位有前款规定的违法行为的，对因转包工程或者违法分包的工程不符合规定的质量标准造成的损失，与接受转包或者分包的单位承担连带赔偿责任。

第六十八条　在工程发包与承包中索贿、受贿、行贿，构成犯罪的，依法追究刑事责任；不构成犯罪的，分别处以罚款，没收贿赂的财物，对直接负责的主管人员和其他直接责任人员给予处分。

对在工程承包中行贿的承包单位，除依照前款规定处罚外，可以责令停业整顿，降低资质等级或者吊销资质证书。

第六十九条　工程监理单位与建设单位或者建筑施工企业串通，弄虚作假、降低工程质量的，责令改正，处以罚款，降低资质等级或者吊销资质证书；有违法所得的，予以没收；造成损失的，承担连带赔偿责任；构成犯罪的，依法追究刑事责任。

工程监理单位转让监理业务的，责令改正，没收违法所得，可以责令停业整顿，降低资质等级；情节严重的，吊销资质证书。

第七十条　违反本法规定，涉及建筑主体或者承重结构变动的装修工程擅自施工的，责令改正，处以罚款；造成损失的，承担赔偿责任；构成犯罪的，依法追究刑事责任。

第七十一条　建筑施工企业违反本法规定，对建筑安全事故隐患不采取措施予以消除的，责令改正，可以处以罚款；情节严重的，责令停业整顿，降低资质等级或者吊销资质证书；构成犯罪的，依法追究刑事责任。

建筑施工企业的管理人员违章指挥、强令职工冒险作业，因而发生重大伤亡事故或者造成其他严重后果的，依法追究刑事责任。

第七十二条　建设单位违反本法规定，要求建筑设计单位或者建筑施工企业违反建筑工程质量、安全标准，降低工程质量的，责令改正，可以处以罚款；构成犯罪的，依法追究刑事责任。

第七十三条　建筑设计单位不按照建筑工程质量、安全标准进行设计的，责令改正，处以罚款；造成工程质量事故的，责令停业整顿，降低资质等级或者吊销资质证书，没收违法所得，并处罚款；造成损失的，承担赔偿责任；构成犯罪的，依法追究刑事责任。

第七十四条　建筑施工企业在施工中偷工减料的，使用不合格的建筑材料、建筑构配件和设备的，或者有其他不按照工程设计图纸或者施工技术标准施工的行为的，责令改正，处以罚款；情节严重的，责令停业整顿，降低资质等级或者吊销资质证书；造成建筑工程质量不符合规定的质量标准的，负责返工、修理，并赔偿因此造成的损失；构成犯罪的，依法追究刑事责任。

第七十五条 建筑施工企业违反本法规定，不履行保修义务或者拖延履行保修义务的，责令改正，可以处以罚款，并对在保修期内因屋顶、墙面渗漏、开裂等质量缺陷造成的损失承担赔偿责任。

第七十六条 本法规定的责令停业整顿、降低资质等级和吊销资质证书的行政处罚，由颁发资质证书的机关决定；其他行政处罚，由建设行政主管部门或者有关部门依照法律和国务院规定的职权范围决定。

依照本法规定被吊销资质证书的，由工商行政管理部门吊销其营业执照。

第七十七条 违反本法规定，对不具备相应资质等级条件的单位颁发该等级资质证书的，由其上级机关责令收回所发的资质证书，对直接负责的主管人员和其他直接责任人员给予行政处分；构成犯罪的，依法追究刑事责任。

第七十八条 政府及其所属部门的工作人员违反本法规定，限定发包单位将招标发包的工程发包给指定的承包单位的，由上级机关责令改正；构成犯罪的，依法追究刑事责任。

第七十九条 负责颁发建筑工程施工许可证的部门及其工作人员对不符合施工条件的建筑工程颁发施工许可证的，负责工程质量监督检查或者竣工验收的部门及其工作人员对不合格的建筑工程出具质量合格文件或者按合格工程验收的，由上级机关责令改正，对责任人员给予行政处分；构成犯罪的，依法追究刑事责任；造成损失的，由该部门承担相应的赔偿责任。

第八十条 在建筑物的合理使用寿命内，因建筑工程质量不合格受到损害的，有权向责任者要求赔偿。

第八章　附　则

第八十一条 本法关于施工许可、建筑施工企业资质审查和建筑工程发包、承包、禁止转包，以及建筑工程监理、建筑工程安全和质量管理的规定，适用于其他专业建筑工程的建筑活动，具体办法由国务院规定。

第八十二条 建设行政主管部门和其他有关部门在对建筑活动实施监督管理中，除按照国务院有关规定收取费用外，不得收取其他费用。

第八十三条 省、自治区、直辖市人民政府确定的小型房屋建筑工程的建筑活动，参照本法执行。

依法核定作为文物保护的纪念建筑物和古建筑等的修缮，依照文物保护的有关法律规定执行。

抢险救灾及其他临时性房屋建筑和农民自建低层住宅的建筑活动，不适用本法。

第八十四条 军用房屋建筑工程建筑活动的具体管理办法，由国务院、中央军事委员会依据本法制定。

第八十五条 本法自 1998 年 3 月 1 日起施行。

（二）中华人民共和国安全生产法

（2002 年 6 月 29 日第九届全国人民代表大会常务委员会第二十八次会议通过，2009 年 8 月 27 日第十一届全国人民代表大会常务委员会第十次会议第一次修正，2014 年 8 月 31 日第十二届全国人民代表大会常务委员会第十次会议第二次修正 2021 年 6 月 10 日第十三届全国人民代表大会常务委员会第二十九次会议第三次修正）

第一章 总 则

第一条 为了加强安全生产工作，防止和减少生产安全事故，保障人民群众生命和财产安全，促进经济社会持续健康发展，制定本法。

第二条 在中华人民共和国领域内从事生产经营活动的单位（以下统称生产经营单位）的安全生产，适用本法；有关法律、行政法规对消防安全和道路交通安全、铁路交通安全、水上交通安全、民用航空安全以及核与辐射安全、特种设备安全另有规定的，适用其规定。

第三条 安全生产工作坚持中国共产党的领导。

安全生产工作应当以人为本，坚持人民至上、生命至上，把保护人民生命安全摆在首位，树牢安全发展理念，坚持安全第一、预防为主、综合治理的方针，从源头上防范化解重大安全风险。

安全生产工作实行管行业必须管安全、管业务必须管安全、管生产经营必须管安全，强化和落实生产经营单位主体责任与政府监管责任，建立生产经营单位负责、职工参与、政府监管、行业自律和社会监督的机制。

第四条 生产经营单位必须遵守本法和其他有关安全生产的法律、法规，加强安全生产管理，建立健全全员安全生产责任制和安全生产规章制度，加大对安全生产资金、物资、技术、人员的投入保障力度，改善安全生产条件，加强安全生产标准化、信息化建设，构建安全风险分级管控和隐患排查治理双重预防机制，健全风险防范化解机制，提高安全生产水平，确保安全生产。

平台经济等新兴行业、领域的生产经营单位应当根据本行业、领域的特点，建立健全并落实全员安全生产责任制，加强从业人员安全生产教育和培训，履行本法和其他法律、法规规定的有关安全生产义务。

第五条 生产经营单位的主要负责人是本单位安全生产第一责任人，对本单位的安全生产工作全面负责。其他负责人对职责范围内的安全生产工作负责。

第六条 生产经营单位的从业人员有依法获得安全生产保障的权利，并应当依法履行安全生产方面的义务。

第七条 工会依法对安全生产工作进行监督。

生产经营单位的工会依法组织职工参加本单位安全生产工作的民主管理和民主监督，维护职工在安全生产方面的合法权益。生产经营单位制定或者修改有关安全生产的规章制度，应当听取工会的意见。

第八条 国务院和县级以上地方各级人民政府应当根据国民经济和社会发展规划制定安全生产规划，并组织实施。安全生产规划应当与国土空间规划等相关规划相衔接。

各级人民政府应当加强安全生产基础设施建设和安全生产监管能力建设，所需经费列入本级预算。

县级以上地方各级人民政府应当组织有关部门建立完善安全风险评估与论证机制，按照安全风险管控要求，进行产业规划和空间布局，并对位置相邻、行业相近、业态相似的生产经营单位实施重大安全风险联防联控。

第九条 国务院和县级以上地方各级人民政府应当加强对安全生产工作的领导，建立健全安全生产工作协调机制，支持、督促各有关部门依法履行安全生产监督管理职责，及时协调、解决安全生产监督管理中存在的重大问题。

乡镇人民政府和街道办事处，以及开发区、工业园区、港区、风景区等应当明确负责安全生产监督管理的有关工作机构及其职责，加强安全生产监管力量建设，按照职责对本行政区域或者管理区域内生产经营单位安全生产状况进行监督检查，协助人民政府有关部门或者按照授权依法履行安全生产监督管理职责。

第十条 国务院应急管理部门依照本法，对全国安全生产工作实施综合监督管理；县级以上地方各级人民政府应急管理部门依照本法，对本行政区域内安全生产工作实施综合监督管理。

国务院交通运输、住房和城乡建设、水利、民航等有关部门依照本法和其他有关法律、行政法规的规定，在各自的职责范围内对有关行业、领域的安全生产工作实施监督管理；县级以上地方各级人民政府有关部门依照本法和其他有关法律、法规的规定，在各自的职责范围内对有关行业、领域的安全生产工作实施监督管理。对新兴行业、领域的安全生产监督管理职责不明确的，由县级以上地方各级人民政府按照业务相近的原则确定监督管理部门。

应急管理部门和对有关行业、领域的安全生产工作实施监督管理的部门，统称负有安全生产监督管理职责的部门。负有安全生产监督管理职责的部门应当相互配合、齐抓共管、信息共享、资源共用，依法加强安全生产监督管理工作。

第十一条 国务院有关部门应当按照保障安全生产的要求，依法及时制定有关的国家标准或者行业标准，并根据科技进步和经济发展适时修订。

生产经营单位必须执行依法制定的保障安全生产的国家标准或者行业标准。

第十二条 国务院有关部门按照职责分工负责安全生产强制性国家标准的项目提出、组织起草、征求意见、技术审查。国务院应急管理部门统筹提出安全生产强制性国家标准的立项计划。国务院标准化行政主管部门负责安全生产强制性国家标准的立项、编号、对外通报和授权批准发布工作。国务院标准化行政主管部门、有关部门依据法定职责对安全生产强制性国家标准的实施进行监督检查。

第十三条 各级人民政府及其有关部门应当采取多种形式，加强对有关安全生产的法律、法规和安全生产知识的宣传，增强全社会的安全生产意识。

第十四条 有关协会组织依照法律、行政法规和章程，为生产经营单位提供安全生产方面的信息、培训等服务，发挥自律作用，促进生产经营单位加强安全生产管理。

第十五条 依法设立的为安全生产提供技术、管理服务的机构，依照法律、行政法规和执业准则，接受生产经营单位的委托为其安全生产工作提供技术、管理服务。

生产经营单位委托前款规定的机构提供安全生产技术、管理服务的，保证安全生产的责任仍由本单位负责。

第十六条 国家实行生产安全事故责任追究制度，依照本法和有关法律、法规的规定，追究生产安全事故责任单位和责任人员的法律责任。

第十七条 县级以上各级人民政府应当组织负有安全生产监督管理职责的部门依法编制安全生产权力和责任清单，公开并接受社会监督。

第十八条 国家鼓励和支持安全生产科学技术研究和安全生产先进技术的推广应用，提高安全生产水平。

第十九条 国家对在改善安全生产条件、防止生产安全事故、参加抢险救护等方面取得显著成绩的单位和个人，给予奖励。

第二章 生产经营单位的安全生产保障

第二十条 生产经营单位应当具备本法和有关法律、行政法规和国家标准或者行业标准规定的安全生产条件；不具备安全生产条件的，不得从事生产经营活动。

第二十一条 生产经营单位的主要负责人对本单位安全生产工作负有下列职责：

（一）建立健全并落实本单位全员安全生产责任制，加强安全生产标准化建设；

（二）组织制定并实施本单位安全生产规章制度和操作规程；

（三）组织制定并实施本单位安全生产教育和培训计划；

（四）保证本单位安全生产投入的有效实施；

（五）组织建立并落实安全风险分级管控和隐患排查治理双重预防工作机制，督促、检查本单位的安全生产工作，及时消除生产安全事故隐患；

（六）组织制定并实施本单位的生产安全事故应急救援预案；

（七）及时、如实报告生产安全事故。

第二十二条 生产经营单位的全员安全生产责任制应当明确各岗位的责任人员、责任范围和考核标准等内容。

生产经营单位应当建立相应的机制，加强对全员安全生产责任制落实情况的监督考核，保证全员安全生产责任制的落实。

第二十三条 生产经营单位应当具备的安全生产条件所必需的资金投入，由生产经营单位的决策机构、主要负责人或者个人经营的投资人予以保证，并对由于安全生产所必需的资金投入不足导致的后果承担责任。

有关生产经营单位应当按照规定提取和使用安全生产费用，专门用于改善安全生产条件。安全生产费用在成本中据实列支。安全生产费用提取、使用和监督管理的具体办法由国务院财政部门会同国务院应急管理部门征求国务院有关部门意见后制定。

第二十四条 矿山、金属冶炼、建筑施工、运输单位和危险物品的生产、经营、储存、装卸单位，应当设置安全生产管理机构或者配备专职安全生产管理人员。

前款规定以外的其他生产经营单位，从业人员超过一百人的，应当设置安全生产管理机构或者配备专职安全生产管理人员；从业人员在一百人以下的，应当配备专职或者兼职的安全生产管理人员。

第二十五条 生产经营单位的安全生产管理机构以及安全生产管理人员履行下列职责：

（一）组织或者参与拟订本单位安全生产规章制度、操作规程和生产安全事故应急救援预案；

（二）组织或者参与本单位安全生产教育和培训，如实记录安全生产教育和培训情况；

（三）组织开展危险源辨识和评估，督促落实本单位重大危险源的安全管理措施；

（四）组织或者参与本单位应急救援演练；

（五）检查本单位的安全生产状况，及时排查生产安全事故隐患，提出改进安全生产管理的建议；

（六）制止和纠正违章指挥、强令冒险作业、违反操作规程的行为；

（七）督促落实本单位安全生产整改措施。

生产经营单位可以设置专职安全生产分管负责人，协助本单位主要负责人履行安全生产管理职责。

第二十六条 生产经营单位的安全生产管理机构以及安全生产管理人员应当恪尽职守，依法履行职责。

生产经营单位作出涉及安全生产的经营决策，应当听取安全生产管理机构以及安全生产管理人员的意见。

生产经营单位不得因安全生产管理人员依法履行职责而降低其工资、福利等待遇或者解除与其订立的劳动合同。

危险物品的生产、储存单位以及矿山、金属冶炼单位的安全生产管理人员的任免，应当告知主管的负有安全生产监督管理职责的部门。

第二十七条 生产经营单位的主要负责人和安全生产管理人员必须具备与本单位所从事的生产经营活动相应的安全生产知识和管理能力。

危险物品的生产、经营、储存、装卸单位以及矿山、金属冶炼、建筑施工、运输单位的主要负责人和安全生产管理人员，应当由主管的负有安全生产监督管理职责的部门对其安全生产知识和管理能力考核合格。考核不得收费。

危险物品的生产、储存、装卸单位以及矿山、金属冶炼单位应当有注册安全工程师从事安全生产管理工作。鼓励其他生产经营单位聘用注册安全工程师从事安全生产管理工作。注册安全工程师按专业分类管理，具体办法由国务院人力资源和社会保障部门、国务院应急管理部门会同国务院有关部门制定。

第二十八条 生产经营单位应当对从业人员进行安全生产教育和培训，保证从业人员具备必要的安全生产知识，熟悉有关的安全生产规章制度和安全操作规程，掌握本岗位的安全操作技能，了解事故应急处理措施，知悉自身在安全生产方面的权利和义务。未经安全生产教育和培训合格的从业人员，不得上岗作业。

生产经营单位使用被派遣劳动者的，应当将被派遣劳动者纳入本单位从业人员统一管理，对被派遣劳动者进行岗位安全操作规程和安全操作技能的教育和培训。劳务派遣单位应当对被派遣劳动者进行必要的安全生产教育和培训。

生产经营单位接收中等职业学校、高等学校学生实习的，应当对实习学生进行相应的安全生产教育和培训，提供必要的劳动防护用品。学校应当协助生产经营单位对实习学生进行安全生产教育和培训。

生产经营单位应当建立安全生产教育和培训档案，如实记录安全生产教育和培训的时间、内容、参加人员以及考核结果等情况。

第二十九条 生产经营单位采用新工艺、新技术、新材料或者使用新设备，必须了解、掌握其安全技术特性，采取有效的安全防护措施，并对从业人员进行专门的安全生产教育和培训。

第三十条 生产经营单位的特种作业人员必须按照国家有关规定经专门的安全作业培训，取得相应资格，方可上岗作业。

特种作业人员的范围由国务院应急管理部门会同国务院有关部门确定。

第三十一条 生产经营单位新建、改建、扩建工程项目（以下统称建设项目）的安全设施，必须与主体工程同时设计、同时施工、同时投入生产和使用。安全设施投资应当纳入建设项目概算。

第三十二条 矿山、金属冶炼建设项目和用于生产、储存、装卸危险物品的建设项目，应当按照国家有关规定进行安全评价。

第三十三条 建设项目安全设施的设计人、设计单位应当对安全设施设计负责。

矿山、金属冶炼建设项目和用于生产、储存、装卸危险物品的建设项目的安全设施设计应当按照国家有关规定报经有关部门审查，审查部门及其负责审查的人员对审查结果负责。

第三十四条 矿山、金属冶炼建设项目和用于生产、储存、装卸危险物品的建设项目的施工单位必须按照批准的安全设施设计施工，并对安全设施的工程质量负责。

矿山、金属冶炼建设项目和用于生产、储存、装卸危险物品的建设项目竣工投入生产或者使用前，应当由建设单位负责组织对安全设施进行验收；验收合格后，方可投入生产和使用。负有安全生产监督管理职责的部门应当加强对建设单位验收活动和验收结果的监督核查。

第三十五条 生产经营单位应当在有较大危险因素的生产经营场所和有关设施、设备上，设置明显的安全警示标志。

第三十六条 安全设备的设计、制造、安装、使用、检测、维修、改造和报废，应当符合国家标准或者行业标准。

生产经营单位必须对安全设备进行经常性维护、保养，并定期检测，保证正常运转。维护、保养、检测应当作好记录，并由有关人员签字。

生产经营单位不得关闭、破坏直接关系生产安全的监控、报警、防护、救生设备、设施，或者篡改、隐瞒、销毁其相关数据、信息。

餐饮等行业的生产经营单位使用燃气的，应当安装可燃气体报警装置，并保障其正常使用。

第三十七条 生产经营单位使用的危险物品的容器、运输工具，以及涉及人身安全、危险性较大的海洋石油开采特种设备和矿山井下特种设备，必须按照国家有关规定，由专业生产单位生产，并经具有专业资质的检测、检验机构检测、检验合格，取得安全使用证或者安全标志，方可投入使用。检测、检验机构对检测、检验结果负责。

第三十八条 国家对严重危及生产安全的工艺、设备实行淘汰制度，具体目录由国务院应急管理部门会同国务院有关部门制定并公布。法律、行政法规对目录的制定另有规定的，适用其规定。

省、自治区、直辖市人民政府可以根据本地区实际情况制定并公布具体目录，对前款规定以外的危及生产安全的工艺、设备予以淘汰。

生产经营单位不得使用应当淘汰的危及生产安全的工艺、设备。

第三十九条 生产、经营、运输、储存、使用危险物品或者处置废弃危险物品的，由有关主管部门依照有关法律、法规的规定和国家标准或者行业标准审批并实施监督管理。

生产经营单位生产、经营、运输、储存、使用危险物品或者处置废弃危险物品，必须执行有关法律、法规和国家标准或者行业标准，建立专门的安全管理制度，采取可靠的安全措施，接受有关主管部门依法实施的监督管理。

第四十条 生产经营单位对重大危险源应当登记建档，进行定期检测、评估、监控，并制定应急预案，告知从业人员和相关人员在紧急情况下应当采取的应急措施。

生产经营单位应当按照国家有关规定将本单位重大危险源及有关安全措施、应急措施报有关地方人民政府应急管理部门和有关部门备案。有关地方人民政府应急管理部门和有关部门应当通过相关信息系统实现信息共享。

第四十一条 生产经营单位应当建立安全风险分级管控制度，按照安全风险分级采取相应的管控措施。

生产经营单位应当建立健全并落实生产安全事故隐患排查治理制度，采取技术、管理措施，及时发现并消除事故隐患。事故隐患排查治理情况应当如实记录，并通过职工大会或者职工代表大会、信息公示栏等方式向从业人员通报。其中，重大事故隐患排查治理情况应当及时向负有安全生产监督管理职责的部门和职工大会或者职工代表大会报告。

县级以上地方各级人民政府负有安全生产监督管理职责的部门应当将重大事故隐患纳入相关信息系统，建立健全重大事故隐患治理督办制度，督促生产经营单位消除重大事故隐患。

第四十二条 生产、经营、储存、使用危险物品的车间、商店、仓库不得与员工宿舍在同一座建筑物内，并应当与员工宿舍保持安全距离。

生产经营场所和员工宿舍应当设有符合紧急疏散要求、标志明显、保持畅通的出口、疏散通道。禁止占用、锁闭、封堵生产经营场所或者员工宿舍的出口、疏散通道。

第四十三条 生产经营单位进行爆破、吊装、动火、临时用电以及国务院应急管理部门会同国务院有关部门规定的其他危险作业，应当安排专门人员进行现场安全管理，确保操作规程的遵守和安全措施的落实。

第四十四条 生产经营单位应当教育和督促从业人员严格执行本单位的安全生产规章制度和安全操作规程；并向从业人员如实告知作业场所和工作岗位存在的危险因素、防范措施以及事故应急措施。

生产经营单位应当关注从业人员的身体、心理状况和行为习惯，加强对从业人员的心理疏导、精神慰藉，严格落实岗位安全生产责任，防范从业人员行为异常导致事故发生。

第四十五条 生产经营单位必须为从业人员提供符合国家标准或者行业标准的劳动防护用品，并监督、教育从业人员按照使用规则佩戴、使用。

第四十六条 生产经营单位的安全生产管理人员应当根据本单位的生产经营特点，对安全生产状况进行经常性检查；对检查中发现的安全问题，应当立即处理；不能处理的，应当及时报告本单位有关负责人，有关负责人应当及时处理。检查及处理情况应当如实记录在案。

生产经营单位的安全生产管理人员在检查中发现重大事故隐患，依照前款规定向本单位有关负责人报告，有关负责人不及时处理的，安全生产管理人员可以向主管的负有安全生产监督管理职责的部门报告，接到报告的部门应当依法及时处理。

第四十七条 生产经营单位应当安排用于配备劳动防护用品、进行安全生产培训的经费。

第四十八条 两个以上生产经营单位在同一作业区域内进行生产经营活动，可能危及对方生产安全的，应当签订安全生产管理协议，明确各自的安全生产管理职责和应当采取的安全措施，并指定专职安全生产管理人员进行安全检查与协调。

第四十九条 生产经营单位不得将生产经营项目、场所、设备发包或者出租给不具备安全生产条件或者相应资质的单位或者个人。

生产经营项目、场所发包或者出租给其他单位的，生产经营单位应当与承包单位、承租单位签订专门的安全生产管理协议，或者在承包合同、租赁合同中约定各自的安全生产管理职责；生产经营单位对承包单位、承租单位的安全生产工作统一协调、管理，定期进行安全检查，发现安全问题的，应当及时督促整改。

矿山、金属冶炼建设项目和用于生产、储存、装卸危险物品的建设项目的施工单位应当加强对施工项目的安全管理，不得倒卖、出租、出借、挂靠或者以其他形式非法转让施工资质，不得将其承包的全部建设工程转包给第三人或者将其承包的全部建设工程支解以后以分包的名义分别转包给第三人，不得将工程分包给不具备相应资质条件的单位。

第五十条 生产经营单位发生生产安全事故时，单位的主要负责人应当立即组织抢救，并不得在事故调查处理期间擅离职守。

第五十一条 生产经营单位必须依法参加工伤保险，为从业人员缴纳保险费。

国家鼓励生产经营单位投保安全生产责任保险；属于国家规定的高危行业、领域的生产经营单位，应当投保安全生产责任保险。具体范围和实施办法由国务院应急管理部门会同国务院财政部门、国务院保险监督管理机构和相关行业主管部门制定。

第三章 从业人员的安全生产权利义务

第五十二条 生产经营单位与从业人员订立的劳动合同，应当载明有关保障从业人员劳动安全、防止职业危害的事项，以及依法为从业人员办理工伤保险的事项。

生产经营单位不得以任何形式与从业人员订立协议，免除或者减轻其对从业人员因生产安全事故伤亡依法应承担的责任。

第五十三条 生产经营单位的从业人员有权了解其作业场所和工作岗位存在的危险因素、防范措施及事故应急措施，有权对本单位的安全生产工作提出建议。

第五十四条 从业人员有权对本单位安全生产工作中存在的问题提出批评、检举、控告；有权拒绝违章指挥和强令冒险作业。

生产经营单位不得因从业人员对本单位安全生产工作提出批评、检举、控告或者拒绝违章指挥、强令冒险作业而降低其工资、福利等待遇或者解除与其订立的劳动合同。

第五十五条 从业人员发现直接危及人身安全的紧急情况时，有权停止作业或者在采取可能的应急措施后撤离作业场所。

生产经营单位不得因从业人员在前款紧急情况下停止作业或者采取紧急撤离措施而降低其工资、福利等待遇或者解除与其订立的劳动合同。

第五十六条 生产经营单位发生生产安全事故后，应当及时采取措施救治有关人员。

因生产安全事故受到损害的从业人员，除依法享有工伤保险外，依照有关民事法律尚有获得赔偿的权利的，有权提出赔偿要求。

第五十七条 从业人员在作业过程中，应当严格落实岗位安全责任，遵守本单位的安全生产规章制度和操作规程，服从管理，正确佩戴和使用劳动防护用品。

第五十八条 从业人员应当接受安全生产教育和培训，掌握本职工作所需的安全生产知识，提高安全生产技能，增强事故预防和应急处理能力。

第五十九条 从业人员发现事故隐患或者其他不安全因素，应当立即向现场安全生产管理人员或者本单位负责人报告；接到报告的人员应当及时予以处理。

第六十条 工会有权对建设项目的安全设施与主体工程同时设计、同时施工、同时投入生产和使用进行监督，提出意见。

工会对生产经营单位违反安全生产法律、法规，侵犯从业人员合法权益的行为，有权要求纠正；发现生产经营单位违章指挥、强令冒险作业或者发现事故隐患时，有权提出解决的建议，生产经营单位应当及时研究答复；发现危及从业人员生命安全的情况时，有权向生产经营单位建议组织从业人员撤离危险场所，生产经营单位必须立即作出处理。

工会有权依法参加事故调查，向有关部门提出处理意见，并要求追究有关人员的责任。

第六十一条 生产经营单位使用被派遣劳动者的，被派遣劳动者享有本法规定的从业人员的权利，并应当履行本法规定的从业人员的义务。

第四章 安全生产的监督管理

第六十二条 县级以上地方各级人民政府应当根据本行政区域内的安全生产状况，组织有关部门按照职责分工，对本行政区域内容易发生重大生产安全事故的生产经营单位进行严格检查。

应急管理部门应当按照分类分级监督管理的要求，制定安全生产年度监督检查计划，并按照年度监督检查计划进行监督检查，发现事故隐患，应当及时处理。

第六十三条 负有安全生产监督管理职责的部门依照有关法律、法规的规定，对涉及安全生产的事项需要审查批准（包括批准、核准、许可、注册、认证、颁发证照等，下同）或者验收的，必须严格依照有关法律、法规和国家标准或者行业标准规定的安全生产条件和程序进行审查；不符合有关法律、法规和国家标准或者行业标准规定的安全生产条件的，不得批准或者验收通过。对未依法取得批准或者验收合格的单位擅自从事有关活动的，负责行政审批的部门发现或者接到举报后应当立即予以取缔，并依法予以处理。对已经依法取得批准的单位，负责行政审批的部门发现其不再具备安全生产条件的，应当撤销原批准。

第六十四条 负有安全生产监督管理职责的部门对涉及安全生产的事项进行审查、验收，不得收取费用；不得要求接受审查、验收的单位购买其指定品牌或者指定生产、销售单位的安全设备、器材或者其他产品。

第六十五条 应急管理部门和其他负有安全生产监督管理职责的部门依法开展安全生产行政执法工作，对生产经营单位执行有关安全生产的法律、法规和国家标准或者行业标准的情况进行监督检查，行使以下职权：

（一）进入生产经营单位进行检查，调阅有关资料，向有关单位和人员了解情况；

（二）对检查中发现的安全生产违法行为，当场予以纠正或者要求限期改正；对依法应当给予行政处罚的行为，依照本法和其他有关法律、行政法规的规定作出行政处罚决定；

（三）对检查中发现的事故隐患，应当责令立即排除；重大事故隐患排除前或者排除过程中无法保证安全的，应当责令从危险区域内撤出作业人员，责令暂时停产停业或者停止使用相关设施、设备；重大事故隐患排除后，经审查同意，方可恢复生产经营和使用；

（四）对有根据认为不符合保障安全生产的国家标准或者行业标准的设施、设备、器材以及违法生产、储存、使用、经营、运输的危险物品予以查封或者扣押，对违法生产、储存、使用、经营危险物品的作业场所予以查封，并依法作出处理决定。

监督检查不得影响被检查单位的正常生产经营活动。

第六十六条 生产经营单位对负有安全生产监督管理职责的部门的监督检查人员（以下统称安全生产监督检查人员）依法履行监督检查职责，应当予以配合，不得拒绝、阻挠。

第六十七条 安全生产监督检查人员应当忠于职守，坚持原则，秉公执法。

安全生产监督检查人员执行监督检查任务时，必须出示有效的行政执法证件；对涉及被检查单位的技术秘密和业务秘密，应当为其保密。

第六十八条 安全生产监督检查人员应当将检查的时间、地点、内容、发现的问题及其处理情况，作出书面记录，并由检查人员和被检查单位的负责人签字；被检查单位的负责人拒绝签字的，检查人员应当将情况记录在案，并向负有安全生产监督管理职责的部门报告。

第六十九条 负有安全生产监督管理职责的部门在监督检查中，应当互相配合，实行联合检查；确需分别进行检查的，应当互通情况，发现存在的安全问题应当由其他有关部门进行处理的，应当及时移送其他有关部门并形成记录备查，接受移送的部门应当及时进行处理。

第七十条 负有安全生产监督管理职责的部门依法对存在重大事故隐患的生产经营单位作出停产停业、停止施工、停止使用相关设施或者设备的决定，生产经营单位应当依法执行，及时消除事故隐患。生产经营单位拒不执行，有发生生产安全事故的现实危险的，在保证安全的前提下，经本部门主要负责人批准，负有安全生产监督管理职责的部门可以采取通知有关单位停止供电、停止供应民用爆炸物品等措施，强制生产经营单位履行决定。通知应当采用书面形式，有关单位应当予以配合。

负有安全生产监督管理职责的部门依照前款规定采取停止供电措施，除有危及生产安全的紧急情形外，应当提前二十四小时通知生产经营单位。生产经营单位依法履行行政决定、采取相应措施消除事故隐患的，负有安全生产监督管理职责的部门应当及时解除前款规定的措施。

第七十一条 监察机关依照监察法的规定，对负有安全生产监督管理职责的部门及其工作人员履行安全生产监督管理职责实施监察。

第七十二条 承担安全评价、认证、检测、检验职责的机构应当具备国家规定的资质条件，并对其作出的安全评价、认证、检测、检验结果的合法性、真实性负责。

资质条件由国务院应急管理部门会同国务院有关部门制定。

承担安全评价、认证、检测、检验职责的机构应当建立并实施服务公开和报告公开制度，不得租借资质、挂靠、出具虚假报告。

第七十三条 负有安全生产监督管理职责的部门应当建立举报制度，公开举报电话、信箱或者电子邮件地址等网络举报平台，受理有关安全生产的举报；受理的举报事项经调查核实后，应当形成书面材料；需要落实整改措施的，报经有关负责人签字并督促落实。对不属于本部门职责，需要由其他有关部门进行调查处理的，转交其他有关部门处理。

涉及人员死亡的举报事项，应当由县级以上人民政府组织核查处理。

第七十四条 任何单位或者个人对事故隐患或者安全生产违法行为，均有权向负有安全生产监督管理职责的部门报告或者举报。

因安全生产违法行为造成重大事故隐患或者导致重大事故，致使国家利益或者社会公共利益受到侵害的，人民检察院可以根据民事诉讼法、行政诉讼法的相关规定提起公益诉讼。

第七十五条 居民委员会、村民委员会发现其所在区域内的生产经营单位存在事故隐患或者安全生产违法行为时，应当向当地人民政府或者有关部门报告。

第七十六条 县级以上各级人民政府及其有关部门对报告重大事故隐患或者举报安全生产违法行为的有功人员，给予奖励。具体奖励办法由国务院应急管理部门会同国务院财政部门制定。

第七十七条 新闻、出版、广播、电影、电视等单位有进行安全生产公益宣传教育的义务，有对违反安全生产法律、法规的行为进行舆论监督的权利。

第七十八条 负有安全生产监督管理职责的部门应当建立安全生产违法行为信息库，如实记录生产经营单位及其有关从业人员的安全生产违法行为信息；对违法行为情节严重的生产经营单位及其有关从业人员，应当及时向社会公告，并通报行业主管部门、投资主管部门、自然资源主管部门、生态环境主管部门、证券监督管理机构以及有关金融机构。有关部门和机构应当对存在失信行为的生产经营单位及其有关从业人员采取加大执法检查频次、暂停项目审批、上调有关保险费率、行业或者职业禁入等联合惩戒措施，并向社会公示。

负有安全生产监督管理职责的部门应当加强对生产经营单位行政处罚信息的及时归集、共享、应用和公开，对生产经营单位作出处罚决定后七个工作日内在监督管理部门公示系统予以公开曝光，强化对违法失信生产经营单位及其有关从业人员的社会监督，提高全社会安全生产诚信水平。

第五章 生产安全事故的应急救援与调查处理

第七十九条 国家加强生产安全事故应急能力建设，在重点行业、领域建立应急救援基地和应急救援队伍，并由国家安全生产应急救援机构统一协调指挥；鼓励生产经营单位和其他社会力量建立应急救援队伍，配备相应的应急救援装备和物资，提高应急救援的专业化水平。

国务院应急管理部门牵头建立全国统一的生产安全事故应急救援信息系统，国务院交通运输、住房和城乡建设、水利、民航等有关部门和县级以上地方人民政府建立健全相关行业、领域、地区的生产安全事故应急救援信息系统，实现互联互通、信息共享，通过推行网上安全信息采集、安全监管和监测预警，提升监管的精准化、智能化水平。

第八十条 县级以上地方各级人民政府应当组织有关部门制定本行政区域内生产安全事故应急救援预案，建立应急救援体系。

乡镇人民政府和街道办事处，以及开发区、工业园区、港区、风景区等应当制定相应的生产安全事故应急救援预案，协助人民政府有关部门或者按照授权依法履行生产安全事故应急救援工作职责。

第八十一条 生产经营单位应当制定本单位生产安全事故应急救援预案，与所在地县级以上地方人民政府组织制定的生产安全事故应急救援预案相衔接，并定期组织演练。

第八十二条 危险物品的生产、经营、储存单位以及矿山、金属冶炼、城市轨道交通运营、建筑施工单位应当建立应急救援组织；生产经营规模较小的，可以不建立应急救援组织，但应当指定兼职的应急救援人员。

危险物品的生产、经营、储存、运输单位以及矿山、金属冶炼、城市轨道交通运营、建筑施工单位应当配备必要的应急救援器材、设备和物资，并进行经常性维护、保养，保证正常运转。

第八十三条 生产经营单位发生生产安全事故后，事故现场有关人员应当立即报告本单位负责人。

单位负责人接到事故报告后，应当迅速采取有效措施，组织抢救，防止事故扩大，减少人员伤亡和财产损失，并按照国家有关规定立即如实报告当地负有安全生产监督管理职责的部门，不得隐瞒不报、谎报或者迟报，不得故意破坏事故现场、毁灭有关证据。

第八十四条 负有安全生产监督管理职责的部门接到事故报告后，应当立即按照国家有关规定上报事故情况。负有安全生产监督管理职责的部门和有关地方人民政府对事故情况不得隐瞒不报、谎报或者迟报。

第八十五条 有关地方人民政府和负有安全生产监督管理职责的部门的负责人接到生产安全事故报告后，应当按照生产安全事故应急救援预案的要求立即赶到事故现场，组织事故抢救。

参与事故抢救的部门和单位应当服从统一指挥，加强协同联动，采取有效的应急救援措施，并根据事故救援的需要采取警戒、疏散等措施，防止事故扩大和次生灾害的发生，减少人员伤亡和财产损失。

事故抢救过程中应当采取必要措施，避免或者减少对环境造成的危害。

任何单位和个人都应当支持、配合事故抢救，并提供一切便利条件。

第八十六条 事故调查处理应当按照科学严谨、依法依规、实事求是、注重实效的原则，及时、准确地查清事故原因，查明事故性质和责任，评估应急处置工作，总结事故教训，提出整改措施，并对事故责任单位和人员提出处理建议。事故调查报告应当依法及时向社会公布。事故调查和处理的具体办法由国务院制定。

事故发生单位应当及时全面落实整改措施，负有安全生产监督管理职责的部门应当加强监督检查。

负责事故调查处理的国务院有关部门和地方人民政府应当在批复事故调查报告后一年内，组织有关部门对事故整改和防范措施落实情况进行评估，并及时向社会公开评估结果；对不履行职责导致事故整改和防范措施没有落实的有关单位和人员，应当按照有关规定追究责任。

第八十七条 生产经营单位发生生产安全事故，经调查确定为责任事故的，除了应当查明事故单位的责任并依法予以追究外，还应当查明对安全生产的有关事项负有审查批准和监督职责的行政部门的责任，对有失职、渎职行为的，依照本法第九十条的规定追究法律责任。

第八十八条 任何单位和个人不得阻挠和干涉对事故的依法调查处理。

第八十九条 县级以上地方各级人民政府应急管理部门应当定期统计分析本行政区域内发生生产安全事故的情况，并定期向社会公布。

第六章 法律责任

第九十条 负有安全生产监督管理职责的部门的工作人员，有下列行为之一的，给予降级或者撤职的处分；构成犯罪的，依照刑法有关规定追究刑事责任：

（一）对不符合法定安全生产条件的涉及安全生产的事项予以批准或者验收通过的；

（二）发现未依法取得批准、验收的单位擅自从事有关活动或者接到举报后不予取缔或者不依法予以处理的；

（三）对已经依法取得批准的单位不履行监督管理职责，发现其不再具备安全生产条件而不撤销原批准或者发现安全生产违法行为不予查处的；

（四）在监督检查中发现重大事故隐患，不依法及时处理的。

负有安全生产监督管理职责的部门的工作人员有前款规定以外的滥用职权、玩忽职守、徇私舞弊行为的，依法给予处分；构成犯罪的，依照刑法有关规定追究刑事责任。

第九十一条 负有安全生产监督管理职责的部门，要求被审查、验收的单位购买其指定的安全设备、器材或者其他产品的，在对安全生产事项的审查、验收中收取费用的，由其上级机关或者监察机关责令改正，责令退还收取的费用；情节严重的，对直接负责的主管人员和其他直接责任人员依法给予处分。

第九十二条 承担安全评价、认证、检测、检验职责的机构出具失实报告的，责令停业整顿，并处三万元以上十万元以下的罚款；给他人造成损害的，依法承担赔偿责任。

承担安全评价、认证、检测、检验职责的机构租借资质、挂靠、出具虚假报告的，没收违法所得；违法所得在十万元以上的，并处违法所得二倍以上五倍以下的罚款，没有违法所得或者违法所得不足十万元的，单处或者并处十万元以上二十万元以下的罚款；对其直接负责的主管人员和其他直接责任人员处五万元以上十万元以下的罚款；给他人造成损害的，与生产经营单位承担连带赔偿责任；构成犯罪的，依照刑法有关规定追究刑事责任。

对有前款违法行为的机构及其直接责任人员，吊销其相应资质和资格，五年内不得从事安全评价、认证、检测、检验等工作；情节严重的，实行终身行业和职业禁入。

第九十三条 生产经营单位的决策机构、主要负责人或者个人经营的投资人不依照本法规定保证安全生产所必需的资金投入，致使生产经营单位不具备安全生产条件的，责令限期改正，提供必需的资金；逾期未改正的，责令生产经营单位停产停业整顿。

有前款违法行为，导致发生生产安全事故的，对生产经营单位的主要负责人给予撤职处分，对个人经营的投资人处二万元以上二十万元以下的罚款；构成犯罪的，依照刑法有关规定追究刑事责任。

第九十四条 生产经营单位的主要负责人未履行本法规定的安全生产管理职责的，责令限期改正，处二万元以上五万元以下的罚款；逾期未改正的，处五万元以上十万元以下的罚款，责令生产经营单位停产停业整顿。

生产经营单位的主要负责人有前款违法行为，导致发生生产安全事故的，给予撤职处分；构成犯罪的，依照刑法有关规定追究刑事责任。

生产经营单位的主要负责人依照前款规定受刑事处罚或者撤职处分的，自刑罚执行完毕或者受处分之日起，五年内不得担任任何生产经营单位的主要负责人；对重大、特别重大生产安全事故负有责任的，终身不得担任本行业生产经营单位的主要负责人。

第九十五条 生产经营单位的主要负责人未履行本法规定的安全生产管理职责，导致发生生产安全事故的，由应急管理部门依照下列规定处以罚款：

（一）发生一般事故的，处上一年年收入百分之四十的罚款；

（二）发生较大事故的，处上一年年收入百分之六十的罚款；

（三）发生重大事故的，处上一年年收入百分之八十的罚款；

（四）发生特别重大事故的，处上一年年收入百分之一百的罚款。

第九十六条 生产经营单位的其他负责人和安全生产管理人员未履行本法规定的安全生产管理职责的，责令限期改正，处一万元以上三万元以下的罚款；导致发生生产安全事故的，暂停或者吊销其与安全生产有关的资格，并处上一年年收入百分之二十以上百分之五十以下的罚款；构成犯罪的，依照刑法有关规定追究刑事责任。

第九十七条 生产经营单位有下列行为之一的，责令限期改正，处十万元以下的罚款；逾期未改正的，责令停产停业整顿，并处十万元以上二十万元以下的罚款，对其直接负责的主管人员和其他直接责任人员处二万元以上五万元以下的罚款：

（一）未按照规定设置安全生产管理机构或者配备安全生产管理人员、注册安全工程师的；

（二）危险物品的生产、经营、储存、装卸单位以及矿山、金属冶炼、建筑施工、运输单位的主要负责人和安全生产管理人员未按照规定经考核合格的；

（三）未按照规定对从业人员、被派遣劳动者、实习学生进行安全生产教育和培训，或者未按照规定如实告知有关的安全生产事项的；

（四）未如实记录安全生产教育和培训情况的；

（五）未将事故隐患排查治理情况如实记录或者未向从业人员通报的；

（六）未按照规定制定生产安全事故应急救援预案或者未定期组织演练的；

（七）特种作业人员未按照规定经专门的安全作业培训并取得相应资格，上岗作业的。

第九十八条 生产经营单位有下列行为之一的，责令停止建设或者停产停业整顿，限期改正，并处十万元以上五十万元以下的罚款，对其直接负责的主管人员和其他直接责任人员处二万元以上五万元以下的罚款；逾期未改正的，处五十万元以上一百万元以下的罚款，对其直接负责的主管人员和其他直接责任人员处五万元以上十万元以下的罚款；构成犯罪的，依照刑法有关规定追究刑事责任：

（一）未按照规定对矿山、金属冶炼建设项目或者用于生产、储存、装卸危险物品的建设项目进行安全评价的；

（二）矿山、金属冶炼建设项目或者用于生产、储存、装卸危险物品的建设项目没有安全设施设计或者安全设施设计未按照规定报经有关部门审查同意的；

（三）矿山、金属冶炼建设项目或者用于生产、储存、装卸危险物品的建设项目的施工单位未按照批准的安全设施设计施工的；

（四）矿山、金属冶炼建设项目或者用于生产、储存、装卸危险物品的建设项目竣工投入生产或者使用前，安全设施未经验收合格的。

第九十九条 生产经营单位有下列行为之一的，责令限期改正，处五万元以下的罚款；逾期未改正的，处五万元以上二十万元以下的罚款，对其直接负责的主管人员和其他直接责任人员处一万元以上二万元以下的罚款；情节严重的，责令停产停业整顿；构成犯罪的，依照刑法有关规定追究刑事责任：

（一）未在有较大危险因素的生产经营场所和有关设施、设备上设置明显的安全警示标志的；

（二）安全设备的安装、使用、检测、改造和报废不符合国家标准或者行业标准的；

（三）未对安全设备进行经常性维护、保养和定期检测的；

（四）关闭、破坏直接关系生产安全的监控、报警、防护、救生设备、设施，或者篡改、隐瞒、销毁其相关数据、信息的；

（五）未为从业人员提供符合国家标准或者行业标准的劳动防护用品的；

（六）危险物品的容器、运输工具，以及涉及人身安全、危险性较大的海洋石油开采特种设备和矿山井下特种设备未经具有专业资质的机构检测、检验合格，取得安全使用证或者安全标志，投入使用的；

（七）使用应当淘汰的危及生产安全的工艺、设备的；

（八）餐饮等行业的生产经营单位使用燃气未安装可燃气体报警装置的。

第一百条 未经依法批准，擅自生产、经营、运输、储存、使用危险物品或者处置废弃危险物品的，依照有关危险物品安全管理的法律、行政法规的规定予以处罚；构成犯罪的，依照刑法有关规定追究刑事责任。

第一百零一条 生产经营单位有下列行为之一的，责令限期改正，处十万元以下的罚款；逾期未改正的，责令停产停业整顿，并处十万元以上二十万元以下的罚款，对其直接负责的主管人员和其他直接责任人员处二万元以上五万元以下的罚款；构成犯罪的，依照刑法有关规定追究刑事责任：

（一）生产、经营、运输、储存、使用危险物品或者处置废弃危险物品，未建立专门安全管理制度、未采取可靠的安全措施的；

（二）对重大危险源未登记建档，未进行定期检测、评估、监控，未制定应急预案，或者未告知应急措施的；

（三）进行爆破、吊装、动火、临时用电以及国务院应急管理部门会同国务院有关部门规定的其他危险作业，未安排专门人员进行现场安全管理的；

（四）未建立安全风险分级管控制度或者未按照安全风险分级采取相应管控措施的；

（五）未建立事故隐患排查治理制度，或者重大事故隐患排查治理情况未按照规定报告的。

第一百零二条 生产经营单位未采取措施消除事故隐患的，责令立即消除或者限期消除，处五万元以下的罚款；生产经营单位拒不执行的，责令停产停业整顿，对其直接负责的主管人员和其他直接责任人员处五万元以上十万元以下的罚款；构成犯罪的，依照刑法有关规定追究刑事责任。

第一百零三条 生产经营单位将生产经营项目、场所、设备发包或者出租给不具备安全生产条件或者相应资质的单位或者个人的，责令限期改正，没收违法所得；违法所得十万元以上的，并处违法所得二倍以上五倍以下的罚款；没有违法所得或者违法所得不足十万元的，单处或者并处十万元以上二十万元以下的罚款；对其直接负责的主管人员和其他直接责任人员处一万元以上二万元以下的罚款；导致发生生产安全事故给他人造成损害的，与承包方、承租方承担连带赔偿责任。

生产经营单位未与承包单位、承租单位签订专门的安全生产管理协议或者未在承包合同、租赁合同中明确各自的安全生产管理职责，或者未对承包单位、承租单位的安全生产统一协调、管理的，责令限期改正，处五万元以下的罚款，对其直接负责的主管人员和其他直接责任人员处一万元以下的罚款；逾期未改正的，责令停产停业整顿。

矿山、金属冶炼建设项目和用于生产、储存、装卸危险物品的建设项目的施工单位未按照规定对施工项目进行安全管理的，责令限期改正，处十万元以下的罚款，对其直接负责的主管人员和其他直接责任人员处二万元以下的罚款；逾期未改正的，责令停产停业整顿。以上施工单位倒卖、出租、出借、挂靠或者以其他形式非法转让施工资质的，责令停产停业整顿，吊销资质证书，没收违法所得；违法所得十万元以上的，并处违法所得二倍以上五倍以下的罚款，没有违法所得或者违法所得不足十万元的，单处或者并处十万元以上二十万元以下的罚款；对其直接负责的主管人员和其他直接责任人员处五万元以上十万元以下的罚款；构成犯罪的，依照刑法有关规定追究刑事责任。

第一百零四条 两个以上生产经营单位在同一作业区域内进行可能危及对方安全生产的生产经营活动，未签订安全生产管理协议或者未指定专职安全生产管理人员进行安全检查与协调的，责令限期改正，处五万元以下的罚款，对其直接负责的主管人员和其他直接责任人员处一万元以下的罚款；逾期未改正的，责令停产停业。

第一百零五条 生产经营单位有下列行为之一的，责令限期改正，处五万元以下的罚款，对其直接负责的主管人员和其他直接责任人员处一万元以下的罚款；逾期未改正的，责令停产停业整顿；构成犯罪的，依照刑法有关规定追究刑事责任：

（一）生产、经营、储存、使用危险物品的车间、商店、仓库与员工宿舍在同一座建筑内，或者与员工宿舍的距离不符合安全要求的；

（二）生产经营场所和员工宿舍未设有符合紧急疏散需要、标志明显、保持畅通的出口、疏散通道，或者占用、锁闭、封堵生产经营场所或者员工宿舍出口、疏散通道的。

第一百零六条 生产经营单位与从业人员订立协议，免除或者减轻其对从业人员因生产安全事故伤亡依法应承担的责任的，该协议无效；对生产经营单位的主要负责人、个人经营的投资人处二万元以上十万元以下的罚款。

第一百零七条 生产经营单位的从业人员不落实岗位安全责任，不服从管理，违反安全生产规章制度或者操作规程的，由生产经营单位给予批评教育，依照有关规章制度给予处分；构成犯罪的，依照刑法有关规定追究刑事责任。

第一百零八条 违反本法规定，生产经营单位拒绝、阻碍负有安全生产监督管理职责的部门依法实施监督检查的，责令改正；拒不改正的，处二万元以上二十万元以下的罚款；对其直接负责的主管人员和其他直接责任人员处一万元以上二万元以下的罚款；构成犯罪的，依照刑法有关规定追究刑事责任。

第一百零九条 高危行业、领域的生产经营单位未按照国家规定投保安全生产责任保险的，责令限期改正，处五万元以上十万元以下的罚款；逾期未改正的，处十万元以上二十万元以下的罚款。

第一百一十条 生产经营单位的主要负责人在本单位发生生产安全事故时，不立即组织抢救或者在事故调查处理期间擅离职守或者逃匿的，给予降级、撤职的处分，并由应急管理部门处上一年年收入百分之六十至百分之一百的罚款；对逃匿的处十五日以下拘留；构成犯罪的，依照刑法有关规定追究刑事责任。

生产经营单位的主要负责人对生产安全事故隐瞒不报、谎报或者迟报的，依照前款规定处罚。

第一百一十一条 有关地方人民政府、负有安全生产监督管理职责的部门，对生产安全事故隐瞒不报、谎报或者迟报的，对直接负责的主管人员和其他直接责任人员依法给予处分；构成犯罪的，依照刑法有关规定追究刑事责任。

第一百一十二条 生产经营单位违反本法规定，被责令改正且受到罚款处罚，拒不改正的，负有安全生产监督管理职责的部门可以自作出责令改正之日的次日起，按照原处罚数额按日连续处罚。

第一百一十三条 生产经营单位存在下列情形之一的，负有安全生产监督管理职责的部门应当提请地方人民政府予以关闭，有关部门应当依法吊销其有关证照。生产经营单位主要负责人五年内不得担任任何生产经营单位的主要负责人；情节严重的，终身不得担任本行业生产经营单位的主要负责人：

（一）存在重大事故隐患，一百八十日内三次或者一年内四次受到本法规定的行政处罚的；

（二）经停产停业整顿，仍不具备法律、行政法规和国家标准或者行业标准规定的安全生产条件的；

（三）不具备法律、行政法规和国家标准或者行业标准规定的安全生产条件，导致发生重大、特别重大生产安全事故的；

（四）拒不执行负有安全生产监督管理职责的部门作出的停产停业整顿决定的。

第一百一十四条 发生生产安全事故，对负有责任的生产经营单位除要求其依法承担相应的赔偿等责任外，由应急管理部门依照下列规定处以罚款：

（一）发生一般事故的，处三十万元以上一百万元以下的罚款；

（二）发生较大事故的，处一百万元以上二百万元以下的罚款；

（三）发生重大事故的，处二百万元以上一千万元以下的罚款；

（四）发生特别重大事故的，处一千万元以上二千万元以下的罚款。

发生生产安全事故，情节特别严重、影响特别恶劣的，应急管理部门可以按照前款罚款数额的二倍以上五倍以下对负有责任的生产经营单位处以罚款。

第一百一十五条 本法规定的行政处罚，由应急管理部门和其他负有安全生产监督管理职责的部门按照职责分工决定；其中，根据本法第九十五条、第一百一十条、第一百一十四条的规定应当给予民航、铁路、电力行业的生产经营单位及其主要负责人行政处罚的，也可以由主管的负有安全生产监督管理职责的部门进行处罚。予以关闭的行政处罚，由负有安全生产监督管理职责的部门报请县级以上人民政府按照国务院规定的权限决定；给予拘留的行政处罚，由公安机关依照治安管理处罚的规定决定。

第一百一十六条 生产经营单位发生生产安全事故造成人员伤亡、他人财产损失的，应当依法承担赔偿责任；拒不承担或者其负责人逃匿的，由人民法院依法强制执行。

生产安全事故的责任人未依法承担赔偿责任，经人民法院依法采取执行措施后，仍不能对受害人给予足额赔偿的，应当继续履行赔偿义务；受害人发现责任人有其他财产的，可以随时请求人民法院执行。

第七章　附　则

第一百一十七条 本法下列用语的含义：

危险物品，是指易燃易爆物品、危险化学品、放射性物品等能够危及人身安全和财产安全的物品。

重大危险源，是指长期地或者临时地生产、搬运、使用或者储存危险物品，且危险物品的数量等于或者超过临界量的单元（包括场所和设施）。

第一百一十八条 本法规定的生产安全一般事故、较大事故、重大事故、特别重大事故的划分标准由国务院规定。

国务院应急管理部门和其他负有安全生产监督管理职责的部门应当根据各自的职责分工，制定相关行业、领域重大危险源的辨识标准和重大事故隐患的判定标准。

第一百一十九条 本法自 2002 年 11 月 1 日起施行。

（三）中华人民共和国特种设备安全法

（2013年6月29日第十二届全国人民代表大会常务委员会第三次会议通过）

第一章 总 则

第一条 为了加强特种设备安全工作，预防特种设备事故，保障人身和财产安全，促进经济社会发展，制定本法。

第二条 特种设备的生产（包括设计、制造、安装、改造、修理）、经营、使用、检验、检测和特种设备安全的监督管理，适用本法。

本法所称特种设备，是指对人身和财产安全有较大危险性的锅炉、压力容器（含气瓶）、压力管道、电梯、起重机械、客运索道、大型游乐设施、场（厂）内专用机动车辆，以及法律、行政法规规定适用本法的其他特种设备。

国家对特种设备实行目录管理。特种设备目录由国务院负责特种设备安全监督管理的部门制定，报国务院批准后执行。

第三条 特种设备安全工作应当坚持安全第一、预防为主、节能环保、综合治理的原则。

第四条 国家对特种设备的生产、经营、使用，实施分类的、全过程的安全监督管理。

第五条 国务院负责特种设备安全监督管理的部门对全国特种设备安全实施监督管理。县级以上地方各级人民政府负责特种设备安全监督管理的部门对本行政区域内特种设备安全实施监督管理。

第六条 国务院和地方各级人民政府应当加强对特种设备安全工作的领导，督促各有关部门依法履行监督管理职责。

县级以上地方各级人民政府应当建立协调机制，及时协调、解决特种设备安全监督管理中存在的问题。

第七条 特种设备生产、经营、使用单位应当遵守本法和其他有关法律、法规，建立、健全特种设备安全和节能责任制度，加强特种设备安全和节能管理，确保特种设备生产、经营、使用安全，符合节能要求。

第八条 特种设备生产、经营、使用、检验、检测应当遵守有关特种设备安全技术规范及相关标准。

特种设备安全技术规范由国务院负责特种设备安全监督管理的部门制定。

第九条 特种设备行业协会应当加强行业自律，推进行业诚信体系建设，提高特种设备安全管理水平。

第十条　国家支持有关特种设备安全的科学技术研究，鼓励先进技术和先进管理方法的推广应用，对做出突出贡献的单位和个人给予奖励。

第十一条　负责特种设备安全监督管理的部门应当加强特种设备安全宣传教育，普及特种设备安全知识，增强社会公众的特种设备安全意识。

第十二条　任何单位和个人有权向负责特种设备安全监督管理的部门和有关部门举报涉及特种设备安全的违法行为，接到举报的部门应当及时处理。

第二章　生产、经营、使用

第一节　一般规定

第十三条　特种设备生产、经营、使用单位及其主要负责人对其生产、经营、使用的特种设备安全负责。

特种设备生产、经营、使用单位应当按照国家有关规定配备特种设备安全管理人员、检测人员和作业人员，并对其进行必要的安全教育和技能培训。

第十四条　特种设备安全管理人员、检测人员和作业人员应当按照国家有关规定取得相应资格，方可从事相关工作。特种设备安全管理人员、检测人员和作业人员应当严格执行安全技术规范和管理制度，保证特种设备安全。

第十五条　特种设备生产、经营、使用单位对其生产、经营、使用的特种设备应当进行自行检测和维护保养，对国家规定实行检验的特种设备应当及时申报并接受检验。

第十六条　特种设备采用新材料、新技术、新工艺，与安全技术规范的要求不一致，或者安全技术规范未作要求、可能对安全性能有重大影响的，应当向国务院负责特种设备安全监督管理的部门申报，由国务院负责特种设备安全监督管理的部门及时委托安全技术咨询机构或者相关专业机构进行技术评审，评审结果经国务院负责特种设备安全监督管理的部门批准，方可投入生产、使用。

国务院负责特种设备安全监督管理的部门应当将允许使用的新材料、新技术、新工艺的有关技术要求，及时纳入安全技术规范。

第十七条　国家鼓励投保特种设备安全责任保险。

第二节　生　产

第十八条　国家按照分类监督管理的原则对特种设备生产实行许可制度。特种设备生产单位应当具备下列条件，并经负责特种设备安全监督管理的部门许可，方可从事生产活动：

（一）有与生产相适应的专业技术人员；

（二）有与生产相适应的设备、设施和工作场所；

（三）有健全的质量保证、安全管理和岗位责任等制度。

第十九条　特种设备生产单位应当保证特种设备生产符合安全技术规范及相关标

准的要求，对其生产的特种设备的安全性能负责。不得生产不符合安全性能要求和能效指标以及国家明令淘汰的特种设备。

第二十条 锅炉、气瓶、氧舱、客运索道、大型游乐设施的设计文件，应当经负责特种设备安全监督管理的部门核准的检验机构鉴定，方可用于制造。

特种设备产品、部件或者试制的特种设备新产品、新部件以及特种设备采用的新材料，按照安全技术规范的要求需要通过型式试验进行安全性验证的，应当经负责特种设备安全监督管理的部门核准的检验机构进行型式试验。

第二十一条 特种设备出厂时，应当随附安全技术规范要求的设计文件、产品质量合格证明、安装及使用维护保养说明、监督检验证明等相关技术资料和文件，并在特种设备显著位置设置产品铭牌、安全警示标志及其说明。

第二十二条 电梯的安装、改造、修理，必须由电梯制造单位或者其委托的依照本法取得相应许可的单位进行。电梯制造单位委托其他单位进行电梯安装、改造、修理的，应当对其安装、改造、修理进行安全指导和监控，并按照安全技术规范的要求进行校验和调试。电梯制造单位对电梯安全性能负责。

第二十三条 特种设备安装、改造、修理的施工单位应当在施工前将拟进行的特种设备安装、改造、修理情况书面告知直辖市或者设区的市级人民政府负责特种设备安全监督管理的部门。

第二十四条 特种设备安装、改造、修理竣工后，安装、改造、修理的施工单位应当在验收后三十日内将相关技术资料和文件移交特种设备使用单位。特种设备使用单位应当将其存入该特种设备的安全技术档案。

第二十五条 锅炉、压力容器、压力管道元件等特种设备的制造过程和锅炉、压力容器、压力管道、电梯、起重机械、客运索道、大型游乐设施的安装、改造、重大修理过程，应当经特种设备检验机构按照安全技术规范的要求进行监督检验；未经监督检验或者监督检验不合格的，不得出厂或者交付使用。

第二十六条 国家建立缺陷特种设备召回制度。因生产原因造成特种设备存在危及安全的同一性缺陷的，特种设备生产单位应当立即停止生产，主动召回。

国务院负责特种设备安全监督管理的部门发现特种设备存在应当召回而未召回的情形时，应当责令特种设备生产单位召回。

第三节　经　营

第二十七条 特种设备销售单位销售的特种设备，应当符合安全技术规范及相关标准的要求，其设计文件、产品质量合格证明、安装及使用维护保养说明、监督检验证明等相关技术资料和文件应当齐全。

特种设备销售单位应当建立特种设备检查验收和销售记录制度。

禁止销售未取得许可生产的特种设备，未经检验和检验不合格的特种设备，或者国家明令淘汰和已经报废的特种设备。

第二十八条 特种设备出租单位不得出租未取得许可生产的特种设备或者国家明

令淘汰和已经报废的特种设备，以及未按照安全技术规范的要求进行维护保养和未经检验或者检验不合格的特种设备。

第二十九条 特种设备在出租期间的使用管理和维护保养义务由特种设备出租单位承担，法律另有规定或者当事人另有约定的除外。

第三十条 进口的特种设备应当符合我国安全技术规范的要求，并经检验合格；需要取得我国特种设备生产许可的，应当取得许可。

进口特种设备随附的技术资料和文件应当符合本法第二十一条的规定，其安装及使用维护保养说明、产品铭牌、安全警示标志及其说明应当采用中文。

特种设备的进出口检验，应当遵守有关进出口商品检验的法律、行政法规。

第三十一条 进口特种设备，应当向进口地负责特种设备安全监督管理的部门履行提前告知义务。

第四节 使 用

第三十二条 特种设备使用单位应当使用取得许可生产并经检验合格的特种设备。

禁止使用国家明令淘汰和已经报废的特种设备。

第三十三条 特种设备使用单位应当在特种设备投入使用前或者投入使用后三十日内，向负责特种设备安全监督管理的部门办理使用登记，取得使用登记证书。登记标志应当置于该特种设备的显著位置。

第三十四条 特种设备使用单位应当建立岗位责任、隐患治理、应急救援等安全管理制度，制定操作规程，保证特种设备安全运行。

第三十五条 特种设备使用单位应当建立特种设备安全技术档案。安全技术档案应当包括以下内容：

（一）特种设备的设计文件、产品质量合格证明、安装及使用维护保养说明、监督检验证明等相关技术资料和文件；

（二）特种设备的定期检验和定期自行检查记录；

（三）特种设备的日常使用状况记录；

（四）特种设备及其附属仪器仪表的维护保养记录；

（五）特种设备的运行故障和事故记录。

第三十六条 电梯、客运索道、大型游乐设施等为公众提供服务的特种设备的运营使用单位，应当对特种设备的使用安全负责，设置特种设备安全管理机构或者配备专职的特种设备安全管理人员；其他特种设备使用单位，应当根据情况设置特种设备安全管理机构或者配备专职、兼职的特种设备安全管理人员。

第三十七条 特种设备的使用应当具有规定的安全距离、安全防护措施。

与特种设备安全相关的建筑物、附属设施，应当符合有关法律、行政法规的规定。

第三十八条 特种设备属于共有的，共有人可以委托物业服务单位或者其他管理人管理特种设备，受托人履行本法规定的特种设备使用单位的义务，承担相应责任。共有人未委托的，由共有人或者实际管理人履行管理义务，承担相应责任。

第三十九条 特种设备使用单位应当对其使用的特种设备进行经常性维护保养和定期自行检查，并作出记录。

特种设备使用单位应当对其使用的特种设备的安全附件、安全保护装置进行定期校验、检修，并作出记录。

第四十条 特种设备使用单位应当按照安全技术规范的要求，在检验合格有效期届满前一个月向特种设备检验机构提出定期检验要求。

特种设备检验机构接到定期检验要求后，应当按照安全技术规范的要求及时进行安全性能检验。特种设备使用单位应当将定期检验标志置于该特种设备的显著位置。

未经定期检验或者检验不合格的特种设备，不得继续使用。

第四十一条 特种设备安全管理人员应当对特种设备使用状况进行经常性检查，发现问题应当立即处理；情况紧急时，可以决定停止使用特种设备并及时报告本单位有关负责人。

特种设备作业人员在作业过程中发现事故隐患或者其他不安全因素，应当立即向特种设备安全管理人员和单位有关负责人报告；特种设备运行不正常时，特种设备作业人员应当按照操作规程采取有效措施保证安全。

第四十二条 特种设备出现故障或者发生异常情况，特种设备使用单位应当对其进行全面检查，消除事故隐患，方可继续使用。

第四十三条 客运索道、大型游乐设施在每日投入使用前，其运营使用单位应当进行试运行和例行安全检查，并对安全附件和安全保护装置进行检查确认。

电梯、客运索道、大型游乐设施的运营使用单位应当将电梯、客运索道、大型游乐设施的安全使用说明、安全注意事项和警示标志置于易于为乘客注意的显著位置。

公众乘坐或者操作电梯、客运索道、大型游乐设施，应当遵守安全使用说明和安全注意事项的要求，服从有关工作人员的管理和指挥；遇有运行不正常时，应当按照安全指引，有序撤离。

第四十四条 锅炉使用单位应当按照安全技术规范的要求进行锅炉水(介)质处理，并接受特种设备检验机构的定期检验。

从事锅炉清洗，应当按照安全技术规范的要求进行，并接受特种设备检验机构的监督检验。

第四十五条 电梯的维护保养应当由电梯制造单位或者依照本法取得许可的安装、改造、修理单位进行。

电梯的维护保养单位应当在维护保养中严格执行安全技术规范的要求，保证其维护保养的电梯的安全性能，并负责落实现场安全防护措施，保证施工安全。

电梯的维护保养单位应当对其维护保养的电梯的安全性能负责；接到故障通知后，应当立即赶赴现场，并采取必要的应急救援措施。

第四十六条 电梯投入使用后，电梯制造单位应当对其制造的电梯的安全运行情况进行跟踪调查和了解，对电梯的维护保养单位或者使用单位在维护保养和安全运行方面存在的问题，提出改进建议，并提供必要的技术帮助；发现电梯存在严重事故隐患时，应当及时告知电梯使用单位，并向负责特种设备安全监督管理的部门报告。电梯制造单位对调查和了解的情况，应当作出记录。

第四十七条 特种设备进行改造、修理，按照规定需要变更使用登记的，应当办理变更登记，方可继续使用。

第四十八条 特种设备存在严重事故隐患，无改造、修理价值，或者达到安全技术规范规定的其他报废条件的，特种设备使用单位应当依法履行报废义务，采取必要措施消除该特种设备的使用功能，并向原登记的负责特种设备安全监督管理的部门办理使用登记证书注销手续。

前款规定报废条件以外的特种设备，达到设计使用年限可以继续使用的，应当按照安全技术规范的要求通过检验或者安全评估，并办理使用登记证书变更，方可继续使用。允许继续使用的，应当采取加强检验、检测和维护保养等措施，确保使用安全。

第四十九条 移动式压力容器、气瓶充装单位，应当具备下列条件，并经负责特种设备安全监督管理的部门许可，方可从事充装活动：

（一）有与充装和管理相适应的管理人员和技术人员；

（二）有与充装和管理相适应的充装设备、检测手段、场地厂房、器具、安全设施；

（三）有健全的充装管理制度、责任制度、处理措施。

充装单位应当建立充装前后的检查、记录制度，禁止对不符合安全技术规范要求的移动式压力容器和气瓶进行充装。

气瓶充装单位应当向气体使用者提供符合安全技术规范要求的气瓶，对气体使用者进行气瓶安全使用指导，并按照安全技术规范的要求办理气瓶使用登记，及时申报定期检验。

第三章 检验、检测

第五十条 从事本法规定的监督检验、定期检验的特种设备检验机构，以及为特种设备生产、经营、使用提供检测服务的特种设备检测机构，应当具备下列条件，并经负责特种设备安全监督管理的部门核准，方可从事检验、检测工作：

（一）有与检验、检测工作相适应的检验、检测人员；

（二）有与检验、检测工作相适应的检验、检测仪器和设备；

（三）有健全的检验、检测管理制度和责任制度。

第五十一条 特种设备检验、检测机构的检验、检测人员应当经考核，取得检验、检测人员资格，方可从事检验、检测工作。

特种设备检验、检测机构的检验、检测人员不得同时在两个以上检验、检测机构中执业；变更执业机构的，应当依法办理变更手续。

第五十二条 特种设备检验、检测工作应当遵守法律、行政法规的规定，并按照安全技术规范的要求进行。

特种设备检验、检测机构及其检验、检测人员应当依法为特种设备生产、经营、使用单位提供安全、可靠、便捷、诚信的检验、检测服务。

第五十三条 特种设备检验、检测机构及其检验、检测人员应当客观、公正、及时地出具检验、检测报告，并对检验、检测结果和鉴定结论负责。

特种设备检验、检测机构及其检验、检测人员在检验、检测中发现特种设备存在严重事故隐患时，应当及时告知相关单位，并立即向负责特种设备安全监督管理的部门报告。

负责特种设备安全监督管理的部门应当组织对特种设备检验、检测机构的检验、检测结果和鉴定结论进行监督抽查，但应当防止重复抽查。监督抽查结果应当向社会公布。

第五十四条 特种设备生产、经营、使用单位应当按照安全技术规范的要求向特种设备检验、检测机构及其检验、检测人员提供特种设备相关资料和必要的检验、检测条件，并对资料的真实性负责。

第五十五条 特种设备检验、检测机构及其检验、检测人员对检验、检测过程中知悉的商业秘密，负有保密义务。

特种设备检验、检测机构及其检验、检测人员不得从事有关特种设备的生产、经营活动，不得推荐或者监制、监销特种设备。

第五十六条 特种设备检验机构及其检验人员利用检验工作故意刁难特种设备生产、经营、使用单位的，特种设备生产、经营、使用单位有权向负责特种设备安全监督管理的部门投诉，接到投诉的部门应当及时进行调查处理。

第四章 监督管理

第五十七条 负责特种设备安全监督管理的部门依照本法规定，对特种设备生产、经营、使用单位和检验、检测机构实施监督检查。

负责特种设备安全监督管理的部门应当对学校、幼儿园以及医院、车站、客运码头、商场、体育场馆、展览馆、公园等公众聚集场所的特种设备，实施重点安全监督检查。

第五十八条 负责特种设备安全监督管理的部门实施本法规定的许可工作，应当依照本法和其他有关法律、行政法规规定的条件和程序以及安全技术规范的要求进行审查；不符合规定的，不得许可。

第五十九条 负责特种设备安全监督管理的部门在办理本法规定的许可时，其受理、审查、许可的程序必须公开，并应当自受理申请之日起三十日内，作出许可或者不予许可的决定；不予许可的，应当书面向申请人说明理由。

第六十条 负责特种设备安全监督管理的部门对依法办理使用登记的特种设备应当建立完整的监督管理档案和信息查询系统；对达到报废条件的特种设备，应当及时督促特种设备使用单位依法履行报废义务。

第六十一条 负责特种设备安全监督管理的部门在依法履行监督检查职责时，可以行使下列职权：

（一）进入现场进行检查，向特种设备生产、经营、使用单位和检验、检测机构的主要负责人和其他有关人员调查、了解有关情况；

（二）根据举报或者取得的涉嫌违法证据，查阅、复制特种设备生产、经营、使用单位和检验、检测机构的有关合同、发票、账簿以及其他有关资料；

（三）对有证据表明不符合安全技术规范要求或者存在严重事故隐患的特种设备实施查封、扣押；

（四）对流入市场的达到报废条件或者已经报废的特种设备实施查封、扣押；

（五）对违反本法规定的行为作出行政处罚决定。

第六十二条 负责特种设备安全监督管理的部门在依法履行职责过程中，发现违反本法规定和安全技术规范要求的行为或者特种设备存在事故隐患时，应当以书面形式发出特种设备安全监察指令，责令有关单位及时采取措施予以改正或者消除事故隐患。紧急情况下要求有关单位采取紧急处置措施的，应当随后补发特种设备安全监察指令。

第六十三条 负责特种设备安全监督管理的部门在依法履行职责过程中，发现重大违法行为或者特种设备存在严重事故隐患时，应当责令有关单位立即停止违法行为、采取措施消除事故隐患，并及时向上级负责特种设备安全监督管理的部门报告。接到报告的负责特种设备安全监督管理的部门应当采取必要措施，及时予以处理。

对违法行为、严重事故隐患的处理需要当地人民政府和有关部门的支持、配合时，负责特种设备安全监督管理的部门应当报告当地人民政府，并通知其他有关部门。当地人民政府和其他有关部门应当采取必要措施，及时予以处理。

第六十四条 地方各级人民政府负责特种设备安全监督管理的部门不得要求已经依照本法规定在其他地方取得许可的特种设备生产单位重复取得许可，不得要求对已经依照本法规定在其他地方检验合格的特种设备重复进行检验。

第六十五条 负责特种设备安全监督管理的部门的安全监察人员应当熟悉相关法律、法规，具有相应的专业知识和工作经验，取得特种设备安全行政执法证件。

特种设备安全监察人员应当忠于职守、坚持原则、秉公执法。

负责特种设备安全监督管理的部门实施安全监督检查时，应当有二名以上特种设备安全监察人员参加，并出示有效的特种设备安全行政执法证件。

第六十六条 负责特种设备安全监督管理的部门对特种设备生产、经营、使用单位和检验、检测机构实施监督检查，应当对每次监督检查的内容、发现的问题及处理情况作出记录，并由参加监督检查的特种设备安全监察人员和被检查单位的有关负责人签字后归档。被检查单位的有关负责人拒绝签字的，特种设备安全监察人员应当将情况记录在案。

第六十七条 负责特种设备安全监督管理的部门及其工作人员不得推荐或者监制、监销特种设备；对履行职责过程中知悉的商业秘密负有保密义务。

第六十八条 国务院负责特种设备安全监督管理的部门和省、自治区、直辖市人民政府负责特种设备安全监督管理的部门应当定期向社会公布特种设备安全总体状况。

第五章　事故应急救援与调查处理

第六十九条　国务院负责特种设备安全监督管理的部门应当依法组织制定特种设备重特大事故应急预案，报国务院批准后纳入国家突发事件应急预案体系。

县级以上地方各级人民政府及其负责特种设备安全监督管理的部门应当依法组织制定本行政区域内特种设备事故应急预案，建立或者纳入相应的应急处置与救援体系。

特种设备使用单位应当制定特种设备事故应急专项预案，并定期进行应急演练。

第七十条　特种设备发生事故后，事故发生单位应当按照应急预案采取措施，组织抢救，防止事故扩大，减少人员伤亡和财产损失，保护事故现场和有关证据，并及时向事故发生地县级以上人民政府负责特种设备安全监督管理的部门和有关部门报告。

县级以上人民政府负责特种设备安全监督管理的部门接到事故报告，应当尽快核实情况，立即向本级人民政府报告，并按照规定逐级上报。必要时，负责特种设备安全监督管理的部门可以越级上报事故情况。对特别重大事故、重大事故，国务院负责特种设备安全监督管理的部门应当立即报告国务院并通报国务院安全生产监督管理部门等有关部门。

与事故相关的单位和人员不得迟报、谎报或者瞒报事故情况，不得隐匿、毁灭有关证据或者故意破坏事故现场。

第七十一条　事故发生地人民政府接到事故报告，应当依法启动应急预案，采取应急处置措施，组织应急救援。

第七十二条　特种设备发生特别重大事故，由国务院或者国务院授权有关部门组织事故调查组进行调查。

发生重大事故，由国务院负责特种设备安全监督管理的部门会同有关部门组织事故调查组进行调查。

发生较大事故，由省、自治区、直辖市人民政府负责特种设备安全监督管理的部门会同有关部门组织事故调查组进行调查。

发生一般事故，由设区的市级人民政府负责特种设备安全监督管理的部门会同有关部门组织事故调查组进行调查。

事故调查组应当依法、独立、公正开展调查，提出事故调查报告。

第七十三条　组织事故调查的部门应当将事故调查报告报本级人民政府，并报上一级人民政府负责特种设备安全监督管理的部门备案。有关部门和单位应当依照法律、行政法规的规定，追究事故责任单位和人员的责任。

事故责任单位应当依法落实整改措施，预防同类事故发生。事故造成损害的，事故责任单位应当依法承担赔偿责任。

第六章　法律责任

第七十四条　违反本法规定，未经许可从事特种设备生产活动的，责令停止生产，没收违法制造的特种设备，处十万元以上五十万元以下罚款；有违法所得的，没收违法所得；已经实施安装、改造、修理的，责令恢复原状或者责令限期由取得许可的单位重新安装、改造、修理。

第七十五条 违反本法规定，特种设备的设计文件未经鉴定，擅自用于制造的，责令改正，没收违法制造的特种设备，处五万元以上五十万元以下罚款。

第七十六条 违反本法规定，未进行型式试验的，责令限期改正；逾期未改正的，处三万元以上三十万元以下罚款。

第七十七条 违反本法规定，特种设备出厂时，未按照安全技术规范的要求随附相关技术资料和文件的，责令限期改正；逾期未改正的，责令停止制造、销售，处二万元以上二十万元以下罚款；有违法所得的，没收违法所得。

第七十八条 违反本法规定，特种设备安装、改造、修理的施工单位在施工前未书面告知负责特种设备安全监督管理的部门即行施工的，或者在验收后三十日内未将相关技术资料和文件移交特种设备使用单位的，责令限期改正；逾期未改正的，处一万元以上十万元以下罚款。

第七十九条 违反本法规定，特种设备的制造、安装、改造、重大修理以及锅炉清洗过程，未经监督检验的，责令限期改正；逾期未改正的，处五万元以上二十万元以下罚款；有违法所得的，没收违法所得；情节严重的，吊销生产许可证。

第八十条 违反本法规定，电梯制造单位有下列情形之一的，责令限期改正；逾期未改正的，处一万元以上十万元以下罚款：

（一）未按照安全技术规范的要求对电梯进行校验、调试的；

（二）对电梯的安全运行情况进行跟踪调查和了解时，发现存在严重事故隐患，未及时告知电梯使用单位并向负责特种设备安全监督管理的部门报告的。

第八十一条 违反本法规定，特种设备生产单位有下列行为之一的，责令限期改正；逾期未改正的，责令停止生产，处五万元以上五十万元以下罚款；情节严重的，吊销生产许可证：

（一）不再具备生产条件、生产许可证已经过期或者超出许可范围生产的；

（二）明知特种设备存在同一性缺陷，未立即停止生产并召回的。

违反本法规定，特种设备生产单位生产、销售、交付国家明令淘汰的特种设备的，责令停止生产、销售，没收违法生产、销售、交付的特种设备，处三万元以上三十万元以下罚款；有违法所得的，没收违法所得。

特种设备生产单位涂改、倒卖、出租、出借生产许可证的，责令停止生产，处五万元以上五十万元以下罚款；情节严重的，吊销生产许可证。

第八十二条 违反本法规定，特种设备经营单位有下列行为之一的，责令停止经营，没收违法经营的特种设备，处三万元以上三十万元以下罚款；有违法所得的，没收违法所得：

（一）销售、出租未取得许可生产，未经检验或者检验不合格的特种设备的；

（二）销售、出租国家明令淘汰、已经报废的特种设备，或者未按照安全技术规范的要求进行维护保养的特种设备的。

违反本法规定，特种设备销售单位未建立检查验收和销售记录制度，或者进口特种设备未履行提前告知义务的，责令改正，处一万元以上十万元以下罚款。

特种设备生产单位销售、交付未经检验或者检验不合格的特种设备的，依照本条第一款规定处罚；情节严重的，吊销生产许可证。

第八十三条 违反本法规定，特种设备使用单位有下列行为之一的，责令限期改正；逾期未改正的，责令停止使用有关特种设备，处一万元以上十万元以下罚款：

（一）使用特种设备未按照规定办理使用登记的；

（二）未建立特种设备安全技术档案或者安全技术档案不符合规定要求，或者未依法设置使用登记标志、定期检验标志的；

（三）未对其使用的特种设备进行经常性维护保养和定期自行检查，或者未对其使用的特种设备的安全附件、安全保护装置进行定期校验、检修，并作出记录的；

（四）未按照安全技术规范的要求及时申报并接受检验的；

（五）未按照安全技术规范的要求进行锅炉水（介）质处理的；

（六）未制定特种设备事故应急专项预案的。

第八十四条 违反本法规定，特种设备使用单位有下列行为之一的，责令停止使用有关特种设备，处三万元以上三十万元以下罚款：

（一）使用未取得许可生产，未经检验或者检验不合格的特种设备，或者国家明令淘汰、已经报废的特种设备的；

（二）特种设备出现故障或者发生异常情况，未对其进行全面检查、消除事故隐患，继续使用的；

（三）特种设备存在严重事故隐患，无改造、修理价值，或者达到安全技术规范规定的其他报废条件，未依法履行报废义务，并办理使用登记证书注销手续的。

第八十五条 违反本法规定，移动式压力容器、气瓶充装单位有下列行为之一的，责令改正，处二万元以上二十万元以下罚款；情节严重的，吊销充装许可证：

（一）未按照规定实施充装前后的检查、记录制度的；

（二）对不符合安全技术规范要求的移动式压力容器和气瓶进行充装的。

违反本法规定，未经许可，擅自从事移动式压力容器或者气瓶充装活动的，予以取缔，没收违法充装的气瓶，处十万元以上五十万元以下罚款；有违法所得的，没收违法所得。

第八十六条 违反本法规定，特种设备生产、经营、使用单位有下列情形之一的，责令限期改正；逾期未改正的，责令停止使用有关特种设备或者停产停业整顿，处一万元以上五万元以下罚款：

（一）未配备具有相应资格的特种设备安全管理人员、检测人员和作业人员的；

（二）使用未取得相应资格的人员从事特种设备安全管理、检测和作业的；

（三）未对特种设备安全管理人员、检测人员和作业人员进行安全教育和技能培训的。

第八十七条 违反本法规定，电梯、客运索道、大型游乐设施的运营使用单位有下列情形之一的，责令限期改正；逾期未改正的，责令停止使用有关特种设备或者停产停业整顿，处二万元以上十万元以下罚款：

（一）未设置特种设备安全管理机构或者配备专职的特种设备安全管理人员的；

（二）客运索道、大型游乐设施每日投入使用前，未进行试运行和例行安全检查，未对安全附件和安全保护装置进行检查确认的；

（三）未将电梯、客运索道、大型游乐设施的安全使用说明、安全注意事项和警示标志置于易于为乘客注意的显著位置的。

第八十八条 违反本法规定，未经许可，擅自从事电梯维护保养的，责令停止违法行为，处一万元以上十万元以下罚款；有违法所得的，没收违法所得。

电梯的维护保养单位未按照本法规定以及安全技术规范的要求，进行电梯维护保养的，依照前款规定处罚。

第八十九条 发生特种设备事故，有下列情形之一的，对单位处五万元以上二十万元以下罚款；对主要负责人处一万元以上五万元以下罚款；主要负责人属于国家工作人员的，并依法给予处分：

（一）发生特种设备事故时，不立即组织抢救或者在事故调查处理期间擅离职守或者逃匿的；

（二）对特种设备事故迟报、谎报或者瞒报的。

第九十条 发生事故，对负有责任的单位除要求其依法承担相应的赔偿等责任外，依照下列规定处以罚款：

（一）发生一般事故，处十万元以上二十万元以下罚款；

（二）发生较大事故，处二十万元以上五十万元以下罚款；

（三）发生重大事故，处五十万元以上二百万元以下罚款。

第九十一条 对事故发生负有责任的单位的主要负责人未依法履行职责或者负有领导责任的，依照下列规定处以罚款；属于国家工作人员的，并依法给予处分：

（一）发生一般事故，处上一年年收入百分之三十的罚款；

（二）发生较大事故，处上一年年收入百分之四十的罚款；

（三）发生重大事故，处上一年年收入百分之六十的罚款。

第九十二条 违反本法规定，特种设备安全管理人员、检测人员和作业人员不履行岗位职责，违反操作规程和有关安全规章制度，造成事故的，吊销相关人员的资格。

第九十三条 违反本法规定，特种设备检验、检测机构及其检验、检测人员有下列行为之一的，责令改正，对机构处五万元以上二十万元以下罚款，对直接负责的主管人员和其他直接责任人员处五千元以上五万元以下罚款；情节严重的，吊销机构资质和有关人员的资格：

（一）未经核准或者超出核准范围、使用未取得相应资格的人员从事检验、检测的；

（二）未按照安全技术规范的要求进行检验、检测的；

（三）出具虚假的检验、检测结果和鉴定结论或者检验、检测结果和鉴定结论严重失实的；

（四）发现特种设备存在严重事故隐患，未及时告知相关单位，并立即向负责特种设备安全监督管理的部门报告的；

（五）泄露检验、检测过程中知悉的商业秘密的；

（六）从事有关特种设备的生产、经营活动的；

（七）推荐或者监制、监销特种设备的；

（八）利用检验工作故意刁难相关单位的。

违反本法规定，特种设备检验、检测机构的检验、检测人员同时在两个以上检验、检测机构中执业的，处五千元以上五万元以下罚款；情节严重的，吊销其资格。

第九十四条 违反本法规定，负责特种设备安全监督管理的部门及其工作人员有下列行为之一的，由上级机关责令改正；对直接负责的主管人员和其他直接责任人员，依法给予处分：

（一）未依照法律、行政法规规定的条件、程序实施许可的；

（二）发现未经许可擅自从事特种设备的生产、使用或者检验、检测活动不予取缔或者不依法予以处理的；

（三）发现特种设备生产单位不再具备本法规定的条件而不吊销其许可证，或者发现特种设备生产、经营、使用违法行为不予查处的；

（四）发现特种设备检验、检测机构不再具备本法规定的条件而不撤销其核准，或者对其出具虚假的检验、检测结果和鉴定结论或者检验、检测结果和鉴定结论严重失实的行为不予查处的；

（五）发现违反本法规定和安全技术规范要求的行为或者特种设备存在事故隐患，不立即处理的；

（六）发现重大违法行为或者特种设备存在严重事故隐患，未及时向上级负责特种设备安全监督管理的部门报告，或者接到报告的负责特种设备安全监督管理的部门不立即处理的；

（七）要求已经依照本法规定在其他地方取得许可的特种设备生产单位重复取得许可，或者要求对已经依照本法规定在其他地方检验合格的特种设备重复进行检验的；

（八）推荐或者监制、监销特种设备的；

（九）泄露履行职责过程中知悉的商业秘密的；

（十）接到特种设备事故报告未立即向本级人民政府报告，并按照规定上报的；

（十一）迟报、漏报、谎报或者瞒报事故的；

（十二）妨碍事故救援或者事故调查处理的；

（十三）其他滥用职权、玩忽职守、徇私舞弊的行为。

第九十五条 违反本法规定，特种设备生产、经营、使用单位或者检验、检测机构拒不接受负责特种设备安全监督管理的部门依法实施的监督检查的，责令限期改正；逾期未改正的，责令停产停业整顿，处二万元以上二十万元以下罚款。

特种设备生产、经营、使用单位擅自动用、调换、转移、损毁被查封、扣押的特种设备或者其主要部件的，责令改正，处五万元以上二十万元以下罚款；情节严重的，吊销生产许可证，注销特种设备使用登记证书。

第九十六条 违反本法规定，被依法吊销许可证的，自吊销许可证之日起三年内，负责特种设备安全监督管理的部门不予受理其新的许可申请。

第九十七条 违反本法规定，造成人身、财产损害的，依法承担民事责任。

违反本法规定，应当承担民事赔偿责任和缴纳罚款、罚金，其财产不足以同时支付时，先承担民事赔偿责任。

第九十八条 违反本法规定，构成违反治安管理行为的，依法给予治安管理处罚；构成犯罪的，依法追究刑事责任。

第七章 附 则

第九十九条 特种设备行政许可、检验的收费，依照法律、行政法规的规定执行。

第一百条 军事装备、核设施、航空航天器使用的特种设备安全的监督管理不适用本法。

铁路机车、海上设施和船舶、矿山井下使用的特种设备以及民用机场专用设备安全的监督管理，房屋建筑工地、市政工程工地用起重机械和场（厂）内专用机动车辆的安装、使用的监督管理，由有关部门依照本法和其他有关法律的规定实施。

第一百零一条 本法自 2014 年 1 月 1 日起施行。

（四）中华人民共和国行政处罚法

（1996年3月17日第八届全国人民代表大会第四次会议通过，2009年8月27日第十一届全国人民代表大会常务委员会第十次会议第一次修正，2017年9月1日第十二届全国人民代表大会常务委员会第二十九次会议第二次修正）

第一章　总　则

第一条　为了规范行政处罚的设定和实施，保障和监督行政机关有效实施行政管理，维护公共利益和社会秩序，保护公民、法人或者其他组织的合法权益，根据宪法，制定本法。

第二条　行政处罚的设定和实施，适用本法。

第三条　公民、法人或者其他组织违反行政管理秩序的行为，应当给予行政处罚的，依照本法由法律、法规或者规章规定，并由行政机关依照本法规定的程序实施。

没有法定依据或者不遵守法定程序的，行政处罚无效。

第四条　行政处罚遵循公正、公开的原则。

设定和实施行政处罚必须以事实为依据，与违法行为的事实、性质、情节以及社会危害程度相当。

对违法行为给予行政处罚的规定必须公布；未经公布的，不得作为行政处罚的依据。

第五条　实施行政处罚，纠正违法行为，应当坚持处罚与教育相结合，教育公民、法人或者其他组织自觉守法。

第六条　公民、法人或者其他组织对行政机关所给予的行政处罚，享有陈述权、申辩权；对行政处罚不服的，有权依法申请行政复议或者提起行政诉讼。

公民、法人或者其他组织因行政机关违法给予行政处罚受到损害的，有权依法提出赔偿要求。

第七条　公民、法人或者其他组织因违法受到行政处罚，其违法行为对他人造成损害的，应当依法承担民事责任。

违法行为构成犯罪，应当依法追究刑事责任，不得以行政处罚代替刑事处罚。

第二章　行政处罚的种类和设定

第八条　行政处罚的种类：

（一）警告；

（二）罚款；
（三）没收违法所得、没收非法财物；
（四）责令停产停业；
（五）暂扣或者吊销许可证、暂扣或者吊销执照；
（六）行政拘留；
（七）法律、行政法规规定的其他行政处罚。

第九条 法律可以设定各种行政处罚。

限制人身自由的行政处罚，只能由法律设定。

第十条 行政法规可以设定除限制人身自由以外的行政处罚。

法律对违法行为已经作出行政处罚规定，行政法规需要作出具体规定的，必须在法律规定的给予行政处罚的行为、种类和幅度的范围内规定。

第十一条 地方性法规可以设定除限制人身自由、吊销企业营业执照以外的行政处罚。

法律、行政法规对违法行为已经作出行政处罚规定，地方性法规需要作出具体规定的，必须在法律、行政法规规定的给予行政处罚的行为、种类和幅度的范围内规定。

第十二条 国务院部、委员会制定的规章可以在法律、行政法规规定的给予行政处罚的行为、种类和幅度的范围内作出具体规定。

尚未制定法律、行政法规的，前款规定的国务院部、委员会制定的规章对违反行政管理秩序的行为，可以设定警告或者一定数量罚款的行政处罚。罚款的限额由国务院规定。

国务院可以授权具有行政处罚权的直属机构依照本条第一款、第二款的规定，规定行政处罚。

第十三条 省、自治区、直辖市人民政府和省、自治区人民政府所在地的市人民政府以及经国务院批准的较大的市人民政府制定的规章可以在法律、法规规定的给予行政处罚的行为、种类和幅度的范围内作出具体规定。

尚未制定法律、法规的，前款规定的人民政府制定的规章对违反行政管理秩序的行为，可以设定警告或者一定数量罚款的行政处罚。罚款的限额由省、自治区、直辖市人民代表大会常务委员会规定。

第十四条 除本法第九条、第十条、第十一条、第十二条以及第十三条的规定外，其他规范性文件不得设定行政处罚。

第三章 行政处罚的实施机关

第十五条 行政处罚由具有行政处罚权的行政机关在法定职权范围内实施。

第十六条 国务院或者经国务院授权的省、自治区、直辖市人民政府可以决定一个行政机关行使有关行政机关的行政处罚权，但限制人身自由的行政处罚权只能由公安机关行使。

第十七条 法律、法规授权的具有管理公共事务职能的组织可以在法定授权范围内实施行政处罚。

第十八条 行政机关依照法律、法规或者规章的规定，可以在其法定权限内委托符合本法第十九条规定条件的组织实施行政处罚。行政机关不得委托其他组织或者个人实施行政处罚。

委托行政机关对受委托的组织实施行政处罚的行为应当负责监督，并对该行为的后果承担法律责任。

受委托组织在委托范围内，以委托行政机关名义实施行政处罚；不得再委托其他任何组织或者个人实施行政处罚。

第十九条 受委托组织必须符合以下条件：

（一）依法成立的管理公共事务的事业组织；

（二）具有熟悉有关法律、法规、规章和业务的工作人员；

（三）对违法行为需要进行技术检查或者技术鉴定的，应当有条件组织进行相应的技术检查或者技术鉴定。

第四章 行政处罚的管辖和适用

第二十条 行政处罚由违法行为发生地的县级以上地方人民政府具有行政处罚权的行政机关管辖。法律、行政法规另有规定的除外。

第二十一条 对管辖发生争议的，报请共同的上一级行政机关指定管辖。

第二十二条 违法行为构成犯罪的，行政机关必须将案件移送司法机关，依法追究刑事责任。

第二十三条 行政机关实施行政处罚时，应当责令当事人改正或者限期改正违法行为。

第二十四条 对当事人的同一个违法行为，不得给予两次以上罚款的行政处罚。

第二十五条 不满十四周岁的人有违法行为的，不予行政处罚，责令监护人加以管教；已满十四周岁不满十八周岁的人有违法行为的，从轻或者减轻行政处罚。

第二十六条 精神病人在不能辨认或者不能控制自己行为时有违法行为的，不予行政处罚，但应当责令其监护人严加看管和治疗。间歇性精神病人在精神正常时有违法行为的，应当给予行政处罚。

第二十七条 当事人有下列情形之一的，应当依法从轻或者减轻行政处罚：

（一）主动消除或者减轻违法行为危害后果的；

（二）受他人胁迫有违法行为的；

（三）配合行政机关查处违法行为有立功表现的；

（四）其他依法从轻或者减轻行政处罚的。

违法行为轻微并及时纠正，没有造成危害后果的，不予行政处罚。

第二十八条 违法行为构成犯罪，人民法院判处拘役或者有期徒刑时，行政机关已经给予当事人行政拘留的，应当依法折抵相应刑期。

违法行为构成犯罪，人民法院判处罚金时，行政机关已经给予当事人罚款的，应当折抵相应罚金。

第二十九条 违法行为在二年内未被发现的，不再给予行政处罚。法律另有规定的除外。

前款规定的期限，从违法行为发生之日起计算；违法行为有连续或者继续状态的，从行为终了之日起计算。

第五章 行政处罚的决定

第三十条 公民、法人或者其他组织违反行政管理秩序的行为，依法应当给予行政处罚的，行政机关必须查明事实；违法事实不清的，不得给予行政处罚。

第三十一条 行政机关在作出行政处罚决定之前，应当告知当事人作出行政处罚决定的事实、理由及依据，并告知当事人依法享有的权利。

第三十二条 当事人有权进行陈述和申辩。行政机关必须充分听取当事人的意见，对当事人提出的事实、理由和证据，应当进行复核；当事人提出的事实、理由或者证据成立的，行政机关应当采纳。

行政机关不得因当事人申辩而加重处罚。

第一节 简易程序

第三十三条 违法事实确凿并有法定依据，对公民处以五十元以下、对法人或者其他组织处以一千元以下罚款或者警告的行政处罚的，可以当场作出行政处罚决定。当事人应当依照本法第四十六条、第四十七条、第四十八条的规定履行行政处罚决定。

第三十四条 执法人员当场作出行政处罚决定的，应当向当事人出示执法身份证件，填写预定格式、编有号码的行政处罚决定书。行政处罚决定书应当当场交付当事人。

前款规定的行政处罚决定书应当载明当事人的违法行为、行政处罚依据、罚款数额、时间、地点以及行政机关名称，并由执法人员签名或者盖章。

执法人员当场作出的行政处罚决定，必须报所属行政机关备案。

第三十五条 当事人对当场作出的行政处罚决定不服的，可以依法申请行政复议或者提起行政诉讼。

第二节 一般程序

第三十六条 除本法第三十三条规定的可以当场作出的行政处罚外，行政机关发现公民、法人或者其他组织有依法应当给予行政处罚的行为的，必须全面、客观、公正地调查，收集有关证据；必要时，依照法律、法规的规定，可以进行检查。

第三十七条 行政机关在调查或者进行检查时，执法人员不得少于两人，并应当向当事人或者有关人员出示证件。当事人或者有关人员应当如实回答询问，并协助调查或者检查，不得阻挠。询问或者检查应当制作笔录。

行政机关在收集证据时，可以采取抽样取证的方法；在证据可能灭失或者以后难以取得的情况下，经行政机关负责人批准，可以先行登记保存，并应当在七日内及时作出处理决定，在此期间，当事人或者有关人员不得销毁或者转移证据。

执法人员与当事人有直接利害关系的，应当回避。

第三十八条 调查终结，行政机关负责人应当对调查结果进行审查，根据不同情况，分别作出如下决定：

（一）确有应受行政处罚的违法行为的，根据情节轻重及具体情况，作出行政处罚决定；

（二）违法行为轻微，依法可以不予行政处罚的，不予行政处罚；

（三）违法事实不能成立的，不得给予行政处罚；

（四）违法行为已构成犯罪的，移送司法机关。

对情节复杂或者重大违法行为给予较重的行政处罚，行政机关的负责人应当集体讨论决定。

在行政机关负责人作出决定之前，应当由从事行政处罚决定审核的人员进行审核。行政机关中初次从事行政处罚决定审核的人员，应当通过国家统一法律职业资格考试取得法律职业资格。

第三十九条 行政机关依照本法第三十八条的规定给予行政处罚，应当制作行政处罚决定书。行政处罚决定书应当载明下列事项：

（一）当事人的姓名或者名称、地址；

（二）违反法律、法规或者规章的事实和证据；

（三）行政处罚的种类和依据；

（四）行政处罚的履行方式和期限；

（五）不服行政处罚决定，申请行政复议或者提起行政诉讼的途径和期限；

（六）作出行政处罚决定的行政机关名称和作出决定的日期。

行政处罚决定书必须盖有作出行政处罚决定的行政机关的印章。

第四十条 行政处罚决定书应当在宣告后当场交付当事人；当事人不在场的，行政机关应当在七日内依照民事诉讼法的有关规定，将行政处罚决定书送达当事人。

第四十一条 行政机关及其执法人员在作出行政处罚决定之前，不依照本法第三十一条、第三十二条的规定向当事人告知给予行政处罚的事实、理由和依据，或者拒绝听取当事人的陈述、申辩，行政处罚决定不能成立；当事人放弃陈述或者申辩权利的除外。

第三节　听证程序

第四十二条 行政机关作出责令停产停业、吊销许可证或者执照、较大数额罚款等行政处罚决定之前，应当告知当事人有要求举行听证的权利；当事人要求听证的，行政机关应当组织听证。当事人不承担行政机关组织听证的费用。听证依照以下程序组织：

（一）当事人要求听证的，应当在行政机关告知后三日内提出；

（二）行政机关应当在听证的七日前，通知当事人举行听证的时间、地点；

（三）除涉及国家秘密、商业秘密或者个人隐私外，听证公开举行；

（四）听证由行政机关指定的非本案调查人员主持；当事人认为主持人与本案有直接利害关系的，有权申请回避；

（五）当事人可以亲自参加听证，也可以委托一至二人代理；

（六）举行听证时，调查人员提出当事人违法的事实、证据和行政处罚建议；当事人进行申辩和质证；

（七）听证应当制作笔录；笔录应当交当事人审核无误后签字或者盖章。

当事人对限制人身自由的行政处罚有异议的，依照治安管理处罚法有关规定执行。

第四十三条 听证结束后，行政机关依照本法第三十八条的规定，作出决定。

第六章 行政处罚的执行

第四十四条 行政处罚决定依法作出后，当事人应当在行政处罚决定的期限内，予以履行。

第四十五条 当事人对行政处罚决定不服申请行政复议或者提起行政诉讼的，行政处罚不停止执行，法律另有规定的除外。

第四十六条 作出罚款决定的行政机关应当与收缴罚款的机构分离。

除依照本法第四十七条、第四十八条的规定当场收缴的罚款外，作出行政处罚决定的行政机关及其执法人员不得自行收缴罚款。

当事人应当自收到行政处罚决定书之日起十五日内，到指定的银行缴纳罚款。银行应当收受罚款，并将罚款直接上缴国库。

第四十七条 依照本法第三十三条的规定当场作出行政处罚决定，有下列情形之一的，执法人员可以当场收缴罚款：

（一）依法给予二十元以下的罚款的；

（二）不当场收缴事后难以执行的。

第四十八条 在边远、水上、交通不便地区，行政机关及其执法人员依照本法第三十三条、第三十八条的规定作出罚款决定后，当事人向指定的银行缴纳罚款确有困难，经当事人提出，行政机关及其执法人员可以当场收缴罚款。

第四十九条 行政机关及其执法人员当场收缴罚款的，必须向当事人出具省、自治区、直辖市财政部门统一制发的罚款收据；不出具财政部门统一制发的罚款收据的，当事人有权拒绝缴纳罚款。

第五十条 执法人员当场收缴的罚款，应当自收缴罚款之日起二日内，交至行政机关；在水上当场收缴的罚款，应当自抵岸之日起二日内交至行政机关；行政机关应当在二日内将罚款缴付指定的银行。

第五十一条 当事人逾期不履行行政处罚决定的，作出行政处罚决定的行政机关可以采取下列措施：

（一）到期不缴纳罚款的，每日按罚款数额的百分之三加处罚款；

（二）根据法律规定，将查封、扣押的财物拍卖或者将冻结的存款划拨抵缴罚款；

（三）申请人民法院强制执行。

第五十二条 当事人确有经济困难，需要延期或者分期缴纳罚款的，经当事人申请和行政机关批准，可以暂缓或者分期缴纳。

第五十三条 除依法应当予以销毁的物品外，依法没收的非法财物必须按照国家规定公开拍卖或者按照国家有关规定处理。

罚款、没收违法所得或者没收非法财物拍卖的款项，必须全部上缴国库，任何行政机关或者个人不得以任何形式截留、私分或者变相私分；财政部门不得以任何形式向作出行政处罚决定的行政机关返还罚款、没收的违法所得或者返还没收非法财物的拍卖款项。

第五十四条 行政机关应当建立健全对行政处罚的监督制度。县级以上人民政府应当加强对行政处罚的监督检查。

公民、法人或者其他组织对行政机关作出的行政处罚，有权申诉或者检举；行政机关应当认真审查，发现行政处罚有错误的，应当主动改正。

第七章　法律责任

第五十五条 行政机关实施行政处罚，有下列情形之一的，由上级行政机关或者有关部门责令改正，可以对直接负责的主管人员和其他直接责任人员依法给予行政处分：

（一）没有法定的行政处罚依据的；

（二）擅自改变行政处罚种类、幅度的；

（三）违反法定的行政处罚程序的；

（四）违反本法第十八条关于委托处罚的规定的。

第五十六条 行政机关对当事人进行处罚不使用罚款、没收财物单据或者使用非法定部门制发的罚款、没收财物单据的，当事人有权拒绝处罚，并有权予以检举。上级行政机关或者有关部门对使用的非法单据予以收缴销毁，对直接负责的主管人员和其他直接责任人员依法给予行政处分。

第五十七条 行政机关违反本法第四十六条的规定自行收缴罚款的，财政部门违反本法第五十三条的规定向行政机关返还罚款或者拍卖款项的，由上级行政机关或者有关部门责令改正，对直接负责的主管人员和其他直接责任人员依法给予行政处分。

第五十八条 行政机关将罚款、没收的违法所得或者财物截留、私分或者变相私分的，由财政部门或者有关部门予以追缴，对直接负责的主管人员和其他直接责任人员依法给予行政处分；情节严重构成犯罪的，依法追究刑事责任。

执法人员利用职务上的便利，索取或者收受他人财物、收缴罚款据为己有，构成犯罪的，依法追究刑事责任；情节轻微不构成犯罪的，依法给予行政处分。

第五十九条 行政机关使用或者损毁扣押的财物，对当事人造成损失的，应当依法予以赔偿，对直接负责的主管人员和其他直接责任人员依法给予行政处分。

第六十条 行政机关违法实行检查措施或者执行措施，给公民人身或者财产造成损害、给法人或者其他组织造成损失的，应当依法予以赔偿，对直接负责的主管人员和其他直接责任人员依法给予行政处分；情节严重构成犯罪的，依法追究刑事责任。

第六十一条 行政机关为牟取本单位私利，对应当依法移交司法机关追究刑事责任的不移交，以行政处罚代替刑罚，由上级行政机关或者有关部门责令纠正；拒不纠正的，对直接负责的主管人员给予行政处分；徇私舞弊、包庇纵容违法行为的，依照刑法有关规定追究刑事责任。

第六十二条 执法人员玩忽职守，对应当予以制止和处罚的违法行为不予制止、处罚，致使公民、法人或者其他组织的合法权益、公共利益和社会秩序遭受损害的，对直接负责的主管人员和其他直接责任人员依法给予行政处分；情节严重构成犯罪的，依法追究刑事责任。

第八章　附　则

第六十三条 本法第四十六条罚款决定与罚款收缴分离的规定，由国务院制定具体实施办法。

第六十四条 本法自 1996 年 10 月 1 日起施行。

（五）中华人民共和国行政许可法

（2003年8月27日第十届全国人民代表大会常务委员会第四次会议通过，2019年4月23日第十三届全国人民代表大会常务委员会第十次会议第一次修订）

第一章　总　则

第一条　为了规范行政许可的设定和实施，保护公民、法人和其他组织的合法权益，维护公共利益和社会秩序，保障和监督行政机关有效实施行政管理，根据宪法，制定本法。

第二条　本法所称行政许可，是指行政机关根据公民、法人或者其他组织的申请，经依法审查，准予其从事特定活动的行为。

第三条　行政许可的设定和实施，适用本法。

有关行政机关对其他机关或者对其直接管理的事业单位的人事、财务、外事等事项的审批，不适用本法。

第四条　设定和实施行政许可，应当依照法定的权限、范围、条件和程序。

第五条　设定和实施行政许可，应当遵循公开、公平、公正、非歧视的原则。

有关行政许可的规定应当公布；未经公布的，不得作为实施行政许可的依据。行政许可的实施和结果，除涉及国家秘密、商业秘密或者个人隐私的外，应当公开。未经申请人同意，行政机关及其工作人员、参与专家评审等的人员不得披露申请人提交的商业秘密、未披露信息或者保密商务信息，法律另有规定或者涉及国家安全、重大社会公共利益的除外；行政机关依法公开申请人前述信息的，允许申请人在合理期限内提出异议。

符合法定条件、标准的，申请人有依法取得行政许可的平等权利，行政机关不得歧视任何人。

第六条　实施行政许可，应当遵循便民的原则，提高办事效率，提供优质服务。

第七条　公民、法人或者其他组织对行政机关实施行政许可，享有陈述权、申辩权；有权依法申请行政复议或者提起行政诉讼；其合法权益因行政机关违法实施行政许可受到损害的，有权依法要求赔偿。

第八条　公民、法人或者其他组织依法取得的行政许可受法律保护，行政机关不得擅自改变已经生效的行政许可。

行政许可所依据的法律、法规、规章修改或者废止，或者准予行政许可所依据的客观情况发生重大变化的，为了公共利益的需要，行政机关可以依法变更或者撤回已经生效的行政许可。由此给公民、法人或者其他组织造成财产损失的，行政机关应当依法给予补偿。

第九条 依法取得的行政许可，除法律、法规规定依照法定条件和程序可以转让的外，不得转让。

第十条 县级以上人民政府应当建立健全对行政机关实施行政许可的监督制度，加强对行政机关实施行政许可的监督检查。

行政机关应当对公民、法人或者其他组织从事行政许可事项的活动实施有效监督。

第二章 行政许可的设定

第十一条 设定行政许可，应当遵循经济和社会发展规律，有利于发挥公民、法人或者其他组织的积极性、主动性，维护公共利益和社会秩序，促进经济、社会和生态环境协调发展。

第十二条 下列事项可以设定行政许可：

（一）直接涉及国家安全、公共安全、经济宏观调控、生态环境保护以及直接关系人身健康、生命财产安全等特定活动，需要按照法定条件予以批准的事项；

（二）有限自然资源开发利用、公共资源配置以及直接关系公共利益的特定行业的市场准入等，需要赋予特定权利的事项；

（三）提供公众服务并且直接关系公共利益的职业、行业，需要确定具备特殊信誉、特殊条件或者特殊技能等资格、资质的事项；

（四）直接关系公共安全、人身健康、生命财产安全的重要设备、设施、产品、物品，需要按照技术标准、技术规范，通过检验、检测、检疫等方式进行审定的事项；

（五）企业或者其他组织的设立等，需要确定主体资格的事项；

（六）法律、行政法规规定可以设定行政许可的其他事项。

第十三条 本法第十二条所列事项，通过下列方式能够予以规范的，可以不设行政许可：

（一）公民、法人或者其他组织能够自主决定的；

（二）市场竞争机制能够有效调节的；

（三）行业组织或者中介机构能够自律管理的；

（四）行政机关采用事后监督等其他行政管理方式能够解决的。

第十四条 本法第十二条所列事项，法律可以设定行政许可。尚未制定法律的，行政法规可以设定行政许可。

必要时，国务院可以采用发布决定的方式设定行政许可。实施后，除临时性行政许可事项外，国务院应当及时提请全国人民代表大会及其常务委员会制定法律，或者自行制定行政法规。

第十五条 本法第十二条所列事项，尚未制定法律、行政法规的，地方性法规可以设定行政许可；尚未制定法律、行政法规和地方性法规的，因行政管理的需要，确需立即实施行政许可的，省、自治区、直辖市人民政府规章可以设定临时性的行政许可。临时性的行政许可实施满一年需要继续实施的，应当提请本级人民代表大会及其常务委员会制定地方性法规。

地方性法规和省、自治区、直辖市人民政府规章，不得设定应当由国家统一确定的公民、法人或者其他组织的资格、资质的行政许可；不得设定企业或者其他组织的设立登记及其前置性行政许可。其设定的行政许可，不得限制其他地区的个人或者企业到本地区从事生产经营和提供服务，不得限制其他地区的商品进入本地区市场。

第十六条 行政法规可以在法律设定的行政许可事项范围内，对实施该行政许可作出具体规定。

地方性法规可以在法律、行政法规设定的行政许可事项范围内，对实施该行政许可作出具体规定。

规章可以在上位法设定的行政许可事项范围内，对实施该行政许可作出具体规定。

法规、规章对实施上位法设定的行政许可作出的具体规定，不得增设行政许可；对行政许可条件作出的具体规定，不得增设违反上位法的其他条件。

第十七条 除本法第十四条、第十五条规定的外，其他规范性文件一律不得设定行政许可。

第十八条 设定行政许可，应当规定行政许可的实施机关、条件、程序、期限。

第十九条 起草法律草案、法规草案和省、自治区、直辖市人民政府规章草案，拟设定行政许可的，起草单位应当采取听证会、论证会等形式听取意见，并向制定机关说明设定该行政许可的必要性、对经济和社会可能产生的影响以及听取和采纳意见的情况。

第二十条 行政许可的设定机关应当定期对其设定的行政许可进行评价；对已设定的行政许可，认为通过本法第十三条所列方式能够解决的，应当对设定该行政许可的规定及时予以修改或者废止。

行政许可的实施机关可以对已设定的行政许可的实施情况及存在的必要性适时进行评价，并将意见报告该行政许可的设定机关。

公民、法人或者其他组织可以向行政许可的设定机关和实施机关就行政许可的设定和实施提出意见和建议。

第二十一条 省、自治区、直辖市人民政府对行政法规设定的有关经济事务的行政许可，根据本行政区域经济和社会发展情况，认为通过本法第十三条所列方式能够解决的，报国务院批准后，可以在本行政区域内停止实施该行政许可。

第三章 行政许可的实施机关

第二十二条 行政许可由具有行政许可权的行政机关在其法定职权范围内实施。

第二十三条 法律、法规授权的具有管理公共事务职能的组织，在法定授权范围内，以自己的名义实施行政许可。被授权的组织适用本法有关行政机关的规定。

第二十四条 行政机关在其法定职权范围内，依照法律、法规、规章的规定，可以委托其他行政机关实施行政许可。委托机关应当将受委托行政机关和受委托实施行政许可的内容予以公告。

委托行政机关对受委托行政机关实施行政许可的行为应当负责监督，并对该行为的后果承担法律责任。

受委托行政机关在委托范围内，以委托行政机关名义实施行政许可；不得再委托其他组织或者个人实施行政许可。

第二十五条 经国务院批准，省、自治区、直辖市人民政府根据精简、统一、效能的原则，可以决定一个行政机关行使有关行政机关的行政许可权。

第二十六条 行政许可需要行政机关内设的多个机构办理的，该行政机关应当确定一个机构统一受理行政许可申请，统一送达行政许可决定。

行政许可依法由地方人民政府两个以上部门分别实施的，本级人民政府可以确定一个部门受理行政许可申请并转告有关部门分别提出意见后统一办理，或者组织有关部门联合办理、集中办理。

第二十七条 行政机关实施行政许可，不得向申请人提出购买指定商品、接受有偿服务等不正当要求。

行政机关工作人员办理行政许可，不得索取或者收受申请人的财物，不得谋取其他利益。

第二十八条 对直接关系公共安全、人身健康、生命财产安全的设备、设施、产品、物品的检验、检测、检疫，除法律、行政法规规定由行政机关实施的外，应当逐步由符合法定条件的专业技术组织实施。专业技术组织及其有关人员对所实施的检验、检测、检疫结论承担法律责任。

第四章　行政许可的实施程序

第一节　申请与受理

第二十九条 公民、法人或者其他组织从事特定活动，依法需要取得行政许可的，应当向行政机关提出申请。申请书需要采用格式文本的，行政机关应当向申请人提供行政许可申请书格式文本。申请书格式文本中不得包含与申请行政许可事项没有直接关系的内容。

申请人可以委托代理人提出行政许可申请。但是，依法应当由申请人到行政机关办公场所提出行政许可申请的除外。

行政许可申请可以通过信函、电报、电传、传真、电子数据交换和电子邮件等方式提出。

第三十条 行政机关应当将法律、法规、规章规定的有关行政许可的事项、依据、条件、数量、程序、期限以及需要提交的全部材料的目录和申请书示范文本等在办公场所公示。

申请人要求行政机关对公示内容予以说明、解释的，行政机关应当说明、解释，提供准确、可靠的信息。

第三十一条 申请人申请行政许可，应当如实向行政机关提交有关材料和反映真实情况，并对其申请材料实质内容的真实性负责。行政机关不得要求申请人提交与其申请的行政许可事项无关的技术资料和其他材料。

第三十二条 行政机关对申请人提出的行政许可申请，应当根据下列情况分别作出处理：

（一）申请事项依法不需要取得行政许可的，应当即时告知申请人不受理；

（二）申请事项依法不属于本行政机关职权范围的，应当即时作出不予受理的决定，并告知申请人向有关行政机关申请；

（三）申请材料存在可以当场更正的错误的，应当允许申请人当场更正；

（四）申请材料不齐全或者不符合法定形式的，应当当场或者在五日内一次告知申请人需要补正的全部内容，逾期不告知的，自收到申请材料之日起即为受理；

（五）申请事项属于本行政机关职权范围，申请材料齐全、符合法定形式，或者申请人按照本行政机关的要求提交全部补正申请材料的，应当受理行政许可申请。

行政机关受理或者不予受理行政许可申请，应当出具加盖本行政机关专用印章和注明日期的书面凭证。

第三十三条 行政机关应当建立和完善有关制度，推行电子政务，在行政机关的网站上公布行政许可事项，方便申请人采取数据电文等方式提出行政许可申请；应当与其他行政机关共享有关行政许可信息，提高办事效率。

第二节 审查与决定

第三十四条 行政机关应当对申请人提交的申请材料进行审查。

申请人提交的申请材料齐全、符合法定形式，行政机关能够当场作出决定的，应当当场作出书面的行政许可决定。

根据法定条件和程序，需要对申请材料的实质内容进行核实的，行政机关应当指派两名以上工作人员进行核查。

第三十五条 依法应当先经下级行政机关审查后报上级行政机关决定的行政许可，下级行政机关应当在法定期限内将初步审查意见和全部申请材料直接报送上级行政机关。上级行政机关不得要求申请人重复提供申请材料。

第三十六条 行政机关对行政许可申请进行审查时，发现行政许可事项直接关系他人重大利益的，应当告知该利害关系人。申请人、利害关系人有权进行陈述和申辩。行政机关应当听取申请人、利害关系人的意见。

第三十七条 行政机关对行政许可申请进行审查后，除当场作出行政许可决定的外，应当在法定期限内按照规定程序作出行政许可决定。

第三十八条 申请人的申请符合法定条件、标准的，行政机关应当依法作出准予行政许可的书面决定。

行政机关依法作出不予行政许可的书面决定的，应当说明理由，并告知申请人享有依法申请行政复议或者提起行政诉讼的权利。

第三十九条 行政机关作出准予行政许可的决定，需要颁发行政许可证件的，应当向申请人颁发加盖本行政机关印章的下列行政许可证件：

（一）许可证、执照或者其他许可证书；

（二）资格证、资质证或者其他合格证书；

（三）行政机关的批准文件或者证明文件；

（四）法律、法规规定的其他行政许可证件。

行政机关实施检验、检测、检疫的，可以在检验、检测、检疫合格的设备、设施、产品、物品上加贴标签或者加盖检验、检测、检疫印章。

第四十条 行政机关作出的准予行政许可决定，应当予以公开，公众有权查阅。

第四十一条 法律、行政法规设定的行政许可，其适用范围没有地域限制的，申请人取得的行政许可在全国范围内有效。

第三节 期 限

第四十二条 除可以当场作出行政许可决定的外，行政机关应当自受理行政许可申请之日起二十日内作出行政许可决定。二十日内不能作出决定的，经本行政机关负责人批准，可以延长十日，并应当将延长期限的理由告知申请人。但是，法律、法规另有规定的，依照其规定。

依照本法第二十六条的规定，行政许可采取统一办理或者联合办理、集中办理的，办理的时间不得超过四十五日；四十五日内不能办结的，经本级人民政府负责人批准，可以延长十五日，并应当将延长期限的理由告知申请人。

第四十三条 依法应当先经下级行政机关审查后报上级行政机关决定的行政许可，下级行政机关应当自其受理行政许可申请之日起二十日内审查完毕。但是，法律、法规另有规定的，依照其规定。

第四十四条 行政机关作出准予行政许可的决定，应当自作出决定之日起十日内向申请人颁发、送达行政许可证件，或者加贴标签、加盖检验、检测、检疫印章。

第四十五条 行政机关作出行政许可决定，依法需要听证、招标、拍卖、检验、检测、检疫、鉴定和专家评审的，所需时间不计算在本节规定的期限内。行政机关应当将所需时间书面告知申请人。

第四节 听 证

第四十六条 法律、法规、规章规定实施行政许可应当听证的事项，或者行政机关认为需要听证的其他涉及公共利益的重大行政许可事项，行政机关应当向社会公告，并举行听证。

第四十七条 行政许可直接涉及申请人与他人之间重大利益关系的，行政机关在作出行政许可决定前，应当告知申请人、利害关系人享有要求听证的权利；申请人、利害关系人在被告知听证权利之日起五日内提出听证申请的，行政机关应当在二十日内组织听证。

申请人、利害关系人不承担行政机关组织听证的费用。

第四十八条 听证按照下列程序进行：

（一）行政机关应当于举行听证的七日前将举行听证的时间、地点通知申请人、利害关系人，必要时予以公告；

（二）听证应当公开举行；

（三）行政机关应当指定审查该行政许可申请的工作人员以外的人员为听证主持人，申请人、利害关系人认为主持人与该行政许可事项有直接利害关系的，有权申请回避；

（四）举行听证时，审查该行政许可申请的工作人员应当提供审查意见的证据、理由，申请人、利害关系人可以提出证据，并进行申辩和质证；

（五）听证应当制作笔录，听证笔录应当交听证参加人确认无误后签字或者盖章。

行政机关应当根据听证笔录，作出行政许可决定。

第五节　变更与延续

第四十九条 被许可人要求变更行政许可事项的，应当向作出行政许可决定的行政机关提出申请；符合法定条件、标准的，行政机关应当依法办理变更手续。

第五十条 被许可人需要延续依法取得的行政许可的有效期的，应当在该行政许可有效期届满三十日前向作出行政许可决定的行政机关提出申请。但是，法律、法规、规章另有规定的，依照其规定。

行政机关应当根据被许可人的申请，在该行政许可有效期届满前作出是否准予延续的决定；逾期未作决定的，视为准予延续。

第六节　特别规定

第五十一条 实施行政许可的程序，本节有规定的，适用本节规定；本节没有规定的，适用本章其他有关规定。

第五十二条 国务院实施行政许可的程序，适用有关法律、行政法规的规定。

第五十三条 实施本法第十二条第二项所列事项的行政许可的，行政机关应当通过招标、拍卖等公平竞争的方式作出决定。但是，法律、行政法规另有规定的，依照其规定。

行政机关通过招标、拍卖等方式作出行政许可决定的具体程序，依照有关法律、行政法规的规定。

行政机关按照招标、拍卖程序确定中标人、买受人后，应当作出准予行政许可的决定，并依法向中标人、买受人颁发行政许可证件。

行政机关违反本条规定，不采用招标、拍卖方式，或者违反招标、拍卖程序，损害申请人合法权益的，申请人可以依法申请行政复议或者提起行政诉讼。

第五十四条 实施本法第十二条第三项所列事项的行政许可，赋予公民特定资格，依法应当举行国家考试的，行政机关根据考试成绩和其他法定条件作出行政许可决定；赋予法人或者其他组织特定的资格、资质的，行政机关根据申请人的专业人员构成、技术条件、经营业绩和管理水平等的考核结果作出行政许可决定。但是，法律、行政法规另有规定的，依照其规定。

公民特定资格的考试依法由行政机关或者行业组织实施，公开举行。行政机关或者行业组织应当事先公布资格考试的报名条件、报考办法、考试科目以及考试大纲。但是，不得组织强制性的资格考试的考前培训，不得指定教材或者其他助考材料。

第五十五条 实施本法第十二条第四项所列事项的行政许可的，应当按照技术标准、技术规范依法进行检验、检测、检疫，行政机关根据检验、检测、检疫的结果作出行政许可决定。

行政机关实施检验、检测、检疫，应当自受理申请之日起五日内指派两名以上工作人员按照技术标准、技术规范进行检验、检测、检疫。不需要对检验、检测、检疫结果作进一步技术分析即可认定设备、设施、产品、物品是否符合技术标准、技术规范的，行政机关应当当场作出行政许可决定。

行政机关根据检验、检测、检疫结果，作出不予行政许可决定的，应当书面说明不予行政许可所依据的技术标准、技术规范。

第五十六条 实施本法第十二条第五项所列事项的行政许可，申请人提交的申请材料齐全、符合法定形式的，行政机关应当当场予以登记。需要对申请材料的实质内容进行核实的，行政机关依照本法第三十四条第三款的规定办理。

第五十七条 有数量限制的行政许可，两个或者两个以上申请人的申请均符合法定条件、标准的，行政机关应当根据受理行政许可申请的先后顺序作出准予行政许可的决定。但是，法律、行政法规另有规定的，依照其规定。

第五章 行政许可的费用

第五十八条 行政机关实施行政许可和对行政许可事项进行监督检查，不得收取任何费用。但是，法律、行政法规另有规定的，依照其规定。

行政机关提供行政许可申请书格式文本，不得收费。

行政机关实施行政许可所需经费应当列入本行政机关的预算，由本级财政予以保障，按照批准的预算予以核拨。

第五十九条 行政机关实施行政许可，依照法律、行政法规收取费用的，应当按照公布的法定项目和标准收费；所收取的费用必须全部上缴国库，任何机关或者个人不得以任何形式截留、挪用、私分或者变相私分。财政部门不得以任何形式向行政机关返还或者变相返还实施行政许可所收取的费用。

第六章　监督检查

第六十条　上级行政机关应当加强对下级行政机关实施行政许可的监督检查，及时纠正行政许可实施中的违法行为。

第六十一条　行政机关应当建立健全监督制度，通过核查反映被许可人从事行政许可事项活动情况的有关材料，履行监督责任。

行政机关依法对被许可人从事行政许可事项的活动进行监督检查时，应当将监督检查的情况和处理结果予以记录，由监督检查人员签字后归档。公众有权查阅行政机关监督检查记录。

行政机关应当创造条件，实现与被许可人、其他有关行政机关的计算机档案系统互联，核查被许可人从事行政许可事项活动情况。

第六十二条　行政机关可以对被许可人生产经营的产品依法进行抽样检查、检验、检测，对其生产经营场所依法进行实地检查。检查时，行政机关可以依法查阅或者要求被许可人报送有关材料；被许可人应当如实提供有关情况和材料。

行政机关根据法律、行政法规的规定，对直接关系公共安全、人身健康、生命财产安全的重要设备、设施进行定期检验。对检验合格的，行政机关应当发给相应的证明文件。

第六十三条　行政机关实施监督检查，不得妨碍被许可人正常的生产经营活动，不得索取或者收受被许可人的财物，不得谋取其他利益。

第六十四条　被许可人在作出行政许可决定的行政机关管辖区域外违法从事行政许可事项活动的，违法行为发生地的行政机关应当依法将被许可人的违法事实、处理结果抄告作出行政许可决定的行政机关。

第六十五条　个人和组织发现违法从事行政许可事项的活动，有权向行政机关举报，行政机关应当及时核实、处理。

第六十六条　被许可人未依法履行开发利用自然资源义务或者未依法履行利用公共资源义务的，行政机关应当责令限期改正；被许可人在规定期限内不改正的，行政机关应当依照有关法律、行政法规的规定予以处理。

第六十七条　取得直接关系公共利益的特定行业的市场准入行政许可的被许可人，应当按照国家规定的服务标准、资费标准和行政机关依法规定的条件，向用户提供安全、方便、稳定和价格合理的服务，并履行普遍服务的义务；未经作出行政许可决定的行政机关批准，不得擅自停业、歇业。

被许可人不履行前款规定的义务的，行政机关应当责令限期改正，或者依法采取有效措施督促其履行义务。

第六十八条　对直接关系公共安全、人身健康、生命财产安全的重要设备、设施，行政机关应当督促设计、建造、安装和使用单位建立相应的自检制度。

行政机关在监督检查时，发现直接关系公共安全、人身健康、生命财产安全的重要设备、设施存在安全隐患的，应当责令停止建造、安装和使用，并责令设计、建造、安装和使用单位立即改正。

第六十九条 有下列情形之一的，作出行政许可决定的行政机关或者其上级行政机关，根据利害关系人的请求或者依据职权，可以撤销行政许可：

（一）行政机关工作人员滥用职权、玩忽职守作出准予行政许可决定的；

（二）超越法定职权作出准予行政许可决定的；

（三）违反法定程序作出准予行政许可决定的；

（四）对不具备申请资格或者不符合法定条件的申请人准予行政许可的；

（五）依法可以撤销行政许可的其他情形。

被许可人以欺骗、贿赂等不正当手段取得行政许可的，应当予以撤销。

依照前两款的规定撤销行政许可，可能对公共利益造成重大损害的，不予撤销。

依照本条第一款的规定撤销行政许可，被许可人的合法权益受到损害的，行政机关应当依法给予赔偿。依照本条第二款的规定撤销行政许可的，被许可人基于行政许可取得的利益不受保护。

第七十条 有下列情形之一的，行政机关应当依法办理有关行政许可的注销手续：

（一）行政许可有效期届满未延续的；

（二）赋予公民特定资格的行政许可，该公民死亡或者丧失行为能力的；

（三）法人或者其他组织依法终止的；

（四）行政许可依法被撤销、撤回，或者行政许可证件依法被吊销的；

（五）因不可抗力导致行政许可事项无法实施的；

（六）法律、法规规定的应当注销行政许可的其他情形。

第七章　法律责任

第七十一条 违反本法第十七条规定设定的行政许可，有关机关应当责令设定该行政许可的机关改正，或者依法予以撤销。

第七十二条 行政机关及其工作人员违反本法的规定，有下列情形之一的，由其上级行政机关或者监察机关责令改正；情节严重的，对直接负责的主管人员和其他直接责任人员依法给予行政处分：

（一）对符合法定条件的行政许可申请不予受理的；

（二）不在办公场所公示依法应当公示的材料的；

（三）在受理、审查、决定行政许可过程中，未向申请人、利害关系人履行法定告知义务的；

（四）申请人提交的申请材料不齐全、不符合法定形式，不一次告知申请人必须补正的全部内容的；

（五）违法披露申请人提交的商业秘密、未披露信息或者保密商务信息的；

（六）以转让技术作为取得行政许可的条件，或者在实施行政许可的过程中直接或者间接地要求转让技术的；

（七）未依法说明不受理行政许可申请或者不予行政许可的理由的；

（八）依法应当举行听证而不举行听证的。

第七十三条 行政机关工作人员办理行政许可、实施监督检查，索取或者收受他人财物或者谋取其他利益，构成犯罪的，依法追究刑事责任；尚不构成犯罪的，依法给予行政处分。

第七十四条 行政机关实施行政许可，有下列情形之一的，由其上级行政机关或者监察机关责令改正，对直接负责的主管人员和其他直接责任人员依法给予行政处分；构成犯罪的，依法追究刑事责任：

（一）对不符合法定条件的申请人准予行政许可或者超越法定职权作出准予行政许可决定的；

（二）对符合法定条件的申请人不予行政许可或者不在法定期限内作出准予行政许可决定的；

（三）依法应当根据招标、拍卖结果或者考试成绩择优作出准予行政许可决定，未经招标、拍卖或者考试，或者不根据招标、拍卖结果或者考试成绩择优作出准予行政许可决定的。

第七十五条 行政机关实施行政许可，擅自收费或者不按照法定项目和标准收费的，由其上级行政机关或者监察机关责令退还非法收取的费用；对直接负责的主管人员和其他直接责任人员依法给予行政处分。

截留、挪用、私分或者变相私分实施行政许可依法收取的费用的，予以追缴；对直接负责的主管人员和其他直接责任人员依法给予行政处分；构成犯罪的，依法追究刑事责任。

第七十六条 行政机关违法实施行政许可，给当事人的合法权益造成损害的，应当依照国家赔偿法的规定给予赔偿。

第七十七条 行政机关不依法履行监督职责或者监督不力，造成严重后果的，由其上级行政机关或者监察机关责令改正，对直接负责的主管人员和其他直接责任人员依法给予行政处分；构成犯罪的，依法追究刑事责任。

第七十八条 行政许可申请人隐瞒有关情况或者提供虚假材料申请行政许可的，行政机关不予受理或者不予行政许可，并给予警告；行政许可申请属于直接关系公共安全、人身健康、生命财产安全事项的，申请人在一年内不得再次申请该行政许可。

第七十九条 被许可人以欺骗、贿赂等不正当手段取得行政许可的，行政机关应当依法给予行政处罚；取得的行政许可属于直接关系公共安全、人身健康、生命财产安全事项的，申请人在三年内不得再次申请该行政许可；构成犯罪的，依法追究刑事责任。

第八十条 被许可人有下列行为之一的，行政机关应当依法给予行政处罚；构成犯罪的，依法追究刑事责任：

（一）涂改、倒卖、出租、出借行政许可证件，或者以其他形式非法转让行政许可的；

（二）超越行政许可范围进行活动的；

（三）向负责监督检查的行政机关隐瞒有关情况、提供虚假材料或者拒绝提供反映其活动情况的真实材料的；

（四）法律、法规、规章规定的其他违法行为。

第八十一条 公民、法人或者其他组织未经行政许可，擅自从事依法应当取得行政许可的活动的，行政机关应当依法采取措施予以制止，并依法给予行政处罚；构成犯罪的，依法追究刑事责任。

第八章 附 则

第八十二条 本法规定的行政机关实施行政许可的期限以工作日计算，不含法定节假日。

第八十三条 本法自 2004 年 7 月 1 日起施行。

本法施行前有关行政许可的规定，制定机关应当依照本法规定予以清理；不符合本法规定的，自本法施行之日起停止执行。

二、行政法规

（一）建设工程安全生产管理条例

（2003年11月24日中华人民共和国国务院令第393号公布）

第一章 总 则

第一条 为了加强建设工程安全生产监督管理，保障人民群众生命和财产安全，根据《中华人民共和国建筑法》《中华人民共和国安全生产法》，制定本条例。

第二条 在中华人民共和国境内从事建设工程的新建、扩建、改建和拆除等有关活动及实施对建设工程安全生产的监督管理，必须遵守本条例。

本条例所称建设工程，是指土木工程、建筑工程、线路管道和设备安装工程及装修工程。

第三条 建设工程安全生产管理，坚持安全第一、预防为主的方针。

第四条 建设单位、勘察单位、设计单位、施工单位、工程监理单位及其他与建设工程安全生产有关的单位，必须遵守安全生产法律、法规的规定，保证建设工程安全生产，依法承担建设工程安全生产责任。

第五条 国家鼓励建设工程安全生产的科学技术研究和先进技术的推广应用，推进建设工程安全生产的科学管理。

第二章 建设单位的安全责任

第六条 建设单位应当向施工单位提供施工现场及毗邻区域内供水、排水、供电、供气、供热、通信、广播电视等地下管线资料，气象和水文观测资料，相邻建筑物和构筑物、地下工程的有关资料，并保证资料的真实、准确、完整。

建设单位因建设工程需要，向有关部门或者单位查询前款规定的资料时，有关部门或者单位应当及时提供。

第七条 建设单位不得对勘察、设计、施工、工程监理等单位提出不符合建设工程安全生产法律、法规和强制性标准规定的要求，不得压缩合同约定的工期。

第八条 建设单位在编制工程概算时，应当确定建设工程安全作业环境及安全施工措施所需费用。

第九条 建设单位不得明示或者暗示施工单位购买、租赁、使用不符合安全施工要求的安全防护用具、机械设备、施工机具及配件、消防设施和器材。

第十条 建设单位在申请领取施工许可证时，应当提供建设工程有关安全施工措施的资料。

依法批准开工报告的建设工程，建设单位应当自开工报告批准之日起 15 日内，将保证安全施工的措施报送建设工程所在地的县级以上地方人民政府建设行政主管部门或者其他有关部门备案。

第十一条 建设单位应当将拆除工程发包给具有相应资质等级的施工单位。

建设单位应当在拆除工程施工 15 日前，将下列资料报送建设工程所在地的县级以上地方人民政府建设行政主管部门或者其他有关部门备案：

（一）施工单位资质等级证明；

（二）拟拆除建筑物、构筑物及可能危及毗邻建筑的说明；

（三）拆除施工组织方案；

（四）堆放、清除废弃物的措施。

实施爆破作业的，应当遵守国家有关民用爆炸物品管理的规定。

第三章 勘察、设计、工程监理及其他有关单位的安全责任

第十二条 勘察单位应当按照法律、法规和工程建设强制性标准进行勘察，提供的勘察文件应当真实、准确，满足建设工程安全生产的需要。

勘察单位在勘察作业时，应当严格执行操作规程，采取措施保证各类管线、设施和周边建筑物、构筑物的安全。

第十三条 设计单位应当按照法律、法规和工程建设强制性标准进行设计，防止因设计不合理导致生产安全事故的发生。

设计单位应当考虑施工安全操作和防护的需要，对涉及施工安全的重点部位和环节在设计文件中注明，并对防范生产安全事故提出指导意见。

采用新结构、新材料、新工艺的建设工程和特殊结构的建设工程，设计单位应当在设计中提出保障施工作业人员安全和预防生产安全事故的措施建议。

设计单位和注册建筑师等注册执业人员应当对其设计负责。

第十四条 工程监理单位应当审查施工组织设计中的安全技术措施或者专项施工方案是否符合工程建设强制性标准。

工程监理单位在实施监理过程中，发现存在安全事故隐患的，应当要求施工单位整改；情况严重的，应当要求施工单位暂时停止施工，并及时报告建设单位。施工单位拒不整改或者不停止施工的，工程监理单位应当及时向有关主管部门报告。

工程监理单位和监理工程师应当按照法律、法规和工程建设强制性标准实施监理，并对建设工程安全生产承担监理责任。

第十五条 为建设工程提供机械设备和配件的单位，应当按照安全施工的要求配备齐全有效的保险、限位等安全设施和装置。

第十六条 出租的机械设备和施工机具及配件，应当具有生产（制造）许可证、产品合格证。

出租单位应当对出租的机械设备和施工机具及配件的安全性能进行检测，在签订

租赁协议时，应当出具检测合格证明。

禁止出租检测不合格的机械设备和施工机具及配件。

第十七条 在施工现场安装、拆卸施工起重机械和整体提升脚手架、模板等自升式架设设施，必须由具有相应资质的单位承担。

安装、拆卸施工起重机械和整体提升脚手架、模板等自升式架设设施，应当编制拆装方案、制定安全施工措施，并由专业技术人员现场监督。

施工起重机械和整体提升脚手架、模板等自升式架设设施安装完毕后，安装单位应当自检，出具自检合格证明，并向施工单位进行安全使用说明，办理验收手续并签字。

第十八条 施工起重机械和整体提升脚手架、模板等自升式架设设施的使用达到国家规定的检验检测期限的，必须经具有专业资质的检验检测机构检测。经检测不合格的，不得继续使用。

第十九条 检验检测机构对检测合格的施工起重机械和整体提升脚手架、模板等自升式架设设施，应当出具安全合格证明文件，并对检测结果负责。

第四章 施工单位的安全责任

第二十条 施工单位从事建设工程的新建、扩建、改建和拆除等活动，应当具备国家规定的注册资本、专业技术人员、技术装备和安全生产等条件，依法取得相应等级的资质证书，并在其资质等级许可的范围内承揽工程。

第二十一条 施工单位主要负责人依法对本单位的安全生产工作全面负责。施工单位应当建立健全安全生产责任制度和安全生产教育培训制度，制定安全生产规章制度和操作规程，保证本单位安全生产条件所需资金的投入，对所承担的建设工程进行定期和专项安全检查，并做好安全检查记录。

施工单位的项目负责人应当由取得相应执业资格的人员担任，对建设工程项目的安全施工负责，落实安全生产责任制度、安全生产规章制度和操作规程，确保安全生产费用的有效使用，并根据工程的特点组织制定安全施工措施，消除安全事故隐患，及时、如实报告生产安全事故。

第二十二条 施工单位对列入建设工程概算的安全作业环境及安全施工措施所需费用，应当用于施工安全防护用具及设施的采购和更新、安全施工措施的落实、安全生产条件的改善，不得挪作他用。

第二十三条 施工单位应当设立安全生产管理机构，配备专职安全生产管理人员。

专职安全生产管理人员负责对安全生产进行现场监督检查。发现安全事故隐患，应当及时向项目负责人和安全生产管理机构报告；对违章指挥、违章操作的，应当立即制止。

专职安全生产管理人员的配备办法由国务院建设行政主管部门会同国务院其他有关部门制定。

第二十四条 建设工程实行施工总承包的，由总承包单位对施工现场的安全生产负总责。

总承包单位应当自行完成建设工程主体结构的施工。

总承包单位依法将建设工程分包给其他单位的，分包合同中应当明确各自的安全生产方面的权利、义务。总承包单位和分包单位对分包工程的安全生产承担连带责任。

分包单位应当服从总承包单位的安全生产管理，分包单位不服从管理导致生产安全事故的，由分包单位承担主要责任。

第二十五条 垂直运输机械作业人员、安装拆卸工、爆破作业人员、起重信号工、登高架设作业人员等特种作业人员，必须按照国家有关规定经过专门的安全作业培训，并取得特种作业操作资格证书后，方可上岗作业。

第二十六条 施工单位应当在施工组织设计中编制安全技术措施和施工现场临时用电方案，对下列达到一定规模的危险性较大的分部分项工程编制专项施工方案，并附具安全验算结果，经施工单位技术负责人、总监理工程师签字后实施，由专职安全生产管理人员进行现场监督：

（一）基坑支护与降水工程；

（二）土方开挖工程；

（三）模板工程；

（四）起重吊装工程；

（五）脚手架工程；

（六）拆除、爆破工程；

（七）国务院建设行政主管部门或者其他有关部门规定的其他危险性较大的工程。

对前款所列工程中涉及深基坑、地下暗挖工程、高大模板工程的专项施工方案，施工单位还应当组织专家进行论证、审查。

本条第一款规定的达到一定规模的危险性较大工程的标准，由国务院建设行政主管部门会同国务院其他有关部门制定。

第二十七条 建设工程施工前，施工单位负责项目管理的技术人员应当对有关安全施工的技术要求向施工作业班组、作业人员作出详细说明，并由双方签字确认。

第二十八条 施工单位应当在施工现场入口处、施工起重机械、临时用电设施、脚手架、出入通道口、楼梯口、电梯井口、孔洞口、桥梁口、隧道口、基坑边沿、爆破物及有害危险气体和液体存放处等危险部位，设置明显的安全警示标志。安全警示标志必须符合国家标准。

施工单位应当根据不同施工阶段和周围环境及季节、气候的变化，在施工现场采取相应的安全施工措施。施工现场暂时停止施工的，施工单位应当做好现场防护，所需费用由责任方承担，或者按照合同约定执行。

第二十九条 施工单位应当将施工现场的办公、生活区与作业区分开设置，并保持安全距离；办公、生活区的选址应当符合安全性要求。职工的膳食、饮水、休息场所等应当符合卫生标准。施工单位不得在尚未竣工的建筑物内设置员工集体宿舍。

施工现场临时搭建的建筑物应当符合安全使用要求。施工现场使用的装配式活动房屋应当具有产品合格证。

第三十条 施工单位对因建设工程施工可能造成损害的毗邻建筑物、构筑物和地下管线等，应当采取专项防护措施。

施工单位应当遵守有关环境保护法律、法规的规定，在施工现场采取措施，防止或者减少粉尘、废气、废水、固体废物、噪声、振动和施工照明对人和环境的危害和污染。

在城市市区内的建设工程，施工单位应当对施工现场实行封闭围挡。

第三十一条 施工单位应当在施工现场建立消防安全责任制度，确定消防安全责任人，制定用火、用电、使用易燃易爆材料等各项消防安全管理制度和操作规程，设置消防通道、消防水源，配备消防设施和灭火器材，并在施工现场入口处设置明显标志。

第三十二条 施工单位应当向作业人员提供安全防护用具和安全防护服装，并书面告知危险岗位的操作规程和违章操作的危害。

作业人员有权对施工现场的作业条件、作业程序和作业方式中存在的安全问题提出批评、检举和控告，有权拒绝违章指挥和强令冒险作业。

在施工中发生危及人身安全的紧急情况时，作业人员有权立即停止作业或者在采取必要的应急措施后撤离危险区域。

第三十三条 作业人员应当遵守安全施工的强制性标准、规章制度和操作规程，正确使用安全防护用具、机械设备等。

第三十四条 施工单位采购、租赁的安全防护用具、机械设备、施工机具及配件，应当具有生产（制造）许可证、产品合格证，并在进入施工现场前进行查验。

施工现场的安全防护用具、机械设备、施工机具及配件必须由专人管理，定期进行检查、维修和保养，建立相应的资料档案，并按照国家有关规定及时报废。

第三十五条 施工单位在使用施工起重机械和整体提升脚手架、模板等自升式架设设施前，应当组织有关单位进行验收，也可以委托具有相应资质的检验检测机构进行验收；使用承租的机械设备和施工机具及配件的，由施工总承包单位、分包单位、出租单位和安装单位共同进行验收。验收合格的方可使用。

《特种设备安全监察条例》规定的施工起重机械，在验收前应当经有相应资质的检验检测机构监督检验合格。

施工单位应当自施工起重机械和整体提升脚手架、模板等自升式架设设施验收合格之日起 30 日内，向建设行政主管部门或者其他有关部门登记。登记标志应当置于或者附着于该设备的显著位置。

第三十六条 施工单位的主要负责人、项目负责人、专职安全生产管理人员应当经建设行政主管部门或者其他有关部门考核合格后方可任职。

施工单位应当对管理人员和作业人员每年至少进行一次安全生产教育培训，其教育培训情况记入个人工作档案。安全生产教育培训考核不合格的人员，不得上岗。

第三十七条 作业人员进入新的岗位或者新的施工现场前，应当接受安全生产教育培训。未经教育培训或者教育培训考核不合格的人员，不得上岗作业。

施工单位在采用新技术、新工艺、新设备、新材料时，应当对作业人员进行相应的安全生产教育培训。

第三十八条 施工单位应当为施工现场从事危险作业的人员办理意外伤害保险。

意外伤害保险费由施工单位支付。实行施工总承包的，由总承包单位支付意外伤害保险费。意外伤害保险期限自建设工程开工之日起至竣工验收合格止。

第五章 监督管理

第三十九条 国务院负责安全生产监督管理的部门依照《中华人民共和国安全生产法》的规定，对全国建设工程安全生产工作实施综合监督管理。

县级以上地方人民政府负责安全生产监督管理的部门依照《中华人民共和国安全生产法》的规定，对本行政区域内建设工程安全生产工作实施综合监督管理。

第四十条 国务院建设行政主管部门对全国的建设工程安全生产实施监督管理。国务院铁路、交通、水利等有关部门按照国务院规定的职责分工，负责有关专业建设工程安全生产的监督管理。

县级以上地方人民政府建设行政主管部门对本行政区域内的建设工程安全生产实施监督管理。县级以上地方人民政府交通、水利等有关部门在各自的职责范围内，负责本行政区域内的专业建设工程安全生产的监督管理。

第四十一条 建设行政主管部门和其他有关部门应当将本条例第十条、第十一条规定的有关资料的主要内容抄送同级负责安全生产监督管理的部门。

第四十二条 建设行政主管部门在审核发放施工许可证时，应当对建设工程是否有安全施工措施进行审查，对没有安全施工措施的，不得颁发施工许可证。

建设行政主管部门或者其他有关部门对建设工程是否有安全施工措施进行审查时，不得收取费用。

第四十三条 县级以上人民政府负有建设工程安全生产监督管理职责的部门在各自的职责范围内履行安全监督检查职责时，有权采取下列措施：

（一）要求被检查单位提供有关建设工程安全生产的文件和资料；

（二）进入被检查单位施工现场进行检查；

（三）纠正施工中违反安全生产要求的行为；

（四）对检查中发现的安全事故隐患，责令立即排除；重大安全事故隐患排除前或者排除过程中无法保证安全的，责令从危险区域内撤出作业人员或者暂时停止施工。

第四十四条 建设行政主管部门或者其他有关部门可以将施工现场的监督检查委托给建设工程安全监督机构具体实施。

第四十五条 国家对严重危及施工安全的工艺、设备、材料实行淘汰制度。具体目录由国务院建设行政主管部门会同国务院其他有关部门制定并公布。

第四十六条 县级以上人民政府建设行政主管部门和其他有关部门应当及时受理对建设工程生产安全事故及安全事故隐患的检举、控告和投诉。

第六章　生产安全事故的应急救援和调查处理

第四十七条　县级以上地方人民政府建设行政主管部门应当根据本级人民政府的要求，制定本行政区域内建设工程特大生产安全事故应急救援预案。

第四十八条　施工单位应当制定本单位生产安全事故应急救援预案，建立应急救援组织或者配备应急救援人员，配备必要的应急救援器材、设备，并定期组织演练。

第四十九条　施工单位应当根据建设工程施工的特点、范围，对施工现场易发生重大事故的部位、环节进行监控，制定施工现场生产安全事故应急救援预案。实行施工总承包的，由总承包单位统一组织编制建设工程生产安全事故应急救援预案，工程总承包单位和分包单位按照应急救援预案，各自建立应急救援组织或者配备应急救援人员，配备救援器材、设备，并定期组织演练。

第五十条　施工单位发生生产安全事故，应当按照国家有关伤亡事故报告和调查处理的规定，及时、如实地向负责安全生产监督管理的部门、建设行政主管部门或者其他有关部门报告；特种设备发生事故的，还应当同时向特种设备安全监督管理部门报告。接到报告的部门应当按照国家有关规定，如实上报。

实行施工总承包的建设工程，由总承包单位负责上报事故。

第五十一条　发生生产安全事故后，施工单位应当采取措施防止事故扩大，保护事故现场。需要移动现场物品时，应当做出标记和书面记录，妥善保管有关证物。

第五十二条　建设工程生产安全事故的调查、对事故责任单位和责任人的处罚与处理，按照有关法律、法规的规定执行。

第七章　法律责任

第五十三条　违反本条例的规定，县级以上人民政府建设行政主管部门或者其他有关行政管理部门的工作人员，有下列行为之一的，给予降级或者撤职的行政处分；构成犯罪的，依照刑法有关规定追究刑事责任：

（一）对不具备安全生产条件的施工单位颁发资质证书的；

（二）对没有安全施工措施的建设工程颁发施工许可证的；

（三）发现违法行为不予查处的；

（四）不依法履行监督管理职责的其他行为。

第五十四条　违反本条例的规定，建设单位未提供建设工程安全生产作业环境及安全施工措施所需费用的，责令限期改正；逾期未改正的，责令该建设工程停止施工。

建设单位未将保证安全施工的措施或者拆除工程的有关资料报送有关部门备案的，责令限期改正，给予警告。

第五十五条　违反本条例的规定，建设单位有下列行为之一的，责令限期改正，处 20 万元以上 50 万元以下的罚款；造成重大安全事故，构成犯罪的，对直接责任人员，依照刑法有关规定追究刑事责任；造成损失的，依法承担赔偿责任：

（一）对勘察、设计、施工、工程监理等单位提出不符合安全生产法律、法规和强制性标准规定的要求的；

（二）要求施工单位压缩合同约定的工期的；

（三）将拆除工程发包给不具有相应资质等级的施工单位的。

第五十六条 违反本条例的规定，勘察单位、设计单位有下列行为之一的，责令限期改正，处 10 万元以上 30 万元以下的罚款；情节严重的，责令停业整顿，降低资质等级，直至吊销资质证书；造成重大安全事故，构成犯罪的，对直接责任人员，依照刑法有关规定追究刑事责任；造成损失的，依法承担赔偿责任：

（一）未按照法律、法规和工程建设强制性标准进行勘察、设计的；

（二）采用新结构、新材料、新工艺的建设工程和特殊结构的建设工程，设计单位未在设计中提出保障施工作业人员安全和预防生产安全事故的措施建议的。

第五十七条 违反本条例的规定，工程监理单位有下列行为之一的，责令限期改正；逾期未改正的，责令停业整顿，并处 10 万元以上 30 万元以下的罚款；情节严重的，降低资质等级，直至吊销资质证书；造成重大安全事故，构成犯罪的，对直接责任人员，依照刑法有关规定追究刑事责任；造成损失的，依法承担赔偿责任：

（一）未对施工组织设计中的安全技术措施或者专项施工方案进行审查的；

（二）发现安全事故隐患未及时要求施工单位整改或者暂时停止施工的；

（三）施工单位拒不整改或者不停止施工，未及时向有关主管部门报告的；

（四）未依照法律、法规和工程建设强制性标准实施监理的。

第五十八条 注册执业人员未执行法律、法规和工程建设强制性标准的，责令停止执业 3 个月以上 1 年以下；情节严重的，吊销执业资格证书，5 年内不予注册；造成重大安全事故的，终身不予注册；构成犯罪的，依照刑法有关规定追究刑事责任。

第五十九条 违反本条例的规定，为建设工程提供机械设备和配件的单位，未按照安全施工的要求配备齐全有效的保险、限位等安全设施和装置的，责令限期改正，处合同价款 1 倍以上 3 倍以下的罚款；造成损失的，依法承担赔偿责任。

第六十条 违反本条例的规定，出租单位出租未经安全性能检测或者经检测不合格的机械设备和施工机具及配件的，责令停业整顿，并处 5 万元以上 10 万元以下的罚款；造成损失的，依法承担赔偿责任。

第六十一条 违反本条例的规定，施工起重机械和整体提升脚手架、模板等自升式架设设施安装、拆卸单位有下列行为之一的，责令限期改正，处 5 万元以上 10 万元以下的罚款；情节严重的，责令停业整顿，降低资质等级，直至吊销资质证书；造成损失的，依法承担赔偿责任：

（一）未编制拆装方案、制定安全施工措施的；

（二）未由专业技术人员现场监督的；

（三）未出具自检合格证明或者出具虚假证明的；

（四）未向施工单位进行安全使用说明，办理移交手续的。

施工起重机械和整体提升脚手架、模板等自升式架设设施安装、拆卸单位有前款规定的第（一）项、第（三）项行为，经有关部门或者单位职工提出后，对事故隐患仍不采取措施，因而发生重大伤亡事故或者造成其他严重后果，构成犯罪的，对直接责任人员，依照刑法有关规定追究刑事责任。

第六十二条 违反本条例的规定，施工单位有下列行为之一的，责令限期改正；逾期未改正的，责令停业整顿，依照《中华人民共和国安全生产法》的有关规定处以罚款；造成重大安全事故，构成犯罪的，对直接责任人员，依照刑法有关规定追究刑事责任：

（一）未设立安全生产管理机构、配备专职安全生产管理人员或者分部分项工程施工时无专职安全生产管理人员现场监督的；

（二）施工单位的主要负责人、项目负责人、专职安全生产管理人员、作业人员或者特种作业人员，未经安全教育培训或者经考核不合格即从事相关工作的；

（三）未在施工现场的危险部位设置明显的安全警示标志，或者未按照国家有关规定在施工现场设置消防通道、消防水源、配备消防设施和灭火器材的；

（四）未向作业人员提供安全防护用具和安全防护服装的；

（五）未按照规定在施工起重机械和整体提升脚手架、模板等自升式架设设施验收合格后登记的；

（六）使用国家明令淘汰、禁止使用的危及施工安全的工艺、设备、材料的。

第六十三条 违反本条例的规定，施工单位挪用列入建设工程概算的安全生产作业环境及安全施工措施所需费用的，责令限期改正，处挪用费用 20% 以上 50% 以下的罚款；造成损失的，依法承担赔偿责任。

第六十四条 违反本条例的规定，施工单位有下列行为之一的，责令限期改正；逾期未改正的，责令停业整顿，并处 5 万元以上 10 万元以下的罚款；造成重大安全事故，构成犯罪的，对直接责任人员，依照刑法有关规定追究刑事责任：

（一）施工前未对有关安全施工的技术要求作出详细说明的；

（二）未根据不同施工阶段和周围环境及季节、气候的变化，在施工现场采取相应的安全施工措施，或者在城市市区内的建设工程的施工现场未实行封闭围挡的；

（三）在尚未竣工的建筑物内设置员工集体宿舍的；

（四）施工现场临时搭建的建筑物不符合安全使用要求的；

（五）未对因建设工程施工可能造成损害的毗邻建筑物、构筑物和地下管线等采取专项防护措施的。

施工单位有前款规定第（四）项、第（五）项行为，造成损失的，依法承担赔偿责任。

第六十五条 违反本条例的规定，施工单位有下列行为之一的，责令限期改正；逾期未改正的，责令停业整顿，并处 10 万元以上 30 万元以下的罚款；情节严重的，降低资质等级，直至吊销资质证书；造成重大安全事故，构成犯罪的，对直接责任人员，依照刑法有关规定追究刑事责任；造成损失的，依法承担赔偿责任：

（一）安全防护用具、机械设备、施工机具及配件在进入施工现场前未经查验或者查验不合格即投入使用的；

（二）使用未经验收或者验收不合格的施工起重机械和整体提升脚手架、模板等自升式架设设施的；

（三）委托不具有相应资质的单位承担施工现场安装、拆卸施工起重机械和整体提升脚手架、模板等自升式架设设施的；

（四）在施工组织设计中未编制安全技术措施、施工现场临时用电方案或者专项施工方案的。

第六十六条 违反本条例的规定，施工单位的主要负责人、项目负责人未履行安全生产管理职责的，责令限期改正；逾期未改正的，责令施工单位停业整顿；造成重大安全事故、重大伤亡事故或者其他严重后果，构成犯罪的，依照刑法有关规定追究刑事责任。

作业人员不服管理、违反规章制度和操作规程冒险作业造成重大伤亡事故或者其他严重后果，构成犯罪的，依照刑法有关规定追究刑事责任。

施工单位的主要负责人、项目负责人有前款违法行为，尚不够刑事处罚的，处 2 万元以上 20 万元以下的罚款或者按照管理权限给予撤职处分；自刑罚执行完毕或者受处分之日起，5 年内不得担任任何施工单位的主要负责人、项目负责人。

第六十七条 施工单位取得资质证书后，降低安全生产条件的，责令限期改正；经整改仍未达到与其资质等级相适应的安全生产条件的，责令停业整顿，降低其资质等级直至吊销资质证书。

第六十八条 本条例规定的行政处罚，由建设行政主管部门或者其他有关部门依照法定职权决定。

违反消防安全管理规定的行为，由公安消防机构依法处罚。

有关法律、行政法规对建设工程安全生产违法行为的行政处罚决定机关另有规定的，从其规定。

第八章 附 则

第六十九条 抢险救灾和农民自建低层住宅的安全生产管理，不适用本条例。

第七十条 军事建设工程的安全生产管理，按照中央军事委员会的有关规定执行。

第七十一条 本条例自 2004 年 2 月 1 日起施行。

（二）安全生产许可证条例

（2004 年 1 月 13 日中华人民共和国国务院令第 397 号公布，2013 年 7 月 18 日中华人民共和国国务院令第 638 号第一次修正，2014 年 7 月 29 日中华人民共和国国务院令第 653 号第二次修正）

第一条 为了严格规范安全生产条件，进一步加强安全生产监督管理，防止和减少生产安全事故，根据《中华人民共和国安全生产法》的有关规定，制定本条例。

第二条 国家对矿山企业、建筑施工企业和危险化学品、烟花爆竹、民用爆炸物品生产企业（以下统称企业）实行安全生产许可制度。

企业未取得安全生产许可证的，不得从事生产活动。

第三条 国务院安全生产监督管理部门负责中央管理的非煤矿矿山企业和危险化学品、烟花爆竹生产企业安全生产许可证的颁发和管理。

省、自治区、直辖市人民政府安全生产监督管理部门负责前款规定以外的非煤矿矿山企业和危险化学品、烟花爆竹生产企业安全生产许可证的颁发和管理，并接受国务院安全生产监督管理部门的指导和监督。

国家煤矿安全监察机构负责中央管理的煤矿企业安全生产许可证的颁发和管理。

在省、自治区、直辖市设立的煤矿安全监察机构负责前款规定以外的其他煤矿企业安全生产许可证的颁发和管理，并接受国家煤矿安全监察机构的指导和监督。

第四条 省、自治区、直辖市人民政府建设主管部门负责建筑施工企业安全生产许可证的颁发和管理，并接受国务院建设主管部门的指导和监督。

第五条 省、自治区、直辖市人民政府民用爆炸物品行业主管部门负责民用爆炸物品生产企业安全生产许可证的颁发和管理，并接受国务院民用爆炸物品行业主管部门的指导和监督。

第六条 企业取得安全生产许可证，应当具备下列安全生产条件：

（一）建立、健全安全生产责任制，制定完备的安全生产规章制度和操作规程；

（二）安全投入符合安全生产要求；

（三）设置安全生产管理机构，配备专职安全生产管理人员；

（四）主要负责人和安全生产管理人员经考核合格；

（五）特种作业人员经有关业务主管部门考核合格，取得特种作业操作资格证书；

（六）从业人员经安全生产教育和培训合格；

（七）依法参加工伤保险，为从业人员缴纳保险费；

（八）厂房、作业场所和安全设施、设备、工艺符合有关安全生产法律、法规、标准和规程的要求；

（九）有职业危害防治措施，并为从业人员配备符合国家标准或者行业标准的劳动防护用品；

（十）依法进行安全评价；

（十一）有重大危险源检测、评估、监控措施和应急预案；

（十二）有生产安全事故应急救援预案、应急救援组织或者应急救援人员，配备必要的应急救援器材、设备；

（十三）法律、法规规定的其他条件。

第七条 企业进行生产前，应当依照本条例的规定向安全生产许可证颁发管理机关申请领取安全生产许可证，并提供本条例第六条规定的相关文件、资料。安全生产许可证颁发管理机关应当自收到申请之日起 45 日内审查完毕，经审查符合本条例规定的安全生产条件的，颁发安全生产许可证；不符合本条例规定的安全生产条件的，不予颁发安全生产许可证，书面通知企业并说明理由。

煤矿企业应当以矿（井）为单位，依照本条例的规定取得安全生产许可证。

第八条 安全生产许可证由国务院安全生产监督管理部门规定统一的式样。

第九条 安全生产许可证的有效期为 3 年。安全生产许可证有效期满需要延期的，企业应当于期满前 3 个月向原安全生产许可证颁发管理机关办理延期手续。

企业在安全生产许可证有效期内，严格遵守有关安全生产的法律法规，未发生死亡事故的，安全生产许可证有效期届满时，经原安全生产许可证颁发管理机关同意，不再审查，安全生产许可证有效期延期 3 年。

第十条 安全生产许可证颁发管理机关应当建立、健全安全生产许可证档案管理制度，并定期向社会公布企业取得安全生产许可证的情况。

第十一条 煤矿企业安全生产许可证颁发管理机关、建筑施工企业安全生产许可证颁发管理机关、民用爆炸物品生产企业安全生产许可证颁发管理机关，应当每年向同级安全生产监督管理部门通报其安全生产许可证颁发和管理情况。

第十二条 国务院安全生产监督管理部门和省、自治区、直辖市人民政府安全生产监督管理部门对建筑施工企业、民用爆炸物品生产企业、煤矿企业取得安全生产许可证的情况进行监督。

第十三条 企业不得转让、冒用安全生产许可证或者使用伪造的安全生产许可证。

第十四条 企业取得安全生产许可证后，不得降低安全生产条件，并应当加强日常安全生产管理，接受安全生产许可证颁发管理机关的监督检查。

安全生产许可证颁发管理机关应当加强对取得安全生产许可证的企业的监督检查，发现其不再具备本条例规定的安全生产条件的，应当暂扣或者吊销安全生产许可证。

第十五条 安全生产许可证颁发管理机关工作人员在安全生产许可证颁发、管理和监督检查工作中，不得索取或者接受企业的财物，不得谋取其他利益。

第十六条 监察机关依照《中华人民共和国行政监察法》的规定，对安全生产许可证颁发管理机关及其工作人员履行本条例规定的职责实施监察。

第十七条 任何单位或者个人对违反本条例规定的行为，有权向安全生产许可证颁发管理机关或者监察机关等有关部门举报。

第十八条 安全生产许可证颁发管理机关工作人员有下列行为之一的，给予降级或者撤职的行政处分；构成犯罪的，依法追究刑事责任：

（一）向不符合本条例规定的安全生产条件的企业颁发安全生产许可证的；

（二）发现企业未依法取得安全生产许可证擅自从事生产活动，不依法处理的；

（三）发现取得安全生产许可证的企业不再具备本条例规定的安全生产条件，不依法处理的；

（四）接到对违反本条例规定行为的举报后，不及时处理的；

（五）在安全生产许可证颁发、管理和监督检查工作中，索取或者接受企业的财物，或者谋取其他利益的。

第十九条 违反本条例规定，未取得安全生产许可证擅自进行生产的，责令停止生产，没收违法所得，并处 10 万元以上 50 万元以下的罚款；造成重大事故或者其他严重后果，构成犯罪的，依法追究刑事责任。

第二十条 违反本条例规定，安全生产许可证有效期满未办理延期手续，继续进行生产的，责令停止生产，限期补办延期手续，没收违法所得，并处 5 万元以上 10 万元以下的罚款；逾期仍不办理延期手续，继续进行生产的，依照本条例第十九条的规定处罚。

第二十一条 违反本条例规定，转让安全生产许可证的，没收违法所得，处 10 万元以上 50 万元以下的罚款，并吊销其安全生产许可证；构成犯罪的，依法追究刑事责任；接受转让的，依照本条例第十九条的规定处罚。

冒用安全生产许可证或者使用伪造的安全生产许可证的，依照本条例第十九条的规定处罚。

第二十二条 本条例施行前已经进行生产的企业，应当自本条例施行之日起 1 年内，依照本条例的规定向安全生产许可证颁发管理机关申请办理安全生产许可证；逾期不办理安全生产许可证，或者经审查不符合本条例规定的安全生产条件，未取得安全生产许可证，继续进行生产的，依照本条例第十九条的规定处罚。

第二十三条 本条例规定的行政处罚，由安全生产许可证颁发管理机关决定。

第二十四条 本条例自公布之日起施行。

（三）生产安全事故报告和调查处理条例

（2007 年 4 月 9 日中华人民共和国国务院令第 493 号公布）

第一章　总　则

第一条　为了规范生产安全事故的报告和调查处理，落实生产安全事故责任追究制度，防止和减少生产安全事故，根据《中华人民共和国安全生产法》和有关法律，制定本条例。

第二条　生产经营活动中发生的造成人身伤亡或者直接经济损失的生产安全事故的报告和调查处理，适用本条例；环境污染事故、核设施事故、国防科研生产事故的报告和调查处理不适用本条例。

第三条　根据生产安全事故（以下简称事故）造成的人员伤亡或者直接经济损失，事故一般分为以下等级：

（一）特别重大事故，是指造成 30 人以上死亡，或者 100 人以上重伤（包括急性工业中毒，下同），或者 1 亿元以上直接经济损失的事故；

（二）重大事故，是指造成 10 人以上 30 人以下死亡，或者 50 人以上 100 人以下重伤，或者 5000 万元以上 1 亿元以下直接经济损失的事故；

（三）较大事故，是指造成 3 人以上 10 人以下死亡，或者 10 人以上 50 人以下重伤，或者 1000 万元以上 5000 万元以下直接经济损失的事故；

（四）一般事故，是指造成 3 人以下死亡，或者 10 人以下重伤，或者 1000 万元以下直接经济损失的事故。

国务院安全生产监督管理部门可以会同国务院有关部门，制定事故等级划分的补充性规定。

本条第一款所称的“以上”包括本数，所称的“以下”不包括本数。

第四条　事故报告应当及时、准确、完整，任何单位和个人对事故不得迟报、漏报、谎报或者瞒报。

事故调查处理应当坚持实事求是、尊重科学的原则，及时、准确地查清事故经过、事故原因和事故损失，查明事故性质，认定事故责任，总结事故教训，提出整改措施，并对事故责任者依法追究责任。

第五条　县级以上人民政府应当依照本条例的规定，严格履行职责，及时、准确地完成事故调查处理工作。

事故发生地有关地方人民政府应当支持、配合上级人民政府或者有关部门的事故调查处理工作，并提供必要的便利条件。

参加事故调查处理的部门和单位应当互相配合，提高事故调查处理工作的效率。

第六条 工会依法参加事故调查处理，有权向有关部门提出处理意见。

第七条 任何单位和个人不得阻挠和干涉对事故的报告和依法调查处理。

第八条 对事故报告和调查处理中的违法行为，任何单位和个人有权向安全生产监督管理部门、监察机关或者其他有关部门举报，接到举报的部门应当依法及时处理。

第二章 事故报告

第九条 事故发生后，事故现场有关人员应当立即向本单位负责人报告；单位负责人接到报告后，应当于1小时内向事故发生地县级以上人民政府安全生产监督管理部门和负有安全生产监督管理职责的有关部门报告。

情况紧急时，事故现场有关人员可以直接向事故发生地县级以上人民政府安全生产监督管理部门和负有安全生产监督管理职责的有关部门报告。

第十条 安全生产监督管理部门和负有安全生产监督管理职责的有关部门接到事故报告后，应当依照下列规定上报事故情况，并通知公安机关、劳动保障行政部门、工会和人民检察院：

（一）特别重大事故、重大事故逐级上报至国务院安全生产监督管理部门和负有安全生产监督管理职责的有关部门；

（二）较大事故逐级上报至省、自治区、直辖市人民政府安全生产监督管理部门和负有安全生产监督管理职责的有关部门；

（三）一般事故上报至设区的市级人民政府安全生产监督管理部门和负有安全生产监督管理职责的有关部门。

安全生产监督管理部门和负有安全生产监督管理职责的有关部门依照前款规定上报事故情况，应当同时报告本级人民政府。国务院安全生产监督管理部门和负有安全生产监督管理职责的有关部门以及省级人民政府接到发生特别重大事故、重大事故的报告后，应当立即报告国务院。

必要时，安全生产监督管理部门和负有安全生产监督管理职责的有关部门可以越级上报事故情况。

第十一条 安全生产监督管理部门和负有安全生产监督管理职责的有关部门逐级上报事故情况，每级上报的时间不得超过2小时。

第十二条 报告事故应当包括下列内容：

（一）事故发生单位概况；

（二）事故发生的时间、地点以及事故现场情况；

（三）事故的简要经过；

（四）事故已经造成或者可能造成的伤亡人数（包括下落不明的人数）和初步估计的直接经济损失；

（五）已经采取的措施；

（六）其他应当报告的情况。

第十三条 事故报告后出现新情况的，应当及时补报。

自事故发生之日起 30 日内，事故造成的伤亡人数发生变化的，应当及时补报。道路交通事故、火灾事故自发生之日起 7 日内，事故造成的伤亡人数发生变化的，应当及时补报。

第十四条 事故发生单位负责人接到事故报告后，应当立即启动事故相应应急预案，或者采取有效措施，组织抢救，防止事故扩大，减少人员伤亡和财产损失。

第十五条 事故发生地有关地方人民政府、安全生产监督管理部门和负有安全生产监督管理职责的有关部门接到事故报告后，其负责人应当立即赶赴事故现场，组织事故救援。

第十六条 事故发生后，有关单位和人员应当妥善保护事故现场以及相关证据，任何单位和个人不得破坏事故现场、毁灭相关证据。

因抢救人员、防止事故扩大以及疏通交通等原因，需要移动事故现场物件的，应当做出标志，绘制现场简图并做出书面记录，妥善保存现场重要痕迹、物证。

第十七条 事故发生地公安机关根据事故的情况，对涉嫌犯罪的，应当依法立案侦查，采取强制措施和侦查措施。犯罪嫌疑人逃匿的，公安机关应当迅速追捕归案。

第十八条 安全生产监督管理部门和负有安全生产监督管理职责的有关部门应当建立值班制度，并向社会公布值班电话，受理事故报告和举报。

第三章 事故调查

第十九条 特别重大事故由国务院或者国务院授权有关部门组织事故调查组进行调查。

重大事故、较大事故、一般事故分别由事故发生地省级人民政府、设区的市级人民政府、县级人民政府负责调查。省级人民政府、设区的市级人民政府、县级人民政府可以直接组织事故调查组进行调查，也可以授权或者委托有关部门组织事故调查组进行调查。

未造成人员伤亡的一般事故，县级人民政府也可以委托事故发生单位组织事故调查组进行调查。

第二十条 上级人民政府认为必要时，可以调查由下级人民政府负责调查的事故。

自事故发生之日起 30 日内（道路交通事故、火灾事故自发生之日起 7 日内），因事故伤亡人数变化导致事故等级发生变化，依照本条例规定应当由上级人民政府负责调查的，上级人民政府可以另行组织事故调查组进行调查。

第二十一条 特别重大事故以下等级事故，事故发生地与事故发生单位不在同一个县级以上行政区域的，由事故发生地人民政府负责调查，事故发生单位所在地人民政府应当派人参加。

第二十二条 事故调查组的组成应当遵循精简、效能的原则。

根据事故的具体情况，事故调查组由有关人民政府、安全生产监督管理部门、负有安全生产监督管理职责的有关部门、监察机关、公安机关以及工会派人组成，并应当邀请人民检察院派人参加。

事故调查组可以聘请有关专家参与调查。

第二十三条 事故调查组成员应当具有事故调查所需要的知识和专长，并与所调查的事故没有直接利害关系。

第二十四条 事故调查组组长由负责事故调查的人民政府指定。事故调查组组长主持事故调查组的工作。

第二十五条 事故调查组履行下列职责：

（一）查明事故发生的经过、原因、人员伤亡情况及直接经济损失；

（二）认定事故的性质和事故责任；

（三）提出对事故责任者的处理建议；

（四）总结事故教训，提出防范和整改措施；

（五）提交事故调查报告。

第二十六条 事故调查组有权向有关单位和个人了解与事故有关的情况，并要求其提供相关文件、资料，有关单位和个人不得拒绝。

事故发生单位的负责人和有关人员在事故调查期间不得擅离职守，并应当随时接受事故调查组的询问，如实提供有关情况。

事故调查中发现涉嫌犯罪的，事故调查组应当及时将有关材料或者其复印件移交司法机关处理。

第二十七条 事故调查中需要进行技术鉴定的，事故调查组应当委托具有国家规定资质的单位进行技术鉴定。必要时，事故调查组可以直接组织专家进行技术鉴定。技术鉴定所需时间不计入事故调查期限。

第二十八条 事故调查组成员在事故调查工作中应当诚信公正、恪尽职守，遵守事故调查组的纪律，保守事故调查的秘密。

未经事故调查组组长允许，事故调查组成员不得擅自发布有关事故的信息。

第二十九条 事故调查组应当自事故发生之日起 60 日内提交事故调查报告；特殊情况下，经负责事故调查的人民政府批准，提交事故调查报告的期限可以适当延长，但延长的期限最长不超过 60 日。

第三十条 事故调查报告应当包括下列内容：

（一）事故发生单位概况；

（二）事故发生经过和事故救援情况；

（三）事故造成的人员伤亡和直接经济损失；

（四）事故发生的原因和事故性质；

（五）事故责任的认定以及对事故责任者的处理建议；

（六）事故防范和整改措施。

事故调查报告应当附具有关证据材料。事故调查组成员应当在事故调查报告上签名。

第三十一条 事故调查报告报送负责事故调查的人民政府后，事故调查工作即告结束。事故调查的有关资料应当归档保存。

第四章 事故处理

第三十二条 重大事故、较大事故、一般事故，负责事故调查的人民政府应当自收到事故调查报告之日起 15 日内做出批复；特别重大事故，30 日内做出批复，特殊情况下，批复时间可以适当延长，但延长的时间最长不超过 30 日。

有关机关应当按照人民政府的批复，依照法律、行政法规规定的权限和程序，对事故发生单位和有关人员进行行政处罚，对负有事故责任的国家工作人员进行处分。

事故发生单位应当按照负责事故调查的人民政府的批复，对本单位负有事故责任的人员进行处理。

负有事故责任的人员涉嫌犯罪的，依法追究刑事责任。

第三十三条 事故发生单位应当认真吸取事故教训，落实防范和整改措施，防止事故再次发生。防范和整改措施的落实情况应当接受工会和职工的监督。

安全生产监督管理部门和负有安全生产监督管理职责的有关部门应当对事故发生单位落实防范和整改措施的情况进行监督检查。

第三十四条 事故处理的情况由负责事故调查的人民政府或者其授权的有关部门、机构向社会公布，依法应当保密的除外。

第五章 法律责任

第三十五条 事故发生单位主要负责人有下列行为之一的，处上一年年收入 40% 至 80% 的罚款；属于国家工作人员的，并依法给予处分；构成犯罪的，依法追究刑事责任：

（一）不立即组织事故抢救的；

（二）迟报或者漏报事故的；

（三）在事故调查处理期间擅离职守的。

第三十六条 事故发生单位及其有关人员有下列行为之一的，对事故发生单位处 100 万元以上 500 万元以下的罚款；对主要负责人、直接负责的主管人员和其他直接责任人员处上一年年收入 60% 至 100% 的罚款；属于国家工作人员的，并依法给予处分；构成违反治安管理行为的，由公安机关依法给予治安管理处罚；构成犯罪的，依法追究刑事责任：

（一）谎报或者瞒报事故的；

（二）伪造或者故意破坏事故现场的；

（三）转移、隐匿资金、财产，或者销毁有关证据、资料的；

（四）拒绝接受调查或者拒绝提供有关情况和资料的；
（五）在事故调查中作伪证或者指使他人作伪证的；
（六）事故发生后逃匿的。

第三十七条 事故发生单位对事故发生负有责任的，依照下列规定处以罚款：
（一）发生一般事故的，处 10 万元以上 20 万元以下的罚款；
（二）发生较大事故的，处 20 万元以上 50 万元以下的罚款；
（三）发生重大事故的，处 50 万元以上 200 万元以下的罚款；
（四）发生特别重大事故的，处 200 万元以上 500 万元以下的罚款。

第三十八条 事故发生单位主要负责人未依法履行安全生产管理职责，导致事故发生的，依照下列规定处以罚款；属于国家工作人员的，并依法给予处分；构成犯罪的，依法追究刑事责任：
（一）发生一般事故的，处上一年年收入 30% 的罚款；
（二）发生较大事故的，处上一年年收入 40% 的罚款；
（三）发生重大事故的，处上一年年收入 60% 的罚款；
（四）发生特别重大事故的，处上一年年收入 80% 的罚款。

第三十九条 有关地方人民政府、安全生产监督管理部门和负有安全生产监督管理职责的有关部门有下列行为之一的，对直接负责的主管人员和其他直接责任人员依法给予处分；构成犯罪的，依法追究刑事责任：
（一）不立即组织事故抢救的；
（二）迟报、漏报、谎报或者瞒报事故的；
（三）阻碍、干涉事故调查工作的；
（四）在事故调查中作伪证或者指使他人作伪证的。

第四十条 事故发生单位对事故发生负有责任的，由有关部门依法暂扣或者吊销其有关证照；对事故发生单位负有事故责任的有关人员，依法暂停或者撤销其与安全生产有关的执业资格、岗位证书；事故发生单位主要负责人受到刑事处罚或者撤职处分的，自刑罚执行完毕或者受处分之日起，5 年内不得担任任何生产经营单位的主要负责人。

为发生事故的单位提供虚假证明的中介机构，由有关部门依法暂扣或者吊销其有关证照及其相关人员的执业资格；构成犯罪的，依法追究刑事责任。

第四十一条 参与事故调查的人员在事故调查中有下列行为之一的，依法给予处分；构成犯罪的，依法追究刑事责任：
（一）对事故调查工作不负责任，致使事故调查工作有重大疏漏的；
（二）包庇、袒护负有事故责任的人员或者借机打击报复的。

第四十二条 违反本条例规定，有关地方人民政府或者有关部门故意拖延或者拒绝落实经批复的对事故责任人的处理意见的，由监察机关对有关责任人员依法给予处分。

第四十三条 本条例规定的罚款的行政处罚，由安全生产监督管理部门决定。

法律、行政法规对行政处罚的种类、幅度和决定机关另有规定的，依照其规定。

第六章　附　则

第四十四条　没有造成人员伤亡，但是社会影响恶劣的事故，国务院或者有关地方人民政府认为需要调查处理的，依照本条例的有关规定执行。

国家机关、事业单位、人民团体发生的事故的报告和调查处理，参照本条例的规定执行。

第四十五条　特别重大事故以下等级事故的报告和调查处理，有关法律、行政法规或者国务院另有规定的，依照其规定。

第四十六条　本条例自 2007 年 6 月 1 日起施行。国务院 1989 年 3 月 29 日公布的《特别重大事故调查程序暂行规定》和 1991 年 2 月 22 日公布的《企业职工伤亡事故报告和处理规定》同时废止。

（四）特种设备安全监察条例

（2003年3月11日中华人民共和国国务院令第373号公布，2009年1月24日中华人民共和国国务院令第549号修正）

第一章 总 则

第一条 为了加强特种设备的安全监察，防止和减少事故，保障人民群众生命和财产安全，促进经济发展，制定本条例。

第二条 本条例所称特种设备是指涉及生命安全、危险性较大的锅炉、压力容器（含气瓶，下同）、压力管道、电梯、起重机械、客运索道、大型游乐设施和场（厂）内专用机动车辆。

前款特种设备的目录由国务院负责特种设备安全监督管理的部门（以下简称国务院特种设备安全监督管理部门）制订，报国务院批准后执行。

第三条 特种设备的生产（含设计、制造、安装、改造、维修，下同）、使用、检验检测及其监督检查，应当遵守本条例，但本条例另有规定的除外。

军事装备、核设施、航空航天器、铁路机车、海上设施和船舶以及矿山井下使用的特种设备、民用机场专用设备的安全监察不适用本条例。

房屋建筑工地和市政工程工地用起重机械、场（厂）内专用机动车辆的安装、使用的监督管理，由建设行政主管部门依照有关法律、法规的规定执行。

第四条 国务院特种设备安全监督管理部门负责全国特种设备的安全监察工作，县以上地方负责特种设备安全监督管理的部门对本行政区域内特种设备实施安全监察（以下统称特种设备安全监督管理部门）。

第五条 特种设备生产、使用单位应当建立健全特种设备安全、节能管理制度和岗位安全、节能责任制度。

特种设备生产、使用单位的主要负责人应当对本单位特种设备的安全和节能全面负责。

特种设备生产、使用单位和特种设备检验检测机构，应当接受特种设备安全监督管理部门依法进行的特种设备安全监察。

第六条 特种设备检验检测机构，应当依照本条例规定，进行检验检测工作，对其检验检测结果、鉴定结论承担法律责任。

第七条 县级以上地方人民政府应当督促、支持特种设备安全监督管理部门依法履行安全监察职责，对特种设备安全监察中存在的重大问题及时予以协调、解决。

第八条 国家鼓励推行科学的管理方法，采用先进技术，提高特种设备安全性能和管理水平，增强特种设备生产、使用单位防范事故的能力，对取得显著成绩的单位和个人，给予奖励。

国家鼓励特种设备节能技术的研究、开发、示范和推广，促进特种设备节能技术创新和应用。

特种设备生产、使用单位和特种设备检验检测机构，应当保证必要的安全和节能投入。

国家鼓励实行特种设备责任保险制度，提高事故赔付能力。

第九条 任何单位和个人对违反本条例规定的行为，有权向特种设备安全监督管理部门和行政监察等有关部门举报。

特种设备安全监督管理部门应当建立特种设备安全监察举报制度，公布举报电话、信箱或者电子邮件地址，受理对特种设备生产、使用和检验检测违法行为的举报，并及时予以处理。

特种设备安全监督管理部门和行政监察等有关部门应当为举报人保密，并按照国家有关规定给予奖励。

第二章 特种设备的生产

第十条 特种设备生产单位，应当依照本条例规定以及国务院特种设备安全监督管理部门制订并公布的安全技术规范（以下简称安全技术规范）的要求,进行生产活动。

特种设备生产单位对其生产的特种设备的安全性能和能效指标负责，不得生产不符合安全性能要求和能效指标的特种设备，不得生产国家产业政策明令淘汰的特种设备。

第十一条 压力容器的设计单位应当经国务院特种设备安全监督管理部门许可，方可从事压力容器的设计活动。

压力容器的设计单位应当具备下列条件：

（一）有与压力容器设计相适应的设计人员、设计审核人员；

（二）有与压力容器设计相适应的场所和设备；

（三）有与压力容器设计相适应的健全的管理制度和责任制度。

第十二条 锅炉、压力容器中的气瓶（以下简称气瓶）、氧舱和客运索道、大型游乐设施以及高耗能特种设备的设计文件，应当经国务院特种设备安全监督管理部门核准的检验检测机构鉴定，方可用于制造。

第十三条 按照安全技术规范的要求，应当进行型式试验的特种设备产品、部件或者试制特种设备新产品、新部件、新材料，必须进行型式试验和能效测试。

第十四条 锅炉、压力容器、电梯、起重机械、客运索道、大型游乐设施及其安全附件、安全保护装置的制造、安装、改造单位，以及压力管道用管子、管件、阀门、法兰、补偿器、安全保护装置等（以下简称压力管道元件）的制造单位和场（厂）内专用机动车辆的制造、改造单位，应当经国务院特种设备安全监督管理部门许可，方可从事相应的活动。

前款特种设备的制造、安装、改造单位应当具备下列条件：

（一）有与特种设备制造、安装、改造相适应的专业技术人员和技术工人；

（二）有与特种设备制造、安装、改造相适应的生产条件和检测手段；

（三）有健全的质量管理制度和责任制度。

第十五条 特种设备出厂时，应当附有安全技术规范要求的设计文件、产品质量合格证明、安装及使用维修说明、监督检验证明等文件。

第十六条 锅炉、压力容器、电梯、起重机械、客运索道、大型游乐设施、场（厂）内专用机动车辆的维修单位，应当有与特种设备维修相适应的专业技术人员和技术工人以及必要的检测手段，并经省、自治区、直辖市特种设备安全监督管理部门许可，方可从事相应的维修活动。

第十七条 锅炉、压力容器、起重机械、客运索道、大型游乐设施的安装、改造、维修以及场（厂）内专用机动车辆的改造、维修，必须由依照本条例取得许可的单位进行。

电梯的安装、改造、维修，必须由电梯制造单位或者其通过合同委托、同意的依照本条例取得许可的单位进行。电梯制造单位对电梯质量以及安全运行涉及的质量问题负责。

特种设备安装、改造、维修的施工单位应当在施工前将拟进行的特种设备安装、改造、维修情况书面告知直辖市或者设区的市的特种设备安全监督管理部门，告知后即可施工。

第十八条 电梯井道的土建工程必须符合建筑工程质量要求。电梯安装施工过程中，电梯安装单位应当遵守施工现场的安全生产要求，落实现场安全防护措施。电梯安装施工过程中，施工现场的安全生产监督，由有关部门依照有关法律、行政法规的规定执行。

电梯安装施工过程中，电梯安装单位应当服从建筑施工总承包单位对施工现场的安全生产管理，并订立合同，明确各自的安全责任。

第十九条 电梯的制造、安装、改造和维修活动，必须严格遵守安全技术规范的要求。电梯制造单位委托或者同意其他单位进行电梯安装、改造、维修活动的，应当对其安装、改造、维修活动进行安全指导和监控。电梯的安装、改造、维修活动结束后，电梯制造单位应当按照安全技术规范的要求对电梯进行校验和调试，并对校验和调试的结果负责。

第二十条 锅炉、压力容器、电梯、起重机械、客运索道、大型游乐设施的安装、改造、维修以及场（厂）内专用机动车辆的改造、维修竣工后，安装、改造、维修的施工单位应当在验收后30日内将有关技术资料移交使用单位，高耗能特种设备还应当按照安全技术规范的要求提交能效测试报告。使用单位应当将其存入该特种设备的安全技术档案。

第二十一条 锅炉、压力容器、压力管道元件、起重机械、大型游乐设施的制造过程和锅炉、压力容器、电梯、起重机械、客运索道、大型游乐设施的安装、改造、重大维修过程，必须经国务院特种设备安全监督管理部门核准的检验检测机构按照安全技术规范的要求进行监督检验；未经监督检验合格的不得出厂或者交付使用。

第二十二条 移动式压力容器、气瓶充装单位应当经省、自治区、直辖市的特种设备安全监督管理部门许可，方可从事充装活动。

充装单位应当具备下列条件：

（一）有与充装和管理相适应的管理人员和技术人员；

（二）有与充装和管理相适应的充装设备、检测手段、场地厂房、器具、安全设施；

（三）有健全的充装管理制度、责任制度、紧急处理措施。

气瓶充装单位应当向气体使用者提供符合安全技术规范要求的气瓶，对使用者进行气瓶安全使用指导，并按照安全技术规范的要求办理气瓶使用登记，提出气瓶的定期检验要求。

第三章 特种设备的使用

第二十三条 特种设备使用单位，应当严格执行本条例和有关安全生产的法律、行政法规的规定，保证特种设备的安全使用。

第二十四条 特种设备使用单位应当使用符合安全技术规范要求的特种设备。特种设备投入使用前，使用单位应当核对其是否附有本条例第十五条规定的相关文件。

第二十五条 特种设备在投入使用前或者投入使用后30日内，特种设备使用单位应当向直辖市或者设区的市的特种设备安全监督管理部门登记。登记标志应当置于或者附着于该特种设备的显著位置。

第二十六条 特种设备使用单位应当建立特种设备安全技术档案。安全技术档案应当包括以下内容：

（一）特种设备的设计文件、制造单位、产品质量合格证明、使用维护说明等文件以及安装技术文件和资料；

（二）特种设备的定期检验和定期自行检查的记录；

（三）特种设备的日常使用状况记录；

（四）特种设备及其安全附件、安全保护装置、测量调控装置及有关附属仪器仪表的日常维护保养记录；

（五）特种设备运行故障和事故记录；

（六）高耗能特种设备的能效测试报告、能耗状况记录以及节能改造技术资料。

第二十七条 特种设备使用单位应当对在用特种设备进行经常性日常维护保养，并定期自行检查。

特种设备使用单位对在用特种设备应当至少每月进行一次自行检查，并作出记录。特种设备使用单位在对在用特种设备进行自行检查和日常维护保养时发现异常情况的，应当及时处理。

特种设备使用单位应当对在用特种设备的安全附件、安全保护装置、测量调控装置及有关附属仪器仪表进行定期校验、检修，并作出记录。

锅炉使用单位应当按照安全技术规范的要求进行锅炉水（介）质处理，并接受特种设备检验检测机构实施的水（介）质处理定期检验。

从事锅炉清洗的单位，应当按照安全技术规范的要求进行锅炉清洗，并接受特种设备检验检测机构实施的锅炉清洗过程监督检验。

第二十八条 特种设备使用单位应当按照安全技术规范的定期检验要求，在安全检验合格有效期届满前 1 个月向特种设备检验检测机构提出定期检验要求。

检验检测机构接到定期检验要求后，应当按照安全技术规范的要求及时进行安全性能检验和能效测试。

未经定期检验或者检验不合格的特种设备，不得继续使用。

第二十九条 特种设备出现故障或者发生异常情况，使用单位应当对其进行全面检查，消除事故隐患后，方可重新投入使用。

特种设备不符合能效指标的，特种设备使用单位应当采取相应措施进行整改。

第三十条 特种设备存在严重事故隐患，无改造、维修价值，或者超过安全技术规范规定使用年限，特种设备使用单位应当及时予以报废，并应当向原登记的特种设备安全监督管理部门办理注销。

第三十一条 电梯的日常维护保养必须由依照本条例取得许可的安装、改造、维修单位或者电梯制造单位进行。

电梯应当至少每 15 日进行一次清洁、润滑、调整和检查。

第三十二条 电梯的日常维护保养单位应当在维护保养中严格执行国家安全技术规范的要求，保证其维护保养的电梯的安全技术性能，并负责落实现场安全防护措施，保证施工安全。

电梯的日常维护保养单位，应当对其维护保养的电梯的安全性能负责。接到故障通知后，应当立即赶赴现场，并采取必要的应急救援措施。

第三十三条 电梯、客运索道、大型游乐设施等为公众提供服务的特种设备运营使用单位，应当设置特种设备安全管理机构或者配备专职的安全管理人员；其他特种设备使用单位，应当根据情况设置特种设备安全管理机构或者配备专职、兼职的安全管理人员。

特种设备的安全管理人员应当对特种设备使用状况进行经常性检查，发现问题的应当立即处理；情况紧急时，可以决定停止使用特种设备并及时报告本单位有关负责人。

第三十四条 客运索道、大型游乐设施的运营使用单位在客运索道、大型游乐设施每日投入使用前，应当进行试运行和例行安全检查，并对安全装置进行检查确认。

电梯、客运索道、大型游乐设施的运营使用单位应当将电梯、客运索道、大型游乐设施的安全注意事项和警示标志置于易于为乘客注意的显著位置。

第三十五条 客运索道、大型游乐设施的运营使用单位的主要负责人应当熟悉客运索道、大型游乐设施的相关安全知识，并全面负责客运索道、大型游乐设施的安全使用。

客运索道、大型游乐设施的运营使用单位的主要负责人至少应当每月召开一次会议，督促、检查客运索道、大型游乐设施的安全使用工作。

客运索道、大型游乐设施的运营使用单位，应当结合本单位的实际情况，配备相应数量的营救装备和急救物品。

第三十六条 电梯、客运索道、大型游乐设施的乘客应当遵守使用安全注意事项的要求，服从有关工作人员的指挥。

第三十七条 电梯投入使用后，电梯制造单位应当对其制造的电梯的安全运行情况进行跟踪调查和了解，对电梯的日常维护保养单位或者电梯的使用单位在安全运行方面存在的问题，提出改进建议，并提供必要的技术帮助。发现电梯存在严重事故隐患的，应当及时向特种设备安全监督管理部门报告。电梯制造单位对调查和了解的情况，应当作出记录。

第三十八条 锅炉、压力容器、电梯、起重机械、客运索道、大型游乐设施、场（厂）内专用机动车辆的作业人员及其相关管理人员（以下统称特种设备作业人员），应当按照国家有关规定经特种设备安全监督管理部门考核合格，取得国家统一格式的特种作业人员证书，方可从事相应的作业或者管理工作。

第三十九条 特种设备使用单位应当对特种设备作业人员进行特种设备安全、节能教育和培训，保证特种设备作业人员具备必要的特种设备安全、节能知识。

特种设备作业人员在作业中应当严格执行特种设备的操作规程和有关的安全规章制度。

第四十条 特种设备作业人员在作业过程中发现事故隐患或者其他不安全因素，应当立即向现场安全管理人员和单位有关负责人报告。

第四章 检验检测

第四十一条 从事本条例规定的监督检验、定期检验、型式试验以及专门为特种设备生产、使用、检验检测提供无损检测服务的特种设备检验检测机构，应当经国务院特种设备安全监督管理部门核准。

特种设备使用单位设立的特种设备检验检测机构，经国务院特种设备安全监督管理部门核准，负责本单位核准范围内的特种设备定期检验工作。

第四十二条 特种设备检验检测机构，应当具备下列条件：

（一）有与所从事的检验检测工作相适应的检验检测人员；

（二）有与所从事的检验检测工作相适应的检验检测仪器和设备；

（三）有健全的检验检测管理制度、检验检测责任制度。

第四十三条 特种设备的监督检验、定期检验、型式试验和无损检测应当由依照本条例经核准的特种设备检验检测机构进行。

特种设备检验检测工作应当符合安全技术规范的要求。

第四十四条 从事本条例规定的监督检验、定期检验、型式试验和无损检测的特种设备检验检测人员应当经国务院特种设备安全监督管理部门组织考核合格，取得检验检测人员证书，方可从事检验检测工作。

检验检测人员从事检验检测工作，必须在特种设备检验检测机构执业，但不得同时在两个以上检验检测机构中执业。

第四十五条 特种设备检验检测机构和检验检测人员进行特种设备检验检测，应当遵循诚信原则和方便企业的原则，为特种设备生产、使用单位提供可靠、便捷的检验检测服务。

特种设备检验检测机构和检验检测人员对涉及的被检验检测单位的商业秘密，负有保密义务。

第四十六条 特种设备检验检测机构和检验检测人员应当客观、公正、及时地出具检验检测结果、鉴定结论。检验检测结果、鉴定结论经检验检测人员签字后，由检验检测机构负责人签署。

特种设备检验检测机构和检验检测人员对检验检测结果、鉴定结论负责。

国务院特种设备安全监督管理部门应当组织对特种设备检验检测机构的检验检测结果、鉴定结论进行监督抽查。县以上地方负责特种设备安全监督管理的部门在本行政区域内也可以组织监督抽查，但是要防止重复抽查。监督抽查结果应当向社会公布。

第四十七条 特种设备检验检测机构和检验检测人员不得从事特种设备的生产、销售，不得以其名义推荐或者监制、监销特种设备。

第四十八条 特种设备检验检测机构进行特种设备检验检测，发现严重事故隐患或者能耗严重超标的，应当及时告知特种设备使用单位，并立即向特种设备安全监督管理部门报告。

第四十九条 特种设备检验检测机构和检验检测人员利用检验检测工作故意刁难特种设备生产、使用单位，特种设备生产、使用单位有权向特种设备安全监督管理部门投诉，接到投诉的特种设备安全监督管理部门应当及时进行调查处理。

第五章 监督检查

第五十条 特种设备安全监督管理部门依照本条例规定，对特种设备生产、使用单位和检验检测机构实施安全监察。

对学校、幼儿园以及车站、客运码头、商场、体育场馆、展览馆、公园等公众聚集场所的特种设备，特种设备安全监督管理部门应当实施重点安全监察。

第五十一条 特种设备安全监督管理部门根据举报或者取得的涉嫌违法证据，对涉嫌违反本条例规定的行为进行查处时，可以行使下列职权：

（一）向特种设备生产、使用单位和检验检测机构的法定代表人、主要负责人和其他有关人员调查、了解与涉嫌从事违反本条例的生产、使用、检验检测有关的情况；

（二）查阅、复制特种设备生产、使用单位和检验检测机构的有关合同、发票、账簿以及其他有关资料；

（三）对有证据表明不符合安全技术规范要求的或者有其他严重事故隐患、能耗严重超标的特种设备，予以查封或者扣押。

第五十二条 依照本条例规定实施许可、核准、登记的特种设备安全监督管理部门，应当严格依照本条例规定条件和安全技术规范要求对有关事项进行审查；不符合本条例规定条件和安全技术规范要求的，不得许可、核准、登记；在申请办理许可、核准期间，特种设备安全监督管理部门发现申请人未经许可从事特种设备相应活动或者伪造许可、核准证书的，不予受理或者不予许可、核准，并在 1 年内不再受理其新的许可、核准申请。

未依法取得许可、核准、登记的单位擅自从事特种设备的生产、使用或者检验检测活动的，特种设备安全监督管理部门应当依法予以处理。

违反本条例规定，被依法撤销许可的，自撤销许可之日起 3 年内，特种设备安全监督管理部门不予受理其新的许可申请。

第五十三条 特种设备安全监督管理部门在办理本条例规定的有关行政审批事项时，其受理、审查、许可、核准的程序必须公开，并应当自受理申请之日起 30 日内，作出许可、核准或者不予许可、核准的决定；不予许可、核准的，应当书面向申请人说明理由。

第五十四条 地方各级特种设备安全监督管理部门不得以任何形式进行地方保护和地区封锁，不得对已经依照本条例规定在其他地方取得许可的特种设备生产单位重复进行许可，也不得要求对依照本条例规定在其他地方检验检测合格的特种设备，重复进行检验检测。

第五十五条 特种设备安全监督管理部门的安全监察人员（以下简称特种设备安全监察人员）应当熟悉相关法律、法规、规章和安全技术规范，具有相应的专业知识和工作经验，并经国务院特种设备安全监督管理部门考核，取得特种设备安全监察人员证书。

特种设备安全监察人员应当忠于职守、坚持原则、秉公执法。

第五十六条 特种设备安全监督管理部门对特种设备生产、使用单位和检验检测机构实施安全监察时，应当有两名以上特种设备安全监察人员参加，并出示有效的特种设备安全监察人员证件。

第五十七条 特种设备安全监督管理部门对特种设备生产、使用单位和检验检测机构实施安全监察，应当对每次安全监察的内容、发现的问题及处理情况，作出记录，并由参加安全监察的特种设备安全监察人员和被检查单位的有关负责人签字后归档。被检查单位的有关负责人拒绝签字的，特种设备安全监察人员应当将情况记录在案。

第五十八条 特种设备安全监督管理部门对特种设备生产、使用单位和检验检测机构进行安全监察时，发现有违反本条例规定和安全技术规范要求的行为或者在用的特种设备存在事故隐患、不符合能效指标的，应当以书面形式发出特种设备安全监察指令，责令有关单位及时采取措施，予以改正或者消除事故隐患。紧急情况下需要采取紧急处置措施的，应当随后补发书面通知。

第五十九条 特种设备安全监督管理部门对特种设备生产、使用单位和检验检测机构进行安全监察，发现重大违法行为或者严重事故隐患时，应当在采取必要措施的同时，及时向上级特种设备安全监督管理部门报告。接到报告的特种设备安全监督管理部门应当采取必要措施，及时予以处理。

对违法行为、严重事故隐患或者不符合能效指标的处理需要当地人民政府和有关部门的支持、配合时，特种设备安全监督管理部门应当报告当地人民政府，并通知其他有关部门。当地人民政府和其他有关部门应当采取必要措施，及时予以处理。

第六十条 国务院特种设备安全监督管理部门和省、自治区、直辖市特种设备安全监督管理部门应当定期向社会公布特种设备安全以及能效状况。

公布特种设备安全以及能效状况，应当包括下列内容：

（一）特种设备质量安全状况；

（二）特种设备事故的情况、特点、原因分析、防范对策；

（三）特种设备能效状况；

（四）其他需要公布的情况。

第六章 事故预防和调查处理

第六十一条 有下列情形之一的，为特别重大事故：

（一）特种设备事故造成 30 人以上死亡，或者 100 人以上重伤（包括急性工业中毒，下同），或者 1 亿元以上直接经济损失的；

（二）600 兆瓦以上锅炉爆炸的；

（三）压力容器、压力管道有毒介质泄漏，造成 15 万人以上转移的；

（四）客运索道、大型游乐设施高空滞留 100 人以上并且时间在 48 小时以上的。

第六十二条 有下列情形之一的，为重大事故：

（一）特种设备事故造成 10 人以上 30 人以下死亡，或者 50 人以上 100 人以下重伤，或者 5000 万元以上 1 亿元以下直接经济损失的；

（二）600 兆瓦以上锅炉因安全故障中断运行 240 小时以上的；

（三）压力容器、压力管道有毒介质泄漏，造成 5 万人以上 15 万人以下转移的；

（四）客运索道、大型游乐设施高空滞留 100 人以上并且时间在 24 小时以上 48 小时以下的。

第六十三条 有下列情形之一的，为较大事故：

（一）特种设备事故造成 3 人以上 10 人以下死亡，或者 10 人以上 50 人以下重伤，或者 1000 万元以上 5000 万元以下直接经济损失的；

（二）锅炉、压力容器、压力管道爆炸的；

（三）压力容器、压力管道有毒介质泄漏，造成 1 万人以上 5 万人以下转移的；

（四）起重机械整体倾覆的；

（五）客运索道、大型游乐设施高空滞留人员 12 小时以上的。

第六十四条 有下列情形之一的，为一般事故：

（一）特种设备事故造成 3 人以下死亡，或者 10 人以下重伤，或者 1 万元以上 1000 万元以下直接经济损失的；

（二）压力容器、压力管道有毒介质泄漏，造成 500 人以上 1 万人以下转移的；

（三）电梯轿厢滞留人员 2 小时以上的；

（四）起重机械主要受力结构件折断或者起升机构坠落的；

（五）客运索道高空滞留人员 3.5 小时以上 12 小时以下的；

（六）大型游乐设施高空滞留人员 1 小时以上 12 小时以下的。

除前款规定外，国务院特种设备安全监督管理部门可以对一般事故的其他情形做出补充规定。

第六十五条 特种设备安全监督管理部门应当制定特种设备应急预案。特种设备使用单位应当制定事故应急专项预案，并定期进行事故应急演练。

压力容器、压力管道发生爆炸或者泄漏，在抢险救援时应当区分介质特性，严格按照相关预案规定程序处理，防止二次爆炸。

第六十六条 特种设备事故发生后，事故发生单位应当立即启动事故应急预案，组织抢救，防止事故扩大，减少人员伤亡和财产损失，并及时向事故发生地县以上特种设备安全监督管理部门和有关部门报告。

县以上特种设备安全监督管理部门接到事故报告，应当尽快核实有关情况，立即向所在地人民政府报告，并逐级上报事故情况。必要时，特种设备安全监督管理部门可以越级上报事故情况。对特别重大事故、重大事故，国务院特种设备安全监督管理部门应当立即报告国务院并通报国务院安全生产监督管理部门等有关部门。

第六十七条 特别重大事故由国务院或者国务院授权有关部门组织事故调查组进行调查。

重大事故由国务院特种设备安全监督管理部门会同有关部门组织事故调查组进行调查。

较大事故由省、自治区、直辖市特种设备安全监督管理部门会同有关部门组织事故调查组进行调查。

一般事故由设区的市的特种设备安全监督管理部门会同有关部门组织事故调查组进行调查。

第六十八条 事故调查报告应当由负责组织事故调查的特种设备安全监督管理部门的所在地人民政府批复，并报上一级特种设备安全监督管理部门备案。

有关机关应当按照批复，依照法律、行政法规规定的权限和程序，对事故责任单位和有关人员进行行政处罚，对负有事故责任的国家工作人员进行处分。

第六十九条 特种设备安全监督管理部门应当在有关地方人民政府的领导下，组织开展特种设备事故调查处理工作。

有关地方人民政府应当支持、配合上级人民政府或者特种设备安全监督管理部门的事故调查处理工作，并提供必要的便利条件。

第七十条 特种设备安全监督管理部门应当对发生事故的原因进行分析，并根据特种设备的管理和技术特点、事故情况对相关安全技术规范进行评估；需要制定或者修订相关安全技术规范的，应当及时制定或者修订。

第七十一条 本章所称的“以上”包括本数，所称的“以下”不包括本数。

第七章 法律责任

第七十二条 未经许可，擅自从事压力容器设计活动的，由特种设备安全监督管理部门予以取缔，处5万元以上20万元以下罚款；有违法所得的，没收违法所得；触犯刑律的，对负有责任的主管人员和其他直接责任人员依照刑法关于非法经营罪或者其他罪的规定，依法追究刑事责任。

第七十三条 锅炉、气瓶、氧舱和客运索道、大型游乐设施以及高耗能特种设备的设计文件，未经国务院特种设备安全监督管理部门核准的检验检测机构鉴定，擅自用于制造的，由特种设备安全监督管理部门责令改正，没收非法制造的产品，处5万元以上20万元以下罚款；触犯刑律的，对负有责任的主管人员和其他直接责任人员依照刑法关于生产、销售伪劣产品罪、非法经营罪或者其他罪的规定，依法追究刑事责任。

第七十四条 按照安全技术规范的要求应当进行型式试验的特种设备产品、部件或者试制特种设备新产品、新部件，未进行整机或者部件型式试验的，由特种设备安全监督管理部门责令限期改正；逾期未改正的，处2万元以上10万元以下罚款。

第七十五条 未经许可，擅自从事锅炉、压力容器、电梯、起重机械、客运索道、大型游乐设施、场（厂）内专用机动车辆及其安全附件、安全保护装置的制造、安装、改造以及压力管道元件的制造活动的，由特种设备安全监督管理部门予以取缔，没收非法制造的产品，已经实施安装、改造的，责令恢复原状或者责令限期由取得许可的单位重新安装、改造，处10万元以上50万元以下罚款；触犯刑律的，对负有责任的主管人员和其他直接责任人员依照刑法关于生产、销售伪劣产品罪、非法经营罪、重大责任事故罪或者其他罪的规定，依法追究刑事责任。

第七十六条 特种设备出厂时，未按照安全技术规范的要求附有设计文件、产品质量合格证明、安装及使用维修说明、监督检验证明等文件的，由特种设备安全监督管理部门责令改正；情节严重的，责令停止生产、销售，处违法生产、销售货值金额30%以下罚款；有违法所得的，没收违法所得。

第七十七条 未经许可，擅自从事锅炉、压力容器、电梯、起重机械、客运索道、大型游乐设施、场（厂）内专用机动车辆的维修或者日常维护保养的，由特种设备安全监督管理部门予以取缔，处1万元以上5万元以下罚款；有违法所得的，没收违法所得；触犯刑律的，对负有责任的主管人员和其他直接责任人员依照刑法关于非法经营罪、重大责任事故罪或者其他罪的规定，依法追究刑事责任。

第七十八条 锅炉、压力容器、电梯、起重机械、客运索道、大型游乐设施的安装、改造、维修的施工单位以及场（厂）内专用机动车辆的改造、维修单位，在施工前未将拟进行的特种设备安装、改造、维修情况书面告知直辖市或者设区的市的特种设备安全监督管理部门即行施工的，或者在验收后30日内未将有关技术资料移交锅炉、压力容器、电梯、起重机械、客运索道、大型游乐设施的使用单位的，由特种设备安全监督管理部门责令限期改正；逾期未改正的，处2000元以上1万元以下罚款。

第七十九条 锅炉、压力容器、压力管道元件、起重机械、大型游乐设施的制造过程和锅炉、压力容器、电梯、起重机械、客运索道、大型游乐设施的安装、改造、重大维修过程，以及锅炉清洗过程，未经国务院特种设备安全监督管理部门核准的检验检测机构按照安全技术规范的要求进行监督检验的，由特种设备安全监督管理部门责令改正，已经出厂的，没收违法生产、销售的产品，已经实施安装、改造、重大维修或者清洗的，责令限期进行监督检验，处5万元以上20万元以下罚款；有违法所得的，没收违法所得；情节严重的，撤销制造、安装、改造或者维修单位已经取得的许可，并由工商行政管理部门吊销其营业执照；触犯刑律的，对负有责任的主管人员和其他直接责任人员依照刑法关于生产、销售伪劣产品罪或者其他罪的规定，依法追究刑事责任。

第八十条 未经许可，擅自从事移动式压力容器或者气瓶充装活动的，由特种设备安全监督管理部门予以取缔，没收违法充装的气瓶，处10万元以上50万元以下罚款；有违法所得的，没收违法所得；触犯刑律的，对负有责任的主管人员和其他直接责任人员依照刑法关于非法经营罪或者其他罪的规定，依法追究刑事责任。

移动式压力容器、气瓶充装单位未按照安全技术规范的要求进行充装活动的，由特种设备安全监督管理部门责令改正，处2万元以上10万元以下罚款；情节严重的，撤销其充装资格。

第八十一条 电梯制造单位有下列情形之一的，由特种设备安全监督管理部门责令限期改正；逾期未改正的，予以通报批评：

（一）未依照本条例第十九条的规定对电梯进行校验、调试的；

（二）对电梯的安全运行情况进行跟踪调查和了解时，发现存在严重事故隐患，未及时向特种设备安全监督管理部门报告的。

第八十二条 已经取得许可、核准的特种设备生产单位、检验检测机构有下列行为之一的，由特种设备安全监督管理部门责令改正，处2万元以上10万元以下罚款；情节严重的，撤销其相应资格：

（一）未按照安全技术规范的要求办理许可证变更手续的；

（二）不再符合本条例规定或者安全技术规范要求的条件，继续从事特种设备生产、检验检测的；

（三）未依照本条例规定或者安全技术规范要求进行特种设备生产、检验检测的；

（四）伪造、变造、出租、出借、转让许可证书或者监督检验报告的。

第八十三条 特种设备使用单位有下列情形之一的，由特种设备安全监督管理部门责令限期改正；逾期未改正的，处2000元以上2万元以下罚款；情节严重的，责令停止使用或者停产停业整顿：

（一）特种设备投入使用前或者投入使用后30日内，未向特种设备安全监督管理部门登记，擅自将其投入使用的；

（二）未依照本条例第二十六条的规定，建立特种设备安全技术档案的；

（三）未依照本条例第二十七条的规定，对在用特种设备进行经常性日常维护保养和定期自行检查的，或者对在用特种设备的安全附件、安全保护装置、测量调控装置及有关附属仪器仪表进行定期校验、检修，并作出记录的；

（四）未按照安全技术规范的定期检验要求，在安全检验合格有效期届满前1个月向特种设备检验检测机构提出定期检验要求的；

（五）使用未经定期检验或者检验不合格的特种设备的；

（六）特种设备出现故障或者发生异常情况，未对其进行全面检查、消除事故隐患，继续投入使用的；

（七）未制定特种设备事故应急专项预案的；

（八）未依照本条例第三十一条第二款的规定，对电梯进行清洁、润滑、调整和检查的；

（九）未按照安全技术规范要求进行锅炉水（介）质处理的；

（十）特种设备不符合能效指标，未及时采取相应措施进行整改的。

特种设备使用单位使用未取得生产许可的单位生产的特种设备或者将非承压锅炉、非压力容器作为承压锅炉、压力容器使用的，由特种设备安全监督管理部门责令停止使用，予以没收，处2万元以上10万元以下罚款。

第八十四条 特种设备存在严重事故隐患，无改造、维修价值，或者超过安全技术规范规定的使用年限，特种设备使用单位未予以报废，并向原登记的特种设备安全监督管理部门办理注销的，由特种设备安全监督管理部门责令限期改正；逾期未改正的，处5万元以上20万元以下罚款。

第八十五条 电梯、客运索道、大型游乐设施的运营使用单位有下列情形之一的，由特种设备安全监督管理部门责令限期改正；逾期未改正的，责令停止使用或者停产停业整顿，处1万元以上5万元以下罚款：

（一）客运索道、大型游乐设施每日投入使用前，未进行试运行和例行安全检查，并对安全装置进行检查确认的；

（二）未将电梯、客运索道、大型游乐设施的安全注意事项和警示标志置于易于为乘客注意的显著位置的。

第八十六条 特种设备使用单位有下列情形之一的，由特种设备安全监督管理部门责令限期改正；逾期未改正的，责令停止使用或者停产停业整顿，处2000元以上2万元以下罚款：

（一）未依照本条例规定设置特种设备安全管理机构或者配备专职、兼职的安全管理人员的；

（二）从事特种设备作业的人员，未取得相应特种作业人员证书，上岗作业的；

（三）未对特种设备作业人员进行特种设备安全教育和培训的。

第八十七条 发生特种设备事故，有下列情形之一的，对单位，由特种设备安全监督管理部门处 5 万元以上 20 万元以下罚款；对主要负责人，由特种设备安全监督管理部门处 4000 元以上 2 万元以下罚款；属于国家工作人员的，依法给予处分；触犯刑律的，依照刑法关于重大责任事故罪或者其他罪的规定，依法追究刑事责任：

（一）特种设备使用单位的主要负责人在本单位发生特种设备事故时，不立即组织抢救或者在事故调查处理期间擅离职守或者逃匿的；

（二）特种设备使用单位的主要负责人对特种设备事故隐瞒不报、谎报或者拖延不报的。

第八十八条 对事故发生负有责任的单位，由特种设备安全监督管理部门依照下列规定处以罚款：

（一）发生一般事故的，处 10 万元以上 20 万元以下罚款；

（二）发生较大事故的，处 20 万元以上 50 万元以下罚款；

（三）发生重大事故的，处 50 万元以上 200 万元以下罚款。

第八十九条 对事故发生负有责任的单位的主要负责人未依法履行职责，导致事故发生的，由特种设备安全监督管理部门依照下列规定处以罚款；属于国家工作人员的，并依法给予处分；触犯刑律的，依照刑法关于重大责任事故罪或者其他罪的规定，依法追究刑事责任：

（一）发生一般事故的，处上一年年收入 30% 的罚款；

（二）发生较大事故的，处上一年年收入 40% 的罚款；

（三）发生重大事故的，处上一年年收入 60% 的罚款。

第九十条 特种设备作业人员违反特种设备的操作规程和有关的安全规章制度操作，或者在作业过程中发现事故隐患或者其他不安全因素，未立即向现场安全管理人员和单位有关负责人报告的，由特种设备使用单位给予批评教育、处分；情节严重的，撤销特种设备作业人员资格；触犯刑律的，依照刑法关于重大责任事故罪或者其他罪的规定，依法追究刑事责任。

第九十一条 未经核准，擅自从事本条例所规定的监督检验、定期检验、型式试验以及无损检测等检验检测活动的，由特种设备安全监督管理部门予以取缔，处 5 万元以上 20 万元以下罚款；有违法所得的，没收违法所得；触犯刑律的，对负有责任的主管人员和其他直接责任人员依照刑法关于非法经营罪或者其他罪的规定，依法追究刑事责任。

第九十二条 特种设备检验检测机构，有下列情形之一的，由特种设备安全监督管理部门处 2 万元以上 10 万元以下罚款；情节严重的，撤销其检验检测资格：

（一）聘用未经特种设备安全监督管理部门组织考核合格并取得检验检测人员证书的人员，从事相关检验检测工作的；

（二）在进行特种设备检验检测中，发现严重事故隐患或者能耗严重超标，未及时告知特种设备使用单位，并立即向特种设备安全监督管理部门报告的。

第九十三条 特种设备检验检测机构和检验检测人员，出具虚假的检验检测结果、鉴定结论或者检验检测结果、鉴定结论严重失实的，由特种设备安全监督管理部门对检验检测机构没收违法所得，处5万元以上20万元以下罚款，情节严重的，撤销其检验检测资格；对检验检测人员处5000元以上5万元以下罚款，情节严重的，撤销其检验检测资格，触犯刑律的，依照刑法关于中介组织人员提供虚假证明文件罪、中介组织人员出具证明文件重大失实罪或者其他罪的规定，依法追究刑事责任。

特种设备检验检测机构和检验检测人员，出具虚假的检验检测结果、鉴定结论或者检验检测结果、鉴定结论严重失实，造成损害的，应当承担赔偿责任。

第九十四条 特种设备检验检测机构或者检验检测人员从事特种设备的生产、销售，或者以其名义推荐或者监制、监销特种设备的，由特种设备安全监督管理部门撤销特种设备检验检测机构和检验检测人员的资格，处5万元以上20万元以下罚款；有违法所得的，没收违法所得。

第九十五条 特种设备检验检测机构和检验检测人员利用检验检测工作故意刁难特种设备生产、使用单位，由特种设备安全监督管理部门责令改正；拒不改正的，撤销其检验检测资格。

第九十六条 检验检测人员，从事检验检测工作，不在特种设备检验检测机构执业或者同时在两个以上检验检测机构中执业的，由特种设备安全监督管理部门责令改正，情节严重的，给予停止执业6个月以上2年以下的处罚；有违法所得的，没收违法所得。

第九十七条 特种设备安全监督管理部门及其特种设备安全监察人员，有下列违法行为之一的，对直接负责的主管人员和其他直接责任人员，依法给予降级或者撤职的处分；触犯刑律的，依照刑法关于受贿罪、滥用职权罪、玩忽职守罪或者其他罪的规定，依法追究刑事责任：

（一）不按照本条例规定的条件和安全技术规范要求，实施许可、核准、登记的；

（二）发现未经许可、核准、登记擅自从事特种设备的生产、使用或者检验检测活动不予取缔或者不依法予以处理的；

（三）发现特种设备生产、使用单位不再具备本条例规定的条件而不撤销其原许可，或者发现特种设备生产、使用违法行为不予查处的；

（四）发现特种设备检验检测机构不再具备本条例规定的条件而不撤销其原核准，或者对其出具虚假的检验检测结果、鉴定结论或者检验检测结果、鉴定结论严重失实的行为不予查处的；

（五）对依照本条例规定在其他地方取得许可的特种设备生产单位重复进行许可，或者对依照本条例规定在其他地方检验检测合格的特种设备，重复进行检验检测的；

（六）发现有违反本条例和安全技术规范的行为或者在用的特种设备存在严重事故隐患，不立即处理的；

（七）发现重大的违法行为或者严重事故隐患，未及时向上级特种设备安全监督管理部门报告，或者接到报告的特种设备安全监督管理部门不立即处理的；

（八）迟报、漏报、瞒报或者谎报事故的；

（九）妨碍事故救援或者事故调查处理的。

第九十八条 特种设备的生产、使用单位或者检验检测机构，拒不接受特种设备安全监督管理部门依法实施的安全监察的，由特种设备安全监督管理部门责令限期改正；逾期未改正的，责令停产停业整顿，处2万元以上10万元以下罚款；触犯刑律的，依照刑法关于妨害公务罪或者其他罪的规定，依法追究刑事责任。

特种设备生产、使用单位擅自动用、调换、转移、损毁被查封、扣押的特种设备或者其主要部件的，由特种设备安全监督管理部门责令改正，处5万元以上20万元以下罚款；情节严重的，撤销其相应资格。

第八章 附 则

第九十九条 本条例下列用语的含义是：

（一）锅炉，是指利用各种燃料、电或者其他能源，将所盛装的液体加热到一定的参数，并对外输出热能的设备，其范围规定为容积大于或者等于30L的承压蒸汽锅炉；出口水压大于或者等于0.1MPa（表压），且额定功率大于或者等于0.1MW的承压热水锅炉；有机热载体锅炉。

（二）压力容器，是指盛装气体或者液体，承载一定压力的密闭设备，其范围规定为最高工作压力大于或者等于0.1MPa（表压），且压力与容积的乘积大于或者等于2.5MPa·L的气体、液化气体和最高工作温度高于或者等于标准沸点的液体的固定式容器和移动式容器；盛装公称工作压力大于或者等于0.2MPa（表压），且压力与容积的乘积大于或者等于1.0MPa·L的气体、液化气体和标准沸点等于或者低于60℃液体的气瓶；氧舱等。

（三）压力管道，是指利用一定的压力，用于输送气体或者液体的管状设备，其范围规定为最高工作压力大于或者等于0.1MPa（表压）的气体、液化气体、蒸汽介质或者可燃、易爆、有毒、有腐蚀性、最高工作温度高于或者等于标准沸点的液体介质，且公称直径大于25mm的管道。

（四）电梯，是指动力驱动，利用沿刚性导轨运行的箱体或者沿固定线路运行的梯级（踏步），进行升降或者平行运送人、货物的机电设备，包括载人（货）电梯、自动扶梯、自动人行道等。

（五）起重机械，是指用于垂直升降或者垂直升降并水平移动重物的机电设备，其范围规定为额定起重量大于或者等于0.5t的升降机；额定起重量大于或者等于1t，且提升高度大于或者等于2m的起重机和承重形式固定的电动葫芦等。

（六）客运索道，是指动力驱动，利用柔性绳索牵引箱体等运载工具运送人员的机电设备，包括客运架空索道、客运缆车、客运拖牵索道等。

（七）大型游乐设施，是指用于经营目的，承载乘客游乐的设施，其范围规定为设计最大运行线速度大于或者等于2m/s，或者运行高度距地面高于或者等于2m的载人大型游乐设施。

（八）场（厂）内专用机动车辆，是指除道路交通、农用车辆以外仅在工厂厂区、旅游景区、游乐场所等特定区域使用的专用机动车辆。

特种设备包括其所用的材料、附属的安全附件、安全保护装置和与安全保护装置相关的设施。

第一百条 压力管道设计、安装、使用的安全监督管理办法由国务院另行制定。

第一百零一条 国务院特种设备安全监督管理部门可以授权省、自治区、直辖市特种设备安全监督管理部门负责本条例规定的特种设备行政许可工作，具体办法由国务院特种设备安全监督管理部门制定。

第一百零二条 特种设备行政许可、检验检测，应当按照国家有关规定收取费用。

第一百零三条 本条例自2003年6月1日起施行。1982年2月6日国务院发布的《锅炉压力容器安全监察暂行条例》同时废止。

三、部门规章

（一）建筑工程施工许可管理办法

（2014 年 6 月 25 日住房和城乡建设部令第 18 号发布，2018 年 9 月 28 日住房和城乡建设部令第 42 号修正）

第一条 为了加强对建筑活动的监督管理，维护建筑市场秩序，保证建筑工程的质量和安全，根据《中华人民共和国建筑法》，制定本办法。

第二条 在中华人民共和国境内从事各类房屋建筑及其附属设施的建造、装修装饰和与其配套的线路、管道、设备的安装，以及城镇市政基础设施工程的施工，建设单位在开工前应当依照本办法的规定，向工程所在地的县级以上地方人民政府住房城乡建设主管部门（以下简称发证机关）申请领取施工许可证。

工程投资额在 30 万元以下或者建筑面积在 300 平方米以下的建筑工程，可以不申请办理施工许可证。省、自治区、直辖市人民政府住房城乡建设主管部门可以根据当地的实际情况，对限额进行调整，并报国务院住房城乡建设主管部门备案。

按照国务院规定的权限和程序批准开工报告的建筑工程，不再领取施工许可证。

第三条 本办法规定应当申请领取施工许可证的建筑工程未取得施工许可证的，一律不得开工。

任何单位和个人不得将应当申请领取施工许可证的工程项目分解为若干限额以下的工程项目，规避申请领取施工许可证。

第四条 建设单位申请领取施工许可证，应当具备下列条件，并提交相应的证明文件：

（一）依法应当办理用地批准手续的，已经办理该建筑工程用地批准手续。

（二）在城市、镇规划区的建筑工程，已经取得建设工程规划许可证。

（三）施工场地已经基本具备施工条件，需要征收房屋的，其进度符合施工要求。

（四）已经确定施工企业。按照规定应当招标的工程没有招标，应当公开招标的工程没有公开招标，或者肢解发包工程，以及将工程发包给不具备相应资质条件的企业的，所确定的施工企业无效。

（五）有满足施工需要的技术资料，施工图设计文件已按规定审查合格。

（六）有保证工程质量和安全的具体措施。施工企业编制的施工组织设计中有根据建筑工程特点制定的相应质量、安全技术措施。建立工程质量安全责任制并落实到人。专业性较强的工程项目编制了专项质量、安全施工组织设计，并按照规定办理了工程质量、安全监督手续。

（七）建设资金已经落实。建设单位应当提供建设资金已经落实承诺书。

（八）法律、行政法规规定的其他条件。

县级以上地方人民政府住房城乡建设主管部门不得违反法律法规规定，增设办理施工许可证的其他条件。

第五条 申请办理施工许可证，应当按照下列程序进行：

（一）建设单位向发证机关领取《建筑工程施工许可证申请表》。

（二）建设单位持加盖单位及法定代表人印鉴的《建筑工程施工许可证申请表》，并附本办法第四条规定的证明文件，向发证机关提出申请。

（三）发证机关在收到建设单位报送的《建筑工程施工许可证申请表》和所附证明文件后，对于符合条件的，应当自收到申请之日起七日内颁发施工许可证；对于证明文件不齐全或者失效的，应当当场或者五日内一次告知建设单位需要补正的全部内容，审批时间可以自证明文件补正齐全后作相应顺延；对于不符合条件的，应当自收到申请之日起七日内书面通知建设单位，并说明理由。

建筑工程在施工过程中，建设单位或者施工单位发生变更的，应当重新申请领取施工许可证。

第六条 建设单位申请领取施工许可证的工程名称、地点、规模，应当符合依法签订的施工承包合同。

施工许可证应当放置在施工现场备查，并按规定在施工现场公开。

第七条 施工许可证不得伪造和涂改。

第八条 建设单位应当自领取施工许可证之日起三个月内开工。因故不能按期开工的，应当在期满前向发证机关申请延期，并说明理由；延期以两次为限，每次不超过三个月。既不开工又不申请延期或者超过延期次数、时限的，施工许可证自行废止。

第九条 在建的建筑工程因故中止施工的，建设单位应当自中止施工之日起一个月内向发证机关报告，报告内容包括中止施工的时间、原因、在施部位、维修管理措施等，并按照规定做好建筑工程的维护管理工作。

建筑工程恢复施工时，应当向发证机关报告；中止施工满一年的工程恢复施工前，建设单位应当报发证机关核验施工许可证。

第十条 发证机关应当将办理施工许可证的依据、条件、程序、期限以及需要提交的全部材料和申请表示范文本等，在办公场所和有关网站予以公示。

发证机关作出的施工许可决定，应当予以公开，公众有权查阅。

第十一条 发证机关应当建立颁发施工许可证后的监督检查制度，对取得施工许可证后条件发生变化、延期开工、中止施工等行为进行监督检查，发现违法违规行为及时处理。

第十二条 对于未取得施工许可证或者为规避办理施工许可证将工程项目分解后擅自施工的，由有管辖权的发证机关责令停止施工，限期改正，对建设单位处工程合同价款 1% 以上 2% 以下罚款；对施工单位处 3 万元以下罚款。

第十三条 建设单位采用欺骗、贿赂等不正当手段取得施工许可证的，由原发证机关撤销施工许可证，责令停止施工，并处 1 万元以上 3 万元以下罚款；构成犯罪的，依法追究刑事责任。

第十四条 建设单位隐瞒有关情况或者提供虚假材料申请施工许可证的，发证机关不予受理或者不予许可，并处1万元以上3万元以下罚款；构成犯罪的，依法追究刑事责任。

建设单位伪造或者涂改施工许可证的，由发证机关责令停止施工，并处1万元以上3万元以下罚款；构成犯罪的，依法追究刑事责任。

第十五条 依照本办法规定，给予单位罚款处罚的，对单位直接负责的主管人员和其他直接责任人员处单位罚款数额5%以上10%以下罚款。

单位及相关责任人受到处罚的，作为不良行为记录予以通报。

第十六条 发证机关及其工作人员，违反本办法，有下列情形之一的，由其上级行政机关或者监察机关责令改正；情节严重的，对直接负责的主管人员和其他直接责任人员，依法给予行政处分：

（一）对不符合条件的申请人准予施工许可的；

（二）对符合条件的申请人不予施工许可或者未在法定期限内作出准予许可决定的；

（三）对符合条件的申请不予受理的；

（四）利用职务上的便利，收受他人财物或者谋取其他利益的；

（五）不依法履行监督职责或者监督不力，造成严重后果的。

第十七条 建筑工程施工许可证由国务院住房城乡建设主管部门制定格式，由各省、自治区、直辖市人民政府住房城乡建设主管部门统一印制。

施工许可证分为正本和副本，正本和副本具有同等法律效力。复印的施工许可证无效。

第十八条 本办法关于施工许可管理的规定适用于其他专业建筑工程。有关法律、行政法规有明确规定的，从其规定。

《建筑法》第八十三条第三款规定的建筑活动，不适用本办法。

军事房屋建筑工程施工许可的管理，按国务院、中央军事委员会制定的办法执行。

第十九条 省、自治区、直辖市人民政府住房城乡建设主管部门可以根据本办法制定实施细则。

第二十条 本办法自2014年10月25日起施行。1999年10月15日建设部令第71号发布、2001年7月4日建设部令第91号修正的《建筑工程施工许可管理办法》同时废止。

（二）建筑施工企业主要负责人、项目负责人和专职安全生产管理人员安全生产管理规定

（2014年6月25日中华人民共和国住房和城乡建设部令第17号发布，自2014年9月1日起施行）

第一章　总　则

第一条　为了加强房屋建筑和市政基础设施工程施工安全监督管理，提高建筑施工企业主要负责人、项目负责人和专职安全生产管理人员（以下合称“安管人员”）的安全生产管理能力，根据《中华人民共和国安全生产法》、《建设工程安全生产管理条例》等法律法规，制定本规定。

第二条　在中华人民共和国境内从事房屋建筑和市政基础设施工程施工活动的建筑施工企业的“安管人员”，参加安全生产考核，履行安全生产责任，以及对其实施安全生产监督管理，应当符合本规定。

第三条　企业主要负责人，是指对本企业生产经营活动和安全生产工作具有决策权的领导人员。

项目负责人，是指取得相应注册执业资格，由企业法定代表人授权，负责具体工程项目管理的人员。

专职安全生产管理人员，是指在企业专职从事安全生产管理工作的人员，包括企业安全生产管理机构的人员和工程项目专职从事安全生产管理工作的人员。

第四条　国务院住房城乡建设主管部门负责对全国“安管人员”安全生产工作进行监督管理。

县级以上地方人民政府住房城乡建设主管部门负责对本行政区域内“安管人员”安全生产工作进行监督管理。

第二章　考核发证

第五条　“安管人员”应当通过其受聘企业，向企业工商注册地的省、自治区、直辖市人民政府住房城乡建设主管部门（以下简称考核机关）申请安全生产考核，并取得安全生产考核合格证书。安全生产考核不得收费。

第六条　申请参加安全生产考核的“安管人员”，应当具备相应文化程度、专业技术职称和一定安全生产工作经历，与企业确立劳动关系，并经企业年度安全生产教育培训合格。

第七条 安全生产考核包括安全生产知识考核和管理能力考核。

安全生产知识考核内容包括：建筑施工安全的法律法规、规章制度、标准规范，建筑施工安全管理基本理论等。

安全生产管理能力考核内容包括：建立和落实安全生产管理制度、辨识和监控危险性较大的分部分项工程、发现和消除安全事故隐患、报告和处置生产安全事故等方面的能力。

第八条 对安全生产考核合格的，考核机关应当在20个工作日内核发安全生产考核合格证书，并予以公告；对不合格的，应当通过“安管人员”所在企业通知本人并说明理由。

第九条 安全生产考核合格证书有效期为3年，证书在全国范围内有效。

证书式样由国务院住房城乡建设主管部门统一规定。

第十条 安全生产考核合格证书有效期届满需要延续的，“安管人员”应当在有效期届满前3个月内，由本人通过受聘企业向原考核机关申请证书延续。准予证书延续的，证书有效期延续3年。

对证书有效期内未因生产安全事故或者违反本规定受到行政处罚，信用档案中无不良行为记录，且已按规定参加企业和县级以上人民政府住房城乡建设主管部门组织的安全生产教育培训的，考核机关应当在受理延续申请之日起20个工作日内，准予证书延续。

第十一条 “安管人员”变更受聘企业的，应当与原聘用企业解除劳动关系，并通过新聘用企业到考核机关申请办理证书变更手续。考核机关应当在受理变更申请之日起5个工作日内办理完毕。

第十二条 “安管人员”遗失安全生产考核合格证书的，应当在公共媒体上声明作废，通过其受聘企业向原考核机关申请补办。考核机关应当在受理申请之日起5个工作日内办理完毕。

第十三条 “安管人员”不得涂改、倒卖、出租、出借或者以其他形式非法转让安全生产考核合格证书。

第三章 安全责任

第十四条 主要负责人对本企业安全生产工作全面负责，应当建立健全企业安全生产管理体系，设置安全生产管理机构，配备专职安全生产管理人员，保证安全生产投入，督促检查本企业安全生产工作，及时消除安全事故隐患，落实安全生产责任。

第十五条 主要负责人应当与项目负责人签订安全生产责任书，确定项目安全生产考核目标、奖惩措施，以及企业为项目提供的安全管理和技术保障措施。

工程项目实行总承包的，总承包企业应当与分包企业签订安全生产协议，明确双方安全生产责任。

第十六条 主要负责人应当按规定检查企业所承担的工程项目，考核项目负责人安全生产管理能力。发现项目负责人履职不到位的，应当责令其改正；必要时，调整项目负责人。检查情况应当记入企业和项目安全管理档案。

第十七条 项目负责人对本项目安全生产管理全面负责，应当建立项目安全生产管理体系，明确项目管理人员安全职责，落实安全生产管理制度，确保项目安全生产费用有效使用。

第十八条 项目负责人应当按规定实施项目安全生产管理，监控危险性较大分部分项工程，及时排查处理施工现场安全事故隐患，隐患排查处理情况应当记入项目安全管理档案；发生事故时，应当按规定及时报告并开展现场救援。

工程项目实行总承包的，总承包企业项目负责人应当定期考核分包企业安全生产管理情况。

第十九条 企业安全生产管理机构专职安全生产管理人员应当检查在建项目安全生产管理情况，重点检查项目负责人、项目专职安全生产管理人员履责情况，处理在建项目违规违章行为，并记入企业安全管理档案。

第二十条 项目专职安全生产管理人员应当每天在施工现场开展安全检查，现场监督危险性较大的分部分项工程安全专项施工方案实施。对检查中发现的安全事故隐患，应当立即处理；不能处理的，应当及时报告项目负责人和企业安全生产管理机构。项目负责人应当及时处理。检查及处理情况应当记入项目安全管理档案。

第二十一条 建筑施工企业应当建立安全生产教育培训制度，制定年度培训计划，每年对“安管人员”进行培训和考核，考核不合格的，不得上岗。培训情况应当记入企业安全生产教育培训档案。

第二十二条 建筑施工企业安全生产管理机构和工程项目应当按规定配备相应数量和相关专业的专职安全生产管理人员。危险性较大的分部分项工程施工时，应当安排专职安全生产管理人员现场监督。

第四章　监督管理

第二十三条 县级以上人民政府住房城乡建设主管部门应当依照有关法律法规和本规定，对“安管人员”持证上岗、教育培训和履行职责等情况进行监督检查。

第二十四条 县级以上人民政府住房城乡建设主管部门在实施监督检查时，应当有两名以上监督检查人员参加，不得妨碍企业正常的生产经营活动，不得索取或者收受企业的财物，不得谋取其他利益。

有关企业和个人对依法进行的监督检查应当协助与配合，不得拒绝或者阻挠。

第二十五条 县级以上人民政府住房城乡建设主管部门依法进行监督检查时，发现“安管人员”有违反本规定行为的，应当依法查处并将违法事实、处理结果或者处理建议告知考核机关。

第二十六条 考核机关应当建立本行政区域内“安管人员”的信用档案。违法违规行为、被投诉举报处理、行政处罚等情况应当作为不良行为记入信用档案，并按规定向社会公开。

“安管人员”及其受聘企业应当按规定向考核机关提供相关信息。

第五章 法律责任

第二十七条 “安管人员”隐瞒有关情况或者提供虚假材料申请安全生产考核的，考核机关不予考核，并给予警告；“安管人员”1年内不得再次申请考核。

“安管人员”以欺骗、贿赂等不正当手段取得安全生产考核合格证书的，由原考核机关撤销安全生产考核合格证书；“安管人员”3年内不得再次申请考核。

第二十八条 “安管人员”涂改、倒卖、出租、出借或者以其他形式非法转让安全生产考核合格证书的，由县级以上地方人民政府住房城乡建设主管部门给予警告，并处1000元以上5000元以下的罚款。

第二十九条 建筑施工企业未按规定开展“安管人员”安全生产教育培训考核，或者未按规定如实将考核情况记入安全生产教育培训档案的，由县级以上地方人民政府住房城乡建设主管部门责令限期改正，并处2万元以下的罚款。

第三十条 建筑施工企业有下列行为之一的，由县级以上人民政府住房城乡建设主管部门责令限期改正；逾期未改正的，责令停业整顿，并处2万元以下的罚款；导致不具备《安全生产许可证条例》规定的安全生产条件的，应当依法暂扣或者吊销安全生产许可证：

（一）未按规定设立安全生产管理机构的；

（二）未按规定配备专职安全生产管理人员的；

（三）危险性较大的分部分项工程施工时未安排专职安全生产管理人员现场监督的；

（四）“安管人员”未取得安全生产考核合格证书的。

第三十一条 “安管人员”未按规定办理证书变更的，由县级以上地方人民政府住房城乡建设主管部门责令限期改正，并处1000元以上5000元以下的罚款。

第三十二条 主要负责人、项目负责人未按规定履行安全生产管理职责的，由县级以上人民政府住房城乡建设主管部门责令限期改正；逾期未改正的，责令建筑施工企业停业整顿；造成生产安全事故或者其他严重后果的，按照《生产安全事故报告和调查处理条例》的有关规定，依法暂扣或者吊销安全生产考核合格证书；构成犯罪的，依法追究刑事责任。

主要负责人、项目负责人有前款违法行为，尚不够刑事处罚的，处2万元以上20万元以下的罚款或者按照管理权限给予撤职处分；自刑罚执行完毕或者受处分之日起，5年内不得担任建筑施工企业的主要负责人、项目负责人。

第三十三条 专职安全生产管理人员未按规定履行安全生产管理职责的，由县级以上地方人民政府住房城乡建设主管部门责令限期改正，并处1000元以上5000元以下的罚款；造成生产安全事故或者其他严重后果的，按照《生产安全事故报告和调查处理条例》的有关规定，依法暂扣或者吊销安全生产考核合格证书；构成犯罪的，依法追究刑事责任。

第三十四条 县级以上人民政府住房城乡建设主管部门及其工作人员，有下列情形之一的，由其上级行政机关或者监察机关责令改正，对直接负责的主管人员和其他直接责任人员依法给予处分；构成犯罪的，依法追究刑事责任：

（一）向不具备法定条件的“安管人员”核发安全生产考核合格证书的；

（二）对符合法定条件的“安管人员”不予核发或者不在法定期限内核发安全生产考核合格证书的；

（三）对符合法定条件的申请不予受理或者未在法定期限内办理完毕的；

（四）利用职务上的便利，索取或者收受他人财物或者谋取其他利益的；

（五）不依法履行监督管理职责，造成严重后果的。

第六章　附　则

第三十五条 本规定自 2014 年 9 月 1 日起施行。

（三）建筑起重机械安全监督管理规定

（2008年1月28日中华人民共和国建设部令第166号发布）

（2020年2月18日建法规〔2020〕2号取消了第五条中“建筑起重机械制造监督检验证明”事项，申请人不再提交）

第一条 为了加强建筑起重机械的安全监督管理，防止和减少生产安全事故，保障人民群众生命和财产安全，依据《建设工程安全生产管理条例》《特种设备安全监察条例》《安全生产许可证条例》，制定本规定。

第二条 建筑起重机械的租赁、安装、拆卸、使用及其监督管理，适用本规定。

本规定所称建筑起重机械，是指纳入特种设备目录，在房屋建筑工地和市政工程工地安装、拆卸、使用的起重机械。

第三条 国务院建设主管部门对全国建筑起重机械的租赁、安装、拆卸、使用实施监督管理。

县级以上地方人民政府建设主管部门对本行政区域内的建筑起重机械的租赁、安装、拆卸、使用实施监督管理。

第四条 出租单位出租的建筑起重机械和使用单位购置、租赁、使用的建筑起重机械应当具有特种设备制造许可证、产品合格证、制造监督检验证明。

第五条 出租单位在建筑起重机械首次出租前，自购建筑起重机械的使用单位在建筑起重机械首次安装前，应当持建筑起重机械特种设备制造许可证、产品合格证到本单位工商注册所在地县级以上地方人民政府建设主管部门办理备案。

第六条 出租单位应当在签订的建筑起重机械租赁合同中，明确租赁双方的安全责任，并出具建筑起重机械特种设备制造许可证、产品合格证、制造监督检验证明、备案证明和自检合格证明，提交安装使用说明书。

第七条 有下列情形之一的建筑起重机械，不得出租、使用：

（一）属国家明令淘汰或者禁止使用的；

（二）超过安全技术标准或者制造厂家规定的使用年限的；

（三）经检验达不到安全技术标准规定的；

（四）没有完整安全技术档案的；

（五）没有齐全有效的安全保护装置的。

第八条 建筑起重机械有本规定第七条第（一）、（二）、（三）项情形之一的，出租单位或者自购建筑起重机械的使用单位应当予以报废，并向原备案机关办理注销手续。

第九条 出租单位、自购建筑起重机械的使用单位，应当建立建筑起重机械安全技术档案。

建筑起重机械安全技术档案应当包括以下资料：

（一）购销合同、制造许可证、产品合格证、制造监督检验证明、安装使用说明书、备案证明等原始资料；

（二）定期检验报告、定期自行检查记录、定期维护保养记录、维修和技术改造记录、运行故障和生产安全事故记录、累计运转记录等运行资料；

（三）历次安装验收资料。

第十条 从事建筑起重机械安装、拆卸活动的单位（以下简称安装单位）应当依法取得建设主管部门颁发的相应资质和建筑施工企业安全生产许可证，并在其资质许可范围内承揽建筑起重机械安装、拆卸工程。

第十一条 建筑起重机械使用单位和安装单位应当在签订的建筑起重机械安装、拆卸合同中明确双方的安全生产责任。

实行施工总承包的，施工总承包单位应当与安装单位签订建筑起重机械安装、拆卸工程安全协议书。

第十二条 安装单位应当履行下列安全职责：

（一）按照安全技术标准及建筑起重机械性能要求，编制建筑起重机械安装、拆卸工程专项施工方案，并由本单位技术负责人签字；

（二）按照安全技术标准及安装使用说明书等检查建筑起重机械及现场施工条件；

（三）组织安全施工技术交底并签字确认；

（四）制定建筑起重机械安装、拆卸工程生产安全事故应急救援预案；

（五）将建筑起重机械安装、拆卸工程专项施工方案，安装、拆卸人员名单，安装、拆卸时间等材料报施工总承包单位和监理单位审核后，告知工程所在地县级以上地方人民政府建设主管部门。

第十三条 安装单位应当按照建筑起重机械安装、拆卸工程专项施工方案及安全操作规程组织安装、拆卸作业。

安装单位的专业技术人员、专职安全生产管理人员应当进行现场监督，技术负责人应当定期巡查。

第十四条 建筑起重机械安装完毕后，安装单位应当按照安全技术标准及安装使用说明书的有关要求对建筑起重机械进行自检、调试和试运转。自检合格的，应当出具自检合格证明，并向使用单位进行安全使用说明。

第十五条 安装单位应当建立建筑起重机械安装、拆卸工程档案。

建筑起重机械安装、拆卸工程档案应当包括以下资料：

（一）安装、拆卸合同及安全协议书；

（二）安装、拆卸工程专项施工方案；

（三）安全施工技术交底的有关资料；

（四）安装工程验收资料；

（五）安装、拆卸工程生产安全事故应急救援预案。

第十六条 建筑起重机械安装完毕后，使用单位应当组织出租、安装、监理等有关单位进行验收，或者委托具有相应资质的检验检测机构进行验收。建筑起重机械经验收合格后方可投入使用，未经验收或者验收不合格的不得使用。

实行施工总承包的，由施工总承包单位组织验收。

建筑起重机械在验收前应当经有相应资质的检验检测机构监督检验合格。

检验检测机构和检验检测人员对检验检测结果、鉴定结论依法承担法律责任。

第十七条 使用单位应当自建筑起重机械安装验收合格之日起 30 日内，将建筑起重机械安装验收资料、建筑起重机械安全管理制度、特种作业人员名单等，向工程所在地县级以上地方人民政府建设主管部门办理建筑起重机械使用登记。登记标志置于或者附着于该设备的显著位置。

第十八条 使用单位应当履行下列安全职责：

（一）根据不同施工阶段、周围环境以及季节、气候的变化，对建筑起重机械采取相应的安全防护措施；

（二）制定建筑起重机械生产安全事故应急救援预案；

（三）在建筑起重机械活动范围内设置明显的安全警示标志，对集中作业区做好安全防护；

（四）设置相应的设备管理机构或者配备专职的设备管理人员；

（五）指定专职设备管理人员、专职安全生产管理人员进行现场监督检查；

（六）建筑起重机械出现故障或者发生异常情况的，立即停止使用，消除故障和事故隐患后，方可重新投入使用。

第十九条 使用单位应当对在用的建筑起重机械及其安全保护装置、吊具、索具等进行经常性和定期的检查、维护和保养，并做好记录。

使用单位在建筑起重机械租期结束后，应当将定期检查、维护和保养记录移交出租单位。

建筑起重机械租赁合同对建筑起重机械的检查、维护、保养另有约定的，从其约定。

第二十条 建筑起重机械在使用过程中需要附着的，使用单位应当委托原安装单位或者具有相应资质的安装单位按照专项施工方案实施，并按照本规定第十六条规定组织验收。验收合格后方可投入使用。

建筑起重机械在使用过程中需要顶升的，使用单位委托原安装单位或者具有相应资质的安装单位按照专项施工方案实施后，即可投入使用。

禁止擅自在建筑起重机械上安装非原制造厂制造的标准节和附着装置。

第二十一条 施工总承包单位应当履行下列安全职责：

（一）向安装单位提供拟安装设备位置的基础施工资料，确保建筑起重机械进场安装、拆卸所需的施工条件；

（二）审核建筑起重机械的特种设备制造许可证、产品合格证、制造监督检验证明、备案证明等文件；

（三）审核安装单位、使用单位的资质证书、安全生产许可证和特种作业人员的特种作业操作资格证书；

（四）审核安装单位制定的建筑起重机械安装、拆卸工程专项施工方案和生产安全事故应急救援预案；

（五）审核使用单位制定的建筑起重机械生产安全事故应急救援预案；

（六）指定专职安全生产管理人员监督检查建筑起重机械安装、拆卸、使用情况；

（七）施工现场有多台塔式起重机作业时，应当组织制定并实施防止塔式起重机相互碰撞的安全措施。

第二十二条 监理单位应当履行下列安全职责：

（一）审核建筑起重机械特种设备制造许可证、产品合格证、制造监督检验证明、备案证明等文件；

（二）审核建筑起重机械安装单位、使用单位的资质证书、安全生产许可证和特种作业人员的特种作业操作资格证书；

（三）审核建筑起重机械安装、拆卸工程专项施工方案；

（四）监督安装单位执行建筑起重机械安装、拆卸工程专项施工方案情况；

（五）监督检查建筑起重机械的使用情况；

（六）发现存在生产安全事故隐患的，应当要求安装单位、使用单位限期整改，对安装单位、使用单位拒不整改的，及时向建设单位报告。

第二十三条 依法发包给两个及两个以上施工单位的工程，不同施工单位在同一施工现场使用多台塔式起重机作业时，建设单位应当协调组织制定防止塔式起重机相互碰撞的安全措施。

安装单位、使用单位拒不整改生产安全事故隐患的，建设单位接到监理单位报告后，应当责令安装单位、使用单位立即停工整改。

第二十四条 建筑起重机械特种作业人员应当遵守建筑起重机械安全操作规程和安全管理制度，在作业中有权拒绝违章指挥和强令冒险作业，有权在发生危及人身安全的紧急情况时立即停止作业或者采取必要的应急措施后撤离危险区域。

第二十五条 建筑起重机械安装拆卸工、起重信号工、起重司机、司索工等特种作业人员应当经建设主管部门考核合格，并取得特种作业操作资格证书后，方可上岗作业。

省、自治区、直辖市人民政府建设主管部门负责组织实施建筑施工企业特种作业人员的考核。

特种作业人员的特种作业操作资格证书由国务院建设主管部门规定统一的样式。

第二十六条 建设主管部门履行安全监督检查职责时，有权采取下列措施：

（一）要求被检查的单位提供有关建筑起重机械的文件和资料；

（二）进入被检查单位和被检查单位的施工现场进行检查；

（三）对检查中发现的建筑起重机械生产安全事故隐患，责令立即排除；重大生产安全事故隐患排除前或者排除过程中无法保证安全的，责令从危险区域撤出作业人员或者暂时停止施工。

第二十七条 负责办理备案或者登记的建设主管部门应当建立本行政区域内的建

筑起重机械档案，按照有关规定对建筑起重机械进行统一编号，并定期向社会公布建筑起重机械的安全状况。

第二十八条 违反本规定，出租单位、自购建筑起重机械的使用单位，有下列行为之一的，由县级以上地方人民政府建设主管部门责令限期改正，予以警告，并处以5000元以上1万元以下罚款：

（一）未按照规定办理备案的；

（二）未按照规定办理注销手续的；

（三）未按照规定建立建筑起重机械安全技术档案的。

第二十九条 违反本规定，安装单位有下列行为之一的，由县级以上地方人民政府建设主管部门责令限期改正，予以警告，并处以5000元以上3万元以下罚款：

（一）未履行第十二条第（二）、（四）、（五）项安全职责的；

（二）未按照规定建立建筑起重机械安装、拆卸工程档案的；

（三）未按照建筑起重机械安装、拆卸工程专项施工方案及安全操作规程组织安装、拆卸作业的。

第三十条 违反本规定，使用单位有下列行为之一的，由县级以上地方人民政府建设主管部门责令限期改正，予以警告，并处以5000元以上3万元以下罚款：

（一）未履行第十八条第（一）、（二）、（四）、（六）项安全职责的；

（二）未指定专职设备管理人员进行现场监督检查的；

（三）擅自在建筑起重机械上安装非原制造厂制造的标准节和附着装置的。

第三十一条 违反本规定，施工总承包单位未履行第二十一条第（一）、（三）、（四）、（五）、（七）项安全职责的，由县级以上地方人民政府建设主管部门责令限期改正，予以警告，并处以5000元以上3万元以下罚款。

第三十二条 违反本规定，监理单位未履行第二十二条第（一）、（二）、（四）、（五）项安全职责的，由县级以上地方人民政府建设主管部门责令限期改正，予以警告，并处以5000元以上3万元以下罚款。

第三十三条 违反本规定，建设单位有下列行为之一的，由县级以上地方人民政府建设主管部门责令限期改正，予以警告，并处以5000元以上3万元以下罚款；逾期未改的，责令停止施工：

（一）未按照规定协调组织制定防止多台塔式起重机相互碰撞的安全措施的；

（二）接到监理单位报告后，未责令安装单位、使用单位立即停工整改的。

第三十四条 违反本规定，建设主管部门的工作人员有下列行为之一的，依法给予处分；构成犯罪的，依法追究刑事责任：

（一）发现违反本规定的违法行为不依法查处的；

（二）发现在用的建筑起重机械存在严重生产安全事故隐患不依法处理的；

（三）不依法履行监督管理职责的其他行为。

第三十五条 本规定自2008年6月1日起施行。

（四）建筑施工企业安全生产许可证管理规定

（2004年7月5日中华人民共和国建设部令第128号发布，2015年1月22日中华人民共和国住房和城乡建设部令第23号修正）

（2019年9月16日建法规〔2019〕6号取消了第十一条“公众媒体上声明作废”事项，申请人不再提交，由申请人告知资质许可机关，由资质许可机关在官网发布信息）

第一章　总　则

第一条　为了严格规范建筑施工企业安全生产条件，进一步加强安全生产监督管理，防止和减少生产安全事故，根据《安全生产许可证条例》《建设工程安全生产管理条例》等有关行政法规，制定本规定。

第二条　国家对建筑施工企业实行安全生产许可制度。

建筑施工企业未取得安全生产许可证的，不得从事建筑施工活动。

本规定所称建筑施工企业，是指从事土木工程、建筑工程、线路管道和设备安装工程及装修工程的新建、扩建、改建和拆除等有关活动的企业。

第三条　国务院住房城乡建设主管部门负责对全国建筑施工企业安全生产许可证的颁发和管理工作进行监督指导。

省、自治区、直辖市人民政府住房城乡建设主管部门负责本行政区域内建筑施工企业安全生产许可证的颁发和管理工作。

市、县人民政府住房城乡建设主管部门负责本行政区域内建筑施工企业安全生产许可证的监督管理，并将监督检查中发现的企业违法行为及时报告安全生产许可证颁发管理机关。

第二章　安全生产条件

第四条　建筑施工企业取得安全生产许可证，应当具备下列安全生产条件：

（一）建立、健全安全生产责任制，制定完备的安全生产规章制度和操作规程；

（二）保证本单位安全生产条件所需资金的投入；

（三）设置安全生产管理机构，按照国家有关规定配备专职安全生产管理人员；

（四）主要负责人、项目负责人、专职安全生产管理人员经住房城乡建设主管部门或者其他有关部门考核合格；

（五）特种作业人员经有关业务主管部门考核合格，取得特种作业操作资格证书；

（六）管理人员和作业人员每年至少进行一次安全生产教育培训并考核合格；

（七）依法参加工伤保险，依法为施工现场从事危险作业的人员办理意外伤害保险，为从业人员交纳保险费；

（八）施工现场的办公、生活区及作业场所和安全防护用具、机械设备、施工机具及配件符合有关安全生产法律、法规、标准和规程的要求；

（九）有职业危害防治措施，并为作业人员配备符合国家标准或者行业标准的安全防护用具和安全防护服装；

（十）有对危险性较大的分部分项工程及施工现场易发生重大事故的部位、环节的预防、监控措施和应急预案；

（十一）有生产安全事故应急救援预案、应急救援组织或者应急救援人员，配备必要的应急救援器材、设备；

（十二）法律、法规规定的其他条件。

第三章　安全生产许可证的申请与颁发

第五条　建筑施工企业从事建筑施工活动前，应当依照本规定向企业注册所在地省、自治区、直辖市人民政府住房城乡建设主管部门申请领取安全生产许可证。

第六条　建筑施工企业申请安全生产许可证时，应当向住房城乡建设主管部门提供下列材料：

（一）建筑施工企业安全生产许可证申请表；

（二）企业法人营业执照；

（三）第四条规定的相关文件、材料。

建筑施工企业申请安全生产许可证，应当对申请材料实质内容的真实性负责，不得隐瞒有关情况或者提供虚假材料。

第七条　住房城乡建设主管部门应当自受理建筑施工企业的申请之日起 45 日内审查完毕；经审查符合安全生产条件的，颁发安全生产许可证；不符合安全生产条件的，不予颁发安全生产许可证，书面通知企业并说明理由。企业自接到通知之日起应当进行整改，整改合格后方可再次提出申请。

住房城乡建设主管部门审查建筑施工企业安全生产许可证申请，涉及铁路、交通、水利等有关专业工程时，可以征求铁路、交通、水利等有关部门的意见。

第八条　安全生产许可证的有效期为 3 年。安全生产许可证有效期满需要延期的，企业应当于期满前 3 个月向原安全生产许可证颁发管理机关申请办理延期手续。

企业在安全生产许可证有效期内，严格遵守有关安全生产的法律法规，未发生死亡事故的，安全生产许可证有效期届满时，经原安全生产许可证颁发管理机关同意，不再审查，安全生产许可证有效期延期 3 年。

第九条　建筑施工企业变更名称、地址、法定代表人等，应当在变更后 10 日内，到原安全生产许可证颁发管理机关办理安全生产许可证变更手续。

第十条 建筑施工企业破产、倒闭、撤销的，应当将安全生产许可证交回原安全生产许可证颁发管理机关予以注销。

第十一条 建筑施工企业遗失安全生产许可证，应当立即向原安全生产许可证颁发管理机关报告，并在公众媒体上声明作废后，方可申请补办。

第十二条 安全生产许可证申请表采用建设部规定的统一式样。

安全生产许可证采用国务院安全生产监督管理部门规定的统一式样。

安全生产许可证分正本和副本，正、副本具有同等法律效力。

第四章 监督管理

第十三条 县级以上人民政府住房城乡建设主管部门应当加强对建筑施工企业安全生产许可证的监督管理。住房城乡建设主管部门在审核发放施工许可证时，应当对已经确定的建筑施工企业是否有安全生产许可证进行审查，对没有取得安全生产许可证的，不得颁发施工许可证。

第十四条 跨省从事建筑施工活动的建筑施工企业有违反本规定行为的，由工程所在地的省级人民政府住房城乡建设主管部门将建筑施工企业在本地区的违法事实、处理结果和处理建议抄告原安全生产许可证颁发管理机关。

第十五条 建筑施工企业取得安全生产许可证后，不得降低安全生产条件，并应当加强日常安全生产管理，接受住房城乡建设主管部门的监督检查。安全生产许可证颁发管理机关发现企业不再具备安全生产条件的，应当暂扣或者吊销安全生产许可证。

第十六条 安全生产许可证颁发管理机关或者其上级行政机关发现有下列情形之一的，可以撤销已经颁发的安全生产许可证：

（一）安全生产许可证颁发管理机关工作人员滥用职权、玩忽职守颁发安全生产许可证的；

（二）超越法定职权颁发安全生产许可证的；

（三）违反法定程序颁发安全生产许可证的；

（四）对不具备安全生产条件的建筑施工企业颁发安全生产许可证的；

（五）依法可以撤销已经颁发的安全生产许可证的其他情形。

依照前款规定撤销安全生产许可证，建筑施工企业的合法权益受到损害的，住房城乡建设主管部门应当依法给予赔偿。

第十七条 安全生产许可证颁发管理机关应当建立、健全安全生产许可证档案管理制度，定期向社会公布企业取得安全生产许可证的情况，每年向同级安全生产监督管理部门通报建筑施工企业安全生产许可证颁发和管理情况。

第十八条 建筑施工企业不得转让、冒用安全生产许可证或者使用伪造的安全生产许可证。

第十九条 住房城乡建设主管部门工作人员在安全生产许可证颁发、管理和监督检查工作中，不得索取或者接受建筑施工企业的财物，不得谋取其他利益。

第二十条 任何单位或者个人对违反本规定的行为，有权向安全生产许可证颁发管理机关或者监察机关等有关部门举报。

第五章 罚 则

第二十一条 违反本规定，住房城乡建设主管部门工作人员有下列行为之一的，给予降级或者撤职的行政处分；构成犯罪的，依法追究刑事责任：

（一）向不符合安全生产条件的建筑施工企业颁发安全生产许可证的；

（二）发现建筑施工企业未依法取得安全生产许可证擅自从事建筑施工活动，不依法处理的；

（三）发现取得安全生产许可证的建筑施工企业不再具备安全生产条件，不依法处理的；

（四）接到对违反本规定行为的举报后，不及时处理的；

（五）在安全生产许可证颁发、管理和监督检查工作中，索取或者接受建筑施工企业的财物，或者谋取其他利益的。

由于建筑施工企业弄虚作假，造成前款第（一）项行为的，对住房城乡建设主管部门工作人员不予处分。

第二十二条 取得安全生产许可证的建筑施工企业，发生重大安全事故的，暂扣安全生产许可证并限期整改。

第二十三条 建筑施工企业不再具备安全生产条件的，暂扣安全生产许可证并限期整改；情节严重的，吊销安全生产许可证。

第二十四条 违反本规定，建筑施工企业未取得安全生产许可证擅自从事建筑施工活动的，责令其在建项目停止施工，没收违法所得，并处 10 万元以上 50 万元以下的罚款；造成重大安全事故或者其他严重后果，构成犯罪的，依法追究刑事责任。

第二十五条 违反本规定，安全生产许可证有效期满未办理延期手续，继续从事建筑施工活动的，责令其在建项目停止施工，限期补办延期手续，没收违法所得，并处 5 万元以上 10 万元以下的罚款；逾期仍不办理延期手续，继续从事建筑施工活动的，依照本规定第二十四条的规定处罚。

第二十六条 违反本规定，建筑施工企业转让安全生产许可证的，没收违法所得，处 10 万元以上 50 万元以下的罚款，并吊销安全生产许可证；构成犯罪的，依法追究刑事责任；接受转让的，依照本规定第二十四条的规定处罚。

冒用安全生产许可证或者使用伪造的安全生产许可证的，依照本规定第二十四条的规定处罚。

第二十七条 违反本规定，建筑施工企业隐瞒有关情况或者提供虚假材料申请安全生产许可证的，不予受理或者不予颁发安全生产许可证，并给予警告，1 年内不得申请安全生产许可证。

建筑施工企业以欺骗、贿赂等不正当手段取得安全生产许可证的，撤销安全生产许可证，3 年内不得再次申请安全生产许可证；构成犯罪的，依法追究刑事责任。

第二十八条　本规定的暂扣、吊销安全生产许可证的行政处罚，由安全生产许可证的颁发管理机关决定；其他行政处罚，由县级以上地方人民政府住房城乡建设主管部门决定。

第六章　附　则

第二十九条　本规定施行前已依法从事建筑施工活动的建筑施工企业，应当自《安全生产许可证条例》施行之日起（2004 年 1 月 13 日起）1 年内向住房城乡建设主管部门申请办理建筑施工企业安全生产许可证；逾期不办理安全生产许可证，或者经审查不符合本规定的安全生产条件，未取得安全生产许可证，继续进行建筑施工活动的，依照本规定第二十四条的规定处罚。

第三十条　本规定自公布之日起施行。

（五）危险性较大的分部分项工程安全管理规定

（2018年3月8日中华人民共和国住房和城乡建设部令第37号发布）

第一章　总　则

第一条　为加强对房屋建筑和市政基础设施工程中危险性较大的分部分项工程安全管理，有效防范生产安全事故，依据《中华人民共和国建筑法》《中华人民共和国安全生产法》《建设工程安全生产管理条例》等法律法规，制定本规定。

第二条　本规定适用于房屋建筑和市政基础设施工程中危险性较大的分部分项工程安全管理。

第三条　本规定所称危险性较大的分部分项工程（以下简称“危大工程”），是指房屋建筑和市政基础设施工程在施工过程中，容易导致人员群死群伤或者造成重大经济损失的分部分项工程。

危大工程及超过一定规模的危大工程范围由国务院住房城乡建设主管部门制定。

省级住房城乡建设主管部门可以结合本地区实际情况，补充本地区危大工程范围。

第四条　国务院住房城乡建设主管部门负责全国危大工程安全管理的指导监督。

县级以上地方人民政府住房城乡建设主管部门负责本行政区域内危大工程的安全监督管理。

第二章　前期保障

第五条　建设单位应当依法提供真实、准确、完整的工程地质、水文地质和工程周边环境等资料。

第六条　勘察单位应当根据工程实际及工程周边环境资料，在勘察文件中说明地质条件可能造成的工程风险。

设计单位应当在设计文件中注明涉及危大工程的重点部位和环节，提出保障工程周边环境安全和工程施工安全的意见，必要时进行专项设计。

第七条　建设单位应当组织勘察、设计等单位在施工招标文件中列出危大工程清单，要求施工单位在投标时补充完善危大工程清单并明确相应的安全管理措施。

第八条　建设单位应当按照施工合同约定及时支付危大工程施工技术措施费以及相应的安全防护文明施工措施费，保障危大工程施工安全。

第九条　建设单位在申请办理安全监督手续时，应当提交危大工程清单及其安全管理措施等资料。

第三章 专项施工方案

第十条 施工单位应当在危大工程施工前组织工程技术人员编制专项施工方案。

实行施工总承包的，专项施工方案应当由施工总承包单位组织编制。危大工程实行分包的，专项施工方案可以由相关专业分包单位组织编制。

第十一条 专项施工方案应当由施工单位技术负责人审核签字、加盖单位公章，并由总监理工程师审查签字、加盖执业印章后方可实施。

危大工程实行分包并由分包单位编制专项施工方案的，专项施工方案应当由总承包单位技术负责人及分包单位技术负责人共同审核签字并加盖单位公章。

第十二条 对于超过一定规模的危大工程，施工单位应当组织召开专家论证会对专项施工方案进行论证。实行施工总承包的，由施工总承包单位组织召开专家论证会。专家论证前专项施工方案应当通过施工单位审核和总监理工程师审查。

专家应当从地方人民政府住房城乡建设主管部门建立的专家库中选取，符合专业要求且人数不得少于 5 名。与本工程有利害关系的人员不得以专家身份参加专家论证会。

第十三条 专家论证会后，应当形成论证报告，对专项施工方案提出通过、修改后通过或者不通过的一致意见。专家对论证报告负责并签字确认。

专项施工方案经论证需修改后通过的，施工单位应当根据论证报告修改完善后，重新履行本规定第十一条的程序。

专项施工方案经论证不通过的，施工单位修改后应当按照本规定的要求重新组织专家论证。

第四章 现场安全管理

第十四条 施工单位应当在施工现场显著位置公告危大工程名称、施工时间和具体责任人员，并在危险区域设置安全警示标志。

第十五条 专项施工方案实施前，编制人员或者项目技术负责人应当向施工现场管理人员进行方案交底。

施工现场管理人员应当向作业人员进行安全技术交底，并由双方和项目专职安全生产管理人员共同签字确认。

第十六条 施工单位应当严格按照专项施工方案组织施工，不得擅自修改专项施工方案。

因规划调整、设计变更等原因确需调整的，修改后的专项施工方案应当按照本规定重新审核和论证。涉及资金或者工期调整的，建设单位应当按照约定予以调整。

第十七条 施工单位应当对危大工程施工作业人员进行登记，项目负责人应当在施工现场履职。

项目专职安全生产管理人员应当对专项施工方案实施情况进行现场监督，对未按照专项施工方案施工的，应当要求立即整改，并及时报告项目负责人，项目负责人应当及时组织限期整改。

施工单位应当按照规定对危大工程进行施工监测和安全巡视，发现危及人身安全的紧急情况，应当立即组织作业人员撤离危险区域。

第十八条 监理单位应当结合危大工程专项施工方案编制监理实施细则，并对危大工程施工实施专项巡视检查。

第十九条 监理单位发现施工单位未按照专项施工方案施工的，应当要求其进行整改；情节严重的，应当要求其暂停施工，并及时报告建设单位。施工单位拒不整改或者不停止施工的，监理单位应当及时报告建设单位和工程所在地住房城乡建设主管部门。

第二十条 对于按照规定需要进行第三方监测的危大工程，建设单位应当委托具有相应勘察资质的单位进行监测。

监测单位应当编制监测方案。监测方案由监测单位技术负责人审核签字并加盖单位公章，报送监理单位后方可实施。

监测单位应当按照监测方案开展监测，及时向建设单位报送监测成果，并对监测成果负责；发现异常时，及时向建设、设计、施工、监理单位报告，建设单位应当立即组织相关单位采取处置措施。

第二十一条 对于按照规定需要验收的危大工程，施工单位、监理单位应当组织相关人员进行验收。验收合格的，经施工单位项目技术负责人及总监理工程师签字确认后，方可进入下一道工序。

危大工程验收合格后，施工单位应当在施工现场明显位置设置验收标识牌，公示验收时间及责任人员。

第二十二条 危大工程发生险情或者事故时，施工单位应当立即采取应急处置措施，并报告工程所在地住房城乡建设主管部门。建设、勘察、设计、监理等单位应当配合施工单位开展应急抢险工作。

第二十三条 危大工程应急抢险结束后，建设单位应当组织勘察、设计、施工、监理等单位制定工程恢复方案，并对应急抢险工作进行后评估。

第二十四条 施工、监理单位应当建立危大工程安全管理档案。

施工单位应当将专项施工方案及审核、专家论证、交底、现场检查、验收及整改等相关资料纳入档案管理。

监理单位应当将监理实施细则、专项施工方案审查、专项巡视检查、验收及整改等相关资料纳入档案管理。

第五章　监督管理

第二十五条 设区的市级以上地方人民政府住房城乡建设主管部门应当建立专家库，制定专家库管理制度，建立专家诚信档案，并向社会公布，接受社会监督。

第二十六条　县级以上地方人民政府住房城乡建设主管部门或者所属施工安全监督机构，应当根据监督工作计划对危大工程进行抽查。

县级以上地方人民政府住房城乡建设主管部门或者所属施工安全监督机构，可以通过政府购买技术服务方式，聘请具有专业技术能力的单位和人员对危大工程进行检查，所需费用向本级财政申请予以保障。

第二十七条　县级以上地方人民政府住房城乡建设主管部门或者所属施工安全监督机构，在监督抽查中发现危大工程存在安全隐患的，应当责令施工单位整改；重大安全事故隐患排除前或者排除过程中无法保证安全的，责令从危险区域内撤出作业人员或者暂时停止施工；对依法应当给予行政处罚的行为，应当依法作出行政处罚决定。

第二十八条　县级以上地方人民政府住房城乡建设主管部门应当将单位和个人的处罚信息纳入建筑施工安全生产不良信用记录。

第六章　法律责任

第二十九条　建设单位有下列行为之一的，责令限期改正，并处1万元以上3万元以下的罚款；对直接负责的主管人员和其他直接责任人员处1000元以上5000元以下的罚款：

（一）未按照本规定提供工程周边环境等资料的；

（二）未按照本规定在招标文件中列出危大工程清单的；

（三）未按照施工合同约定及时支付危大工程施工技术措施费或者相应的安全防护文明施工措施费的；

（四）未按照本规定委托具有相应勘察资质的单位进行第三方监测的；

（五）未对第三方监测单位报告的异常情况组织采取处置措施的。

第三十条　勘察单位未在勘察文件中说明地质条件可能造成的工程风险的，责令限期改正，依照《建设工程安全生产管理条例》对单位进行处罚；对直接负责的主管人员和其他直接责任人员处1000元以上5000元以下的罚款。

第三十一条　设计单位未在设计文件中注明涉及危大工程的重点部位和环节，未提出保障工程周边环境安全和工程施工安全的意见的，责令限期改正，并处1万元以上3万元以下的罚款；对直接负责的主管人员和其他直接责任人员处1000元以上5000元以下的罚款。

第三十二条　施工单位未按照本规定编制并审核危大工程专项施工方案的，依照《建设工程安全生产管理条例》对单位进行处罚，并暂扣安全生产许可证30日；对直接负责的主管人员和其他直接责任人员处1000元以上5000元以下的罚款。

第三十三条　施工单位有下列行为之一的，依照《中华人民共和国安全生产法》《建设工程安全生产管理条例》对单位和相关责任人员进行处罚：

（一）未向施工现场管理人员和作业人员进行方案交底和安全技术交底的；

（二）未在施工现场显著位置公告危大工程，并在危险区域设置安全警示标志的；

（三）项目专职安全生产管理人员未对专项施工方案实施情况进行现场监督的。

第三十四条 施工单位有下列行为之一的，责令限期改正，处1万元以上3万元以下的罚款，并暂扣安全生产许可证30日；对直接负责的主管人员和其他直接责任人员处1000元以上5000元以下的罚款：

（一）未对超过一定规模的危大工程专项施工方案进行专家论证的；

（二）未根据专家论证报告对超过一定规模的危大工程专项施工方案进行修改，或者未按照本规定重新组织专家论证的；

（三）未严格按照专项施工方案组织施工，或者擅自修改专项施工方案的。

第三十五条 施工单位有下列行为之一的，责令限期改正，并处1万元以上3万元以下的罚款；对直接负责的主管人员和其他直接责任人员处1000元以上5000元以下的罚款：

（一）项目负责人未按照本规定现场履职或者组织限期整改的；

（二）施工单位未按照本规定进行施工监测和安全巡视的；

（三）未按照本规定组织危大工程验收的；

（四）发生险情或者事故时，未采取应急处置措施的；

（五）未按照本规定建立危大工程安全管理档案的。

第三十六条 监理单位有下列行为之一的，依照《中华人民共和国安全生产法》《建设工程安全生产管理条例》对单位进行处罚；对直接负责的主管人员和其他直接责任人员处1000元以上5000元以下的罚款：

（一）总监理工程师未按照本规定审查危大工程专项施工方案的；

（二）发现施工单位未按照专项施工方案实施，未要求其整改或者停工的；

（三）施工单位拒不整改或者不停止施工时，未向建设单位和工程所在地住房城乡建设主管部门报告的。

第三十七条 监理单位有下列行为之一的，责令限期改正，并处1万元以上3万元以下的罚款；对直接负责的主管人员和其他直接责任人员处1000元以上5000元以下的罚款：

（一）未按照本规定编制监理实施细则的；

（二）未对危大工程施工实施专项巡视检查的；

（三）未按照本规定参与组织危大工程验收的；

（四）未按照本规定建立危大工程安全管理档案的。

第三十八条 监测单位有下列行为之一的，责令限期改正，并处1万元以上3万元以下的罚款；对直接负责的主管人员和其他直接责任人员处1000元以上5000元以下的罚款：

（一）未取得相应勘察资质从事第三方监测的；

（二）未按照本规定编制监测方案的；

（三）未按照监测方案开展监测的；

（四）发现异常未及时报告的。

第三十九条 县级以上地方人民政府住房城乡建设主管部门或者所属施工安全监督机构的工作人员,未依法履行危大工程安全监督管理职责的,依照有关规定给予处分。

第七章 附 则

第四十条 本规定自2018年6月1日起施行。

（六）住房和城乡建设行政处罚程序规定

（2022年3月10日中华人民共和国住房和城乡建设部令第55号公布　自2022年5月1日起施行）

第一章　总　则

第一条　为保障和监督住房和城乡建设行政执法机关有效实施行政处罚，保护公民、法人或者其他组织的合法权益，促进住房和城乡建设行政执法工作规范化，根据《中华人民共和国行政处罚法》等法律法规，结合住房和城乡建设工作实际，制定本规定。

第二条　住房和城乡建设行政执法机关（以下简称执法机关）对违反相关法律、法规、规章的公民、法人或者其他组织依法实施行政处罚，适用本规定。

第三条　本规定适用的行政处罚种类包括：

（一）警告、通报批评；

（二）罚款、没收违法所得、没收非法财物；

（三）暂扣许可证件、降低资质等级、吊销许可证件；

（四）限制开展生产经营活动、责令停业整顿、责令停止执业、限制从业；

（五）法律、行政法规规定的其他行政处罚。

第四条　执法机关实施行政处罚，应当遵循公正、公开的原则，坚持处罚与教育相结合，做到认定事实清楚、证据合法充分、适用依据准确、程序合法、处罚适当。

第二章　行政处罚的管辖

第五条　行政处罚由违法行为发生地的执法机关管辖。法律、行政法规、部门规章另有规定的，从其规定。

行政处罚由县级以上地方人民政府执法机关管辖。法律、行政法规另有规定的，从其规定。

第六条　执法机关发现案件不属于本机关管辖的，应当将案件移送有管辖权的行政机关。

行政处罚过程中发生的管辖权争议，应当自发生争议之日起七日内协商解决，并制作保存协商记录；协商不成的，报请共同的上一级行政机关指定管辖。上一级执法机关应当自收到报请材料之日起七日内指定案件的管辖机关。

第七条　执法机关发现违法行为涉嫌犯罪的，应当依法将案件移送司法机关。

第三章　行政处罚的决定

第一节　基本规定

第八条　执法机关应当将本机关负责实施的行政处罚事项、立案依据、实施程序和救济渠道等信息予以公示。

第九条　执法机关应当依法以文字、音像等形式，对行政处罚的启动、调查取证、审核、决定、送达、执行等进行全过程记录，归档保存。

住房和城乡建设行政处罚文书示范文本，由国务院住房和城乡建设主管部门制定。省、自治区、直辖市人民政府执法机关可以参照制定适用于本行政区域的行政处罚文书示范文本。

第十条　执法机关作出具有一定社会影响的行政处罚决定，应当自作出决定之日起七日内依法公开。公开的行政处罚决定信息不得泄露国家秘密。涉及商业秘密和个人隐私的，应当依照有关法律法规规定处理。

公开的行政处罚决定被依法变更、撤销、确认违法或者确认无效的，执法机关应当在三日内撤回行政处罚决定信息并公开说明理由；相关行政处罚决定信息已推送至其他行政机关或者有关信用信息平台的，应当依照有关规定及时处理。

第十一条　行政处罚应当由两名以上具有行政执法资格的执法人员实施，法律另有规定的除外。执法人员应当依照有关规定参加执法培训和考核，取得执法证件。

执法人员在案件调查取证、听取陈述申辩、参加听证、送达执法文书等直接面对当事人或者有关人员的活动中，应当主动出示执法证件。配备统一执法制式服装或者执法标志标识的，应当按照规定着装或者佩戴执法标志标识。

第二节　简易程序

第十二条　违法事实确凿并有法定依据，对公民处以二百元以下、对法人或者其他组织处以三千元以下罚款或者警告的行政处罚的，可以当场作出行政处罚决定。法律另有规定的，从其规定。

第十三条　当场作出行政处罚决定的，执法人员应当向当事人出示执法证件，填写预定格式、编有号码的行政处罚决定书，并当场交付当事人。当事人拒绝签收的，应当在行政处罚决定书上注明。

当事人提出陈述、申辩的，执法人员应当听取当事人的意见，并复核事实、理由和证据。

第十四条　当场作出的行政处罚决定书应当载明当事人的违法行为，行政处罚的种类和依据、罚款数额、时间、地点，申请行政复议、提起行政诉讼的途径和期限以及执法机关名称，并由执法人员签名或者盖章。

执法人员当场作出的行政处罚决定，应当在三日内报所属执法机关备案。

第三节　普通程序

第十五条　执法机关对依据监督检查职权或者通过投诉、举报等途径发现的违法行为线索，应当在十五日内予以核查，情况复杂确实无法按期完成的，经本机关负责人批准，可以延长十日。

经核查，符合下列条件的，应当予以立案：

（一）有初步证据证明存在违法行为；

（二）违法行为属于本机关管辖；

（三）违法行为未超过行政处罚时效。

立案应当填写立案审批表，附上相关材料，报本机关负责人批准。

立案前核查或者监督检查过程中依法取得的证据材料，可以作为案件的证据使用。

第十六条　执法人员询问当事人及有关人员，应当个别进行并制作笔录，笔录经被询问人核对、修改差错、补充遗漏后，由被询问人逐页签名或者盖章。

第十七条　执法人员收集、调取的书证、物证应当是原件、原物。调取原件、原物有困难的，可以提取复制件、影印件或者抄录件，也可以拍摄或者制作足以反映原件、原物外形或者内容的照片、录像。复制件、影印件、抄录件和照片、录像应当标明经核对与原件或者原物一致，并由证据提供人、执法人员签名或者盖章。

提取物证应当有当事人在场，对所提取的物证应当开具物品清单，由执法人员和当事人签名或者盖章，各执一份。无法找到当事人，或者当事人在场确有困难、拒绝到场、拒绝签字的，执法人员可以邀请有关基层组织的代表或者无利害关系的其他人到场见证，也可以用录像等方式进行记录，依照有关规定提取物证。

对违法嫌疑物品或者场所进行检查时，应当通知当事人在场，并制作现场笔录，载明时间、地点、事件等内容，由执法人员、当事人签名或者盖章。无法找到当事人，或者当事人在场确有困难、拒绝到场、拒绝签字的，应当用录像等方式记录检查过程并在现场笔录中注明。

第十八条　为了查明案情，需要进行检测、检验、鉴定的，执法机关应当依法委托具备相应条件的机构进行。检测、检验、鉴定结果应当告知当事人。

执法机关因实施行政处罚的需要，可以向有关机关出具协助函，请求有关机关协助进行调查取证等。

第十九条　执法机关查处违法行为过程中，在证据可能灭失或者以后难以取得的情况下，经本机关负责人批准，可以对证据先行登记保存。

先行登记保存证据，应当当场清点，开具清单，标注物品的名称、数量、规格、型号、保存地点等信息，清单由执法人员和当事人签名或者盖章，各执一份。当事人拒绝签字的，执法人员在执法文书中注明，并通过录像等方式保留相应证据。先行登记保存期间，当事人或者有关人员不得销毁或者转移证据。

对于先行登记保存的证据，应当在七日内作出以下处理决定：

（一）根据情况及时采取记录、复制、拍照、录像等证据保全措施；

（二）需要检测、检验、鉴定的，送交检测、检验、鉴定；

（三）依据有关法律、法规规定应当采取查封、扣押等行政强制措施的，决定采取行政强制措施；

（四）违法事实成立，依法应当予以没收的，依照法定程序处理；

（五）违法事实不成立，或者违法事实成立但依法不应当予以查封、扣押或者没收的，决定解除先行登记保存措施。

逾期未作出处理决定的，先行登记保存措施自动解除。

第二十条 案件调查终结，执法人员应当制作书面案件调查终结报告。

案件调查终结报告的内容包括：当事人的基本情况、案件来源及调查经过、调查认定的事实及主要证据、行政处罚意见及依据、裁量基准的运用及理由等。

对涉及生产安全事故的案件，执法人员应当依据经批复的事故调查报告认定有关情况。

第二十一条 行政处罚决定作出前，执法机关应当制作行政处罚意见告知文书，告知当事人拟作出的行政处罚内容及事实、理由、依据以及当事人依法享有的陈述权、申辩权。拟作出的行政处罚属于听证范围的，还应当告知当事人有要求听证的权利。

第二十二条 执法机关必须充分听取当事人的意见，对当事人提出的事实、理由和证据进行复核，并制作书面复核意见。当事人提出的事实、理由或者证据成立的，执法机关应当予以采纳，不得因当事人陈述、申辩而给予更重的处罚。

当事人自行政处罚意见告知文书送达之日起五日内，未行使陈述权、申辩权，视为放弃此权利。

第二十三条 在作出《中华人民共和国行政处罚法》第五十八条规定情形的行政处罚决定前，执法人员应当将案件调查终结报告连同案件材料，提交执法机关负责法制审核工作的机构，由法制审核人员进行重大执法决定法制审核。未经法制审核或者审核未通过的，不得作出决定。

第二十四条 执法机关负责法制审核工作的机构接到审核材料后，应当登记并审核以下内容：

（一）行政处罚主体是否合法，行政执法人员是否具备执法资格；

（二）行政处罚程序是否合法；

（三）当事人基本情况、案件事实是否清楚，证据是否合法充分；

（四）适用法律、法规、规章是否准确，裁量基准运用是否适当；

（五）是否超越执法机关法定权限；

（六）行政处罚文书是否完备、规范；

（七）违法行为是否涉嫌犯罪、需要移送司法机关；

（八）法律、法规规定应当审核的其他内容。

第二十五条 执法机关负责法制审核工作的机构应当自收到审核材料之日起十日内完成审核，并提出以下书面意见：

（一）对事实清楚、证据合法充分、适用依据准确、处罚适当、程序合法的案件，同意处罚意见；

（二）对事实不清、证据不足的案件，建议补充调查；

（三）对适用依据不准确、处罚不当、程序不合法的案件，建议改正；

（四）对超出法定权限的案件，建议按有关规定移送。

对执法机关负责法制审核工作的机构提出的意见，执法人员应当进行研究，作出相应处理后再次报送法制审核。

第二十六条 执法机关负责人应当对案件调查结果进行审查，根据不同情况，分别作出如下决定：

（一）确有应受行政处罚的违法行为的，根据情节轻重及具体情况，作出行政处罚决定；

（二）违法行为轻微，依法可以不予行政处罚的，不予行政处罚；

（三）违法事实不能成立的，不予行政处罚；

（四）违法行为涉嫌犯罪的，移送司法机关。

对情节复杂或者重大违法行为给予行政处罚，执法机关负责人应当集体讨论决定。

第二十七条 执法机关对当事人作出行政处罚，应当制作行政处罚决定书。行政处罚决定书应当载明下列事项：

（一）当事人的姓名或者名称、地址；

（二）违反法律、法规、规章的事实和证据；

（三）行政处罚的种类和依据；

（四）行政处罚的履行方式和期限；

（五）申请行政复议、提起行政诉讼的途径和期限；

（六）作出行政处罚决定的执法机关名称和作出决定的日期。

行政处罚决定书必须盖有作出行政处罚决定的执法机关的印章。

第二十八条 行政处罚决定生效后，任何人不得擅自变更或者撤销。作出行政处罚决定的执法机关发现确需变更或者撤销的，应当依法办理。

行政处罚决定存在未载明决定作出日期等遗漏，对公民、法人或者其他组织的合法权益没有实际影响等情形的，应当予以补正。

行政处罚决定存在文字表述错误或者计算错误等情形，应当予以更正。

执法机关作出补正或者更正的，应当制作补正或者更正文书。

第二十九条 执法机关应当自立案之日起九十日内作出行政处罚决定。因案情复杂或者其他原因，不能在规定期限内作出行政处罚决定的，经本机关负责人批准，可以延长三十日。案情特别复杂或者有其他特殊情况，经延期仍不能作出行政处罚决定的，应当由本机关负责人集体讨论决定是否再次延期，决定再次延期的，再次延长的期限不得超过六十日。

案件处理过程中，听证、检测、检验、鉴定等时间不计入前款规定的期限。

第三十条 案件处理过程中，有下列情形之一，经执法机关负责人批准，中止案件调查：

（一）行政处罚决定须以相关案件的裁判结果或者其他行政决定为依据，而相关案件尚未审结或者其他行政决定尚未作出的；

（二）涉及法律适用等问题，需要报请有权机关作出解释或者确认的；

（三）因不可抗力致使案件暂时无法调查的；

（四）因当事人下落不明致使案件暂时无法调查的；

（五）其他应当中止调查的情形。

中止调查情形消失，执法机关应当及时恢复调查程序。中止调查的时间不计入案件办理期限。

第三十一条 行政处罚案件有下列情形之一，执法人员应当在十五日内填写结案审批表，经本机关负责人批准后，予以结案：

（一）行政处罚决定执行完毕的；

（二）依法终结执行的；

（三）因不能认定违法事实或者违法行为已过行政处罚时效等情形，案件终止调查的；

（四）依法作出不予行政处罚决定的；

（五）其他应予结案的情形。

第四节 听证程序

第三十二条 执法机关在作出较大数额罚款、没收较大数额违法所得、没收较大价值非法财物、降低资质等级、吊销许可证件、责令停业整顿、责令停止执业、限制从业等较重行政处罚决定之前，应当告知当事人有要求听证的权利。

第三十三条 当事人要求听证的，应当自行政处罚意见告知文书送达之日起五日内以书面或者口头方式向执法机关提出。

第三十四条 执法机关应当在举行听证的七日前，通知当事人及有关人员听证的时间、地点。

听证由执法机关指定的非本案调查人员主持，并按以下程序进行：

（一）听证主持人宣布听证纪律和流程，并告知当事人申请回避的权利；

（二）调查人员提出当事人违法的事实、证据和行政处罚建议，并向当事人出示证据；

（三）当事人进行申辩，并对证据的真实性、合法性和关联性进行质证；

（四）调查人员和当事人分别进行总结陈述。

听证应当制作笔录，全面、准确记录调查人员和当事人陈述内容、出示证据和质证等情况。笔录应当由当事人或者其代理人核对无误后签字或者盖章。当事人或者其代理人拒绝签字或者盖章的，由听证主持人在笔录中注明。执法机关应当根据听证笔录，依法作出决定。

第四章 送达与执行

第三十五条 执法机关应当依照《中华人民共和国行政处罚法》《中华人民共和国

民事诉讼法》的有关规定送达行政处罚意见告知文书和行政处罚决定书。

执法机关送达行政处罚意见告知文书或者行政处罚决定书，应当直接送交受送达人，由受送达人在送达回证上签名或者盖章，并注明签收日期。签收日期为送达日期。

受送达人拒绝接收行政处罚意见告知文书或者行政处罚决定书的，送达人可以邀请有关基层组织或者所在单位的代表到场见证，在送达回证上注明拒收事由和日期，由送达人、见证人签名或者盖章，把行政处罚意见告知文书或者行政处罚决定书留在受送达人的住所；也可以将行政处罚意见告知文书或者行政处罚决定书留在受送达人的住所，并采取拍照、录像等方式记录送达过程，即视为送达。

第三十六条 行政处罚意见告知文书或者行政处罚决定书直接送达有困难的，按照下列方式送达：

（一）委托当地执法机关代为送达的，依照本规定第三十五条执行；

（二）邮寄送达的，交由邮政企业邮寄。挂号回执上注明的收件日期或者通过中国邮政网站等查询到的收件日期为送达日期。

受送达人下落不明，或者采用本章其他方式无法送达的，执法机关可以通过本机关或者本级人民政府网站公告送达，也可以根据需要在当地主要新闻媒体公告或者在受送达人住所地、经营场所公告送达。

第三十七条 当事人同意以电子方式送达的，应当签订确认书，准确提供用于接收行政处罚意见告知文书、行政处罚决定书和有关文书的传真号码、电子邮箱地址或者即时通讯账号，并提供特定系统发生故障时的备用联系方式。联系方式发生变更的，当事人应当在五日内书面告知执法机关。

当事人同意并签订确认书的，执法机关可以采取相应电子方式送达，并通过拍照、截屏、录音、录像等方式予以记录，传真、电子邮件、即时通信信息等到达受送达人特定系统的日期为送达日期。

第三十八条 当事人不履行行政处罚决定，执法机关可以依法强制执行或者申请人民法院强制执行。

第三十九条 当事人不服执法机关作出的行政处罚决定，可以依法申请行政复议，也可以依法直接向人民法院提起行政诉讼。

行政复议和行政诉讼期间，行政处罚不停止执行，法律另有规定的除外。

第五章　监督管理

第四十条 结案后，执法人员应当将案件材料依照档案管理的有关规定立卷归档。案卷归档应当一案一卷、材料齐全、规范有序。

案卷材料按照下列类别归档，每一类别按照归档材料形成的时间先后顺序排列：

（一）案源材料、立案审批表；

（二）案件调查终结报告、行政处罚意见告知文书、行政处罚决定书等行政处罚文书及送达回证；

（三）证据材料；

（四）当事人陈述、申辩材料；

（五）听证笔录；

（六）书面复核意见、法制审核意见、集体讨论记录；

（七）执行情况记录、财物处理单据；

（八）其他有关材料。

执法机关应当依照有关规定对本机关和下级执法机关的行政处罚案卷进行评查。

第四十一条 执法机关及其执法人员应当在法定职权范围内依照法定程序从事行政处罚活动。行政处罚没有依据或者实施主体不具有行政主体资格的，行政处罚无效。违反法定程序构成重大且明显违法的，行政处罚无效。

第四十二条 执法机关从事行政处罚活动，应当自觉接受上级执法机关或者有关机关的监督管理。上级执法机关或者有关机关发现下级执法机关违法违规实施行政处罚的，应当依法责令改正，对直接负责的主管人员和有关执法人员给予处分。

第四十三条 对于阻碍执法人员依法行使职权，打击报复执法人员的单位或者个人，由执法机关或者有关机关视情节轻重，依法追究其责任。

第四十四条 执法机关应当对本行政区域内行政处罚案件进行统计。省、自治区、直辖市人民政府执法机关应当在每年 3 月底前，向国务院住房和城乡建设主管部门报送上一年度行政处罚案件统计数据。

第六章 附 则

第四十五条 本规定中有关期间以日计算的，期间开始的日不计算在内。期间不包括行政处罚文书送达在途时间。期间届满的最后一日为法定节假日的，以法定节假日后的第一日为期间届满的日期。

本规定中“三日”“五日”“七日”“十日”“十五日”的规定，是指工作日，不含法定节假日。

第四十六条 本规定自 2022 年 5 月 1 日起施行。1999 年 2 月 3 日建设部公布的《建设行政处罚程序暂行规定》同时废止。

（七）注册监理工程师管理规定

（2006年1月26日中华人民共和国建设部令第147号发布　自2006年4月1日起施行）

第一章　总　则

第一条　为了加强对注册监理工程师的管理，维护公共利益和建筑市场秩序，提高工程监理质量与水平，根据《中华人民共和国建筑法》《建设工程质量管理条例》等法律法规，制定本规定。

第二条　中华人民共和国境内注册监理工程师的注册、执业、继续教育和监督管理，适用本规定。

第三条　本规定所称注册监理工程师，是指经考试取得中华人民共和国监理工程师资格证书（以下简称资格证书），并按照本规定注册，取得中华人民共和国注册监理工程师注册执业证书（以下简称注册证书）和执业印章，从事工程监理及相关业务活动的专业技术人员。

未取得注册证书和执业印章的人员，不得以注册监理工程师的名义从事工程监理及相关业务活动。

第四条　国务院建设主管部门对全国注册监理工程师的注册、执业活动实施统一监督管理。

县级以上地方人民政府建设主管部门对本行政区域内的注册监理工程师的注册、执业活动实施监督管理。

第二章　注　册

第五条　注册监理工程师实行注册执业管理制度。

取得资格证书的人员，经过注册方能以注册监理工程师的名义执业。

第六条　注册监理工程师依据其所学专业、工作经历、工程业绩，按照《工程监理企业资质管理规定》划分的工程类别，按专业注册。每人最多可以申请两个专业注册。

第七条　取得资格证书的人员申请注册，由省、自治区、直辖市人民政府建设主管部门初审，国务院建设主管部门审批。

取得资格证书并受聘于一个建设工程勘察、设计、施工、监理、招标代理、造价咨询等单位的人员，应当通过聘用单位向单位工商注册所在地的省、自治区、直辖市人民政府建设主管部门提出注册申请；省、自治区、直辖市人民政府建设主管部门受理后提出初审意见，并将初审意见和全部申报材料报国务院建设主管部门审批；符合条件的，由国务院建设主管部门核发注册证书和执业印章。

第八条 省、自治区、直辖市人民政府建设主管部门在收到申请人的申请材料后，应当即时作出是否受理的决定，并向申请人出具书面凭证；申请材料不齐全或者不符合法定形式的，应当在5日内一次性告知申请人需要补正的全部内容。逾期不告知的，自收到申请材料之日起即为受理。

对申请初始注册的，省、自治区、直辖市人民政府建设主管部门应当自受理申请之日起20日内审查完毕，并将申请材料和初审意见报国务院建设主管部门。国务院建设主管部门自收到省、自治区、直辖市人民政府建设主管部门上报材料之日起，应当在20日内审批完毕并作出书面决定，并自作出决定之日起10日内，在公众媒体上公告审批结果。

对申请变更注册、延续注册的，省、自治区、直辖市人民政府建设主管部门应当自受理申请之日起5日内审查完毕，并将申请材料和初审意见报国务院建设主管部门。国务院建设主管部门自收到省、自治区、直辖市人民政府建设主管部门上报材料之日起，应当在10日内审批完毕并作出书面决定。

对不予批准的，应当说明理由，并告知申请人享有依法申请行政复议或者提起行政诉讼的权利。

第九条 注册证书和执业印章是注册监理工程师的执业凭证，由注册监理工程师本人保管、使用。

注册证书和执业印章的有效期为3年。

第十条 初始注册者，可自资格证书签发之日起3年内提出申请。逾期未申请者，须符合继续教育的要求后方可申请初始注册。

申请初始注册，应当具备以下条件：

（一）经全国注册监理工程师执业资格统一考试合格，取得资格证书；

（二）受聘于一个相关单位；

（三）达到继续教育要求；

（四）没有本规定第十三条所列情形。

初始注册需要提交下列材料：

（一）申请人的注册申请表；

（二）申请人的资格证书和身份证复印件；

（三）申请人与聘用单位签订的聘用劳动合同复印件；

（四）所学专业、工作经历、工程业绩、工程类中级及中级以上职称证书等有关证明材料；

（五）逾期初始注册的，应当提供达到继续教育要求的证明材料。

第十一条 注册监理工程师每一注册有效期为3年，注册有效期满需继续执业的，应当在注册有效期满30日前，按照本规定第七条规定的程序申请延续注册。延续注册有效期3年。延续注册需要提交下列材料：

（一）申请人延续注册申请表；

（二）申请人与聘用单位签订的聘用劳动合同复印件；

（三）申请人注册有效期内达到继续教育要求的证明材料。

第十二条 在注册有效期内，注册监理工程师变更执业单位，应当与原聘用单位解除劳动关系，并按本规定第七条规定的程序办理变更注册手续，变更注册后仍延续原注册有效期。

变更注册需要提交下列材料：

（一）申请人变更注册申请表；

（二）申请人与新聘用单位签订的聘用劳动合同复印件；

（三）申请人的工作调动证明（与原聘用单位解除聘用劳动合同或者聘用劳动合同到期的证明文件、退休人员的退休证明）。

第十三条 申请人有下列情形之一的，不予初始注册、延续注册或者变更注册：

（一）不具有完全民事行为能力的；

（二）刑事处罚尚未执行完毕或者因从事工程监理或者相关业务受到刑事处罚，自刑事处罚执行完毕之日起至申请注册之日止不满 2 年的；

（三）未达到监理工程师继续教育要求的；

（四）在两个或者两个以上单位申请注册的；

（五）以虚假的职称证书参加考试并取得资格证书的；

（六）年龄超过 65 周岁的；

（七）法律、法规规定不予注册的其他情形。

第十四条 注册监理工程师有下列情形之一的，其注册证书和执业印章失效：

（一）聘用单位破产的；

（二）聘用单位被吊销营业执照的；

（三）聘用单位被吊销相应资质证书的；

（四）已与聘用单位解除劳动关系的；

（五）注册有效期满且未延续注册的；

（六）年龄超过 65 周岁的；

（七）死亡或者丧失行为能力的；

（八）其他导致注册失效的情形。

第十五条 注册监理工程师有下列情形之一的，负责审批的部门应当办理注销手续，收回注册证书和执业印章或者公告其注册证书和执业印章作废：

（一）不具有完全民事行为能力的；

（二）申请注销注册的；

（三）有本规定第十四条所列情形发生的；

（四）依法被撤销注册的；

（五）依法被吊销注册证书的；

（六）受到刑事处罚的；

（七）法律、法规规定应当注销注册的其他情形。

注册监理工程师有前款情形之一的，注册监理工程师本人和聘用单位应当及时向国务院建设主管部门提出注销注册的申请；有关单位和个人有权向国务院建设主管部门举报；县级以上地方人民政府建设主管部门或者有关部门应当及时报告或者告知国务院建设主管部门。

第十六条 被注销注册者或者不予注册者，在重新具备初始注册条件，并符合继续教育要求后，可以按照本规定第七条规定的程序重新申请注册。

第三章 执 业

第十七条 取得资格证书的人员，应当受聘于一个具有建设工程勘察、设计、施工、监理、招标代理、造价咨询等一项或者多项资质的单位，经注册后方可从事相应的执业活动。从事工程监理执业活动的，应当受聘并注册于一个具有工程监理资质的单位。

第十八条 注册监理工程师可以从事工程监理、工程经济与技术咨询、工程招标与采购咨询、工程项目管理服务以及国务院有关部门规定的其他业务。

第十九条 工程监理活动中形成的监理文件由注册监理工程师按照规定签字盖章后方可生效。

第二十条 修改经注册监理工程师签字盖章的工程监理文件，应当由该注册监理工程师进行；因特殊情况，该注册监理工程师不能进行修改的，应当由其他注册监理工程师修改，并签字、加盖执业印章，对修改部分承担责任。

第二十一条 注册监理工程师从事执业活动，由所在单位接受委托并统一收费。

第二十二条 因工程监理事故及相关业务造成的经济损失，聘用单位应当承担赔偿责任；聘用单位承担赔偿责任后，可依法向负有过错的注册监理工程师追偿。

第四章 继续教育

第二十三条 注册监理工程师在每一注册有效期内应当达到国务院建设主管部门规定的继续教育要求。继续教育作为注册监理工程师逾期初始注册、延续注册和重新申请注册的条件之一。

第二十四条 继续教育分为必修课和选修课，在每一注册有效期内各为48学时。

第五章 权利和义务

第二十五条 注册监理工程师享有下列权利：

（一）使用注册监理工程师称谓；

（二）在规定范围内从事执业活动；

（三）依据本人能力从事相应的执业活动；

（四）保管和使用本人的注册证书和执业印章；
（五）对本人执业活动进行解释和辩护；
（六）接受继续教育；
（七）获得相应的劳动报酬；
（八）对侵犯本人权利的行为进行申诉。

第二十六条 注册监理工程师应当履行下列义务：
（一）遵守法律、法规和有关管理规定；
（二）履行管理职责，执行技术标准、规范和规程；
（三）保证执业活动成果的质量，并承担相应责任；
（四）接受继续教育，努力提高执业水准；
（五）在本人执业活动所形成的工程监理文件上签字、加盖执业印章；
（六）保守在执业中知悉的国家秘密和他人的商业、技术秘密；
（七）不得涂改、倒卖、出租、出借或者以其他形式非法转让注册证书或者执业印章；
（八）不得同时在两个或者两个以上单位受聘或者执业；
（九）在规定的执业范围和聘用单位业务范围内从事执业活动；
（十）协助注册管理机构完成相关工作。

第六章 法律责任

第二十七条 隐瞒有关情况或者提供虚假材料申请注册的，建设主管部门不予受理或者不予注册，并给予警告，1 年之内不得再次申请注册。

第二十八条 以欺骗、贿赂等不正当手段取得注册证书的，由国务院建设主管部门撤销其注册，3 年内不得再次申请注册，并由县级以上地方人民政府建设主管部门处以罚款，其中没有违法所得的，处以 1 万元以下罚款，有违法所得的，处以违法所得 3 倍以下且不超过 3 万元的罚款；构成犯罪的，依法追究刑事责任。

第二十九条 违反本规定，未经注册，擅自以注册监理工程师的名义从事工程监理及相关业务活动的，由县级以上地方人民政府建设主管部门给予警告，责令停止违法行为，处以 3 万元以下罚款；造成损失的，依法承担赔偿责任。

第三十条 违反本规定，未办理变更注册仍执业的，由县级以上地方人民政府建设主管部门给予警告，责令限期改正；逾期不改的，可处以 5000 元以下的罚款。

第三十一条 注册监理工程师在执业活动中有下列行为之一的，由县级以上地方人民政府建设主管部门给予警告，责令其改正，没有违法所得的，处以 1 万元以下罚款，有违法所得的，处以违法所得 3 倍以下且不超过 3 万元的罚款；造成损失的，依法承担赔偿责任；构成犯罪的，依法追究刑事责任：
（一）以个人名义承接业务的；
（二）涂改、倒卖、出租、出借或者以其他形式非法转让注册证书或者执业印章的；
（三）泄露执业中应当保守的秘密并造成严重后果的；

（四）超出规定执业范围或者聘用单位业务范围从事执业活动的；

（五）弄虚作假提供执业活动成果的；

（六）同时受聘于两个或者两个以上的单位，从事执业活动的；

（七）其他违反法律、法规、规章的行为。

第三十二条 有下列情形之一的，国务院建设主管部门依据职权或者根据利害关系人的请求，可以撤销监理工程师注册：

（一）工作人员滥用职权、玩忽职守颁发注册证书和执业印章的；

（二）超越法定职权颁发注册证书和执业印章的；

（三）违反法定程序颁发注册证书和执业印章的；

（四）对不符合法定条件的申请人颁发注册证书和执业印章的；

（五）依法可以撤销注册的其他情形。

第三十三条 县级以上人民政府建设主管部门的工作人员，在注册监理工程师管理工作中，有下列情形之一的，依法给予处分；构成犯罪的，依法追究刑事责任：

（一）对不符合法定条件的申请人颁发注册证书和执业印章的；

（二）对符合法定条件的申请人不予颁发注册证书和执业印章的；

（三）对符合法定条件的申请人未在法定期限内颁发注册证书和执业印章的；

（四）对符合法定条件的申请不予受理或者未在法定期限内初审完毕的；

（五）利用职务上的便利，收受他人财物或者其他好处的；

（六）不依法履行监督管理职责，或者发现违法行为不予查处的。

第七章 附 则

第三十四条 注册监理工程师资格考试工作按照国务院建设主管部门、国务院人事主管部门的有关规定执行。

第三十五条 香港特别行政区、澳门特别行政区、台湾地区及外籍专业技术人员，申请参加注册监理工程师注册和执业的管理办法另行制定。

第三十六条 本规定自2006年4月1日起施行。1992年6月4日建设部颁布的《监理工程师资格考试和注册试行办法》（建设部令第18号）同时废止。

（八）工程监理企业资质管理规定

（2007年6月26日中华人民共和国建设部令第158号发布　自2007年8月1日起施行）

第一章　总　则

第一条　为了加强工程监理企业资质管理，规范建设工程监理活动，维护建筑市场秩序，根据《中华人民共和国建筑法》《中华人民共和国行政许可法》《建设工程质量管理条例》等法律、行政法规，制定本规定。

第二条　在中华人民共和国境内从事建设工程监理活动，申请工程监理企业资质，实施对工程监理企业资质监督管理，适用本规定。

第三条　从事建设工程监理活动的企业，应当按照本规定取得工程监理企业资质，并在工程监理企业资质证书（以下简称资质证书）许可的范围内从事工程监理活动。

第四条　国务院建设主管部门负责全国工程监理企业资质的统一监督管理工作。国务院铁路、交通、水利、信息产业、民航等有关部门配合国务院建设主管部门实施相关资质类别工程监理企业资质的监督管理工作。

省、自治区、直辖市人民政府建设主管部门负责本行政区域内工程监理企业资质的统一监督管理工作。省、自治区、直辖市人民政府交通、水利、信息产业等有关部门配合同级建设主管部门实施相关资质类别工程监理企业资质的监督管理工作。

第五条　工程监理行业组织应当加强工程监理行业自律管理。

鼓励工程监理企业加入工程监理行业组织。

第二章　资质等级和业务范围

第六条　工程监理企业资质分为综合资质、专业资质和事务所资质。其中，专业资质按照工程性质和技术特点划分为若干工程类别。

综合资质、事务所资质不分级别。专业资质分为甲级、乙级；其中，房屋建筑、水利水电、公路和市政公用专业资质可设立丙级。

第七条　工程监理企业的资质等级标准如下：

（一）综合资质标准

1. 具有独立法人资格且注册资本不少于600万元。

2. 企业技术负责人应为注册监理工程师，并具有15年以上从事工程建设工作的经历或者具有工程类高级职称。

3. 具有 5 个以上工程类别的专业甲级工程监理资质。

4. 注册监理工程师不少于 60 人，注册造价工程师不少于 5 人，一级注册建造师、一级注册建筑师、一级注册结构工程师或者其他勘察设计注册工程师合计不少于 15 人次。

5. 企业具有完善的组织结构和质量管理体系，有健全的技术、档案等管理制度。

6. 企业具有必要的工程试验检测设备。

7. 申请工程监理资质之日前一年内没有本规定第十六条禁止的行为。

8. 申请工程监理资质之日前一年内没有因本企业监理责任造成重大质量事故。

9. 申请工程监理资质之日前一年内没有因本企业监理责任发生三级以上工程建设重大安全事故或者发生两起以上四级工程建设安全事故。

（二）专业资质标准

1. 甲级

（1）具有独立法人资格且注册资本不少于 300 万元。

（2）企业技术负责人应为注册监理工程师，并具有 15 年以上从事工程建设工作的经历或者具有工程类高级职称。

（3）注册监理工程师、注册造价工程师、一级注册建造师、一级注册建筑师、一级注册结构工程师或者其他勘察设计注册工程师合计不少于 25 人次；其中，相应专业注册监理工程师不少于《专业资质注册监理工程师人数配备表》（附表 1）中要求配备的人数，注册造价工程师不少于 2 人。

（4）企业近 2 年内独立监理过 3 个以上相应专业的二级工程项目，但是，具有甲级设计资质或一级及以上施工总承包资质的企业申请本专业工程类别甲级资质的除外。

（5）企业具有完善的组织结构和质量管理体系，有健全的技术、档案等管理制度。

（6）企业具有必要的工程试验检测设备。

（7）申请工程监理资质之日前一年内没有本规定第十六条禁止的行为。

（8）申请工程监理资质之日前一年内没有因本企业监理责任造成重大质量事故。

（9）申请工程监理资质之日前一年内没有因本企业监理责任发生三级以上工程建设重大安全事故或者发生两起以上四级工程建设安全事故。

2. 乙级

（1）具有独立法人资格且注册资本不少于 100 万元。

（2）企业技术负责人应为注册监理工程师，并具有 10 年以上从事工程建设工作的经历。

（3）注册监理工程师、注册造价工程师、一级注册建造师、一级注册建筑师、一级注册结构工程师或者其他勘察设计注册工程师合计不少于 15 人次。其中，相应专业注册监理工程师不少于《专业资质注册监理工程师人数配备表》（附表 1）中要求配备的人数，注册造价工程师不少于 1 人。

（4）有较完善的组织结构和质量管理体系，有技术、档案等管理制度。

（5）有必要的工程试验检测设备。

（6）申请工程监理资质之日前一年内没有本规定第十六条禁止的行为。

（7）申请工程监理资质之日前一年内没有因本企业监理责任造成重大质量事故。

（8）申请工程监理资质之日前一年内没有因本企业监理责任发生三级以上工程建设重大安全事故或者发生两起以上四级工程建设安全事故。

3. 丙级

（1）具有独立法人资格且注册资本不少于 50 万元。

（2）企业技术负责人应为注册监理工程师，并具有 8 年以上从事工程建设工作的经历。

（3）相应专业的注册监理工程师不少于《专业资质注册监理工程师人数配备表》（附表 1）中要求配备的人数。

（4）有必要的质量管理体系和规章制度。

（5）有必要的工程试验检测设备。

（三）事务所资质标准

1. 取得合伙企业营业执照，具有书面合作协议书。

2. 合伙人中有 3 名以上注册监理工程师，合伙人均有 5 年以上从事建设工程监理的工作经历。

3. 有固定的工作场所。

4. 有必要的质量管理体系和规章制度。

5. 有必要的工程试验检测设备。

第八条 工程监理企业资质相应许可的业务范围如下：

（一）综合资质

可以承担所有专业工程类别建设工程项目的工程监理业务。

（二）专业资质

1. 专业甲级资质：

可承担相应专业工程类别建设工程项目的工程监理业务（见附表 2）。

2. 专业乙级资质：

可承担相应专业工程类别二级以下（含二级）建设工程项目的工程监理业务（见附表 2）。

3. 专业丙级资质：

可承担相应专业工程类别三级建设工程项目的工程监理业务（见附表 2）。

（三）事务所资质

可承担三级建设工程项目的工程监理业务（见附表 2），但是，国家规定必须实行强制监理的工程除外。

工程监理企业可以开展相应类别建设工程的项目管理、技术咨询等业务。

第三章　资质申请和审批

第九条　申请综合资质、专业甲级资质的，应当向企业工商注册所在地的省、自治区、直辖市人民政府建设主管部门提出申请。

省、自治区、直辖市人民政府建设主管部门应当自受理申请之日起 20 日内初审完毕，并将初审意见和申请材料报国务院建设主管部门。

国务院建设主管部门应当自省、自治区、直辖市人民政府建设主管部门受理申请材料之日起 60 日内完成审查，公示审查意见，公示时间为 10 日。其中，涉及铁路、交通、水利、通信、民航等专业工程监理资质的，由国务院建设主管部门送国务院有关部门审核。国务院有关部门应当在 20 日内审核完毕，并将审核意见报国务院建设主管部门。国务院建设主管部门根据初审意见审批。

第十条　专业乙级、丙级资质和事务所资质由企业所在地省、自治区、直辖市人民政府建设主管部门审批。

专业乙级、丙级资质和事务所资质许可。延续的实施程序由省、自治区、直辖市人民政府建设主管部门依法确定。

省、自治区、直辖市人民政府建设主管部门应当自作出决定之日起 10 日内，将准予资质许可的决定报国务院建设主管部门备案。

第十一条　工程监理企业资质证书分为正本和副本，每套资质证书包括一本正本，四本副本。正、副本具有同等法律效力。

工程监理企业资质证书的有效期为 5 年。

工程监理企业资质证书由国务院建设主管部门统一印制并发放。

第十二条　申请工程监理企业资质，应当提交以下材料：

（一）工程监理企业资质申请表（一式三份）及相应电子文档；

（二）企业法人、合伙企业营业执照；

（三）企业章程或合伙人协议；

（四）企业法定代表人、企业负责人和技术负责人的身份证明、工作简历及任命（聘用）文件；

（五）工程监理企业资质申请表中所列注册监理工程师及其他注册执业人员的注册执业证书；

（六）有关企业质量管理体系、技术和档案等管理制度的证明材料；

（七）有关工程试验检测设备的证明材料。

取得专业资质的企业申请晋升专业资质等级或者取得专业甲级资质的企业申请综合资质的，除前款规定的材料外，还应当提交企业原工程监理企业资质证书正、副本复印件，企业《监理业务手册》及近两年已完成代表工程的监理合同、监理规划、工程竣工验收报告及监理工作总结。

第十三条　资质有效期届满，工程监理企业需要继续从事工程监理活动的，应当在资质证书有效期届满 60 日前，向原资质许可机关申请办理延续手续。

对在资质有效期内遵守有关法律、法规、规章、技术标准，信用档案中无不良记录，且专业技术人员满足资质标准要求的企业，经资质许可机关同意，有效期延续 5 年。

第十四条 工程监理企业在资质证书有效期内名称、地址、注册资本、法定代表人等发生变更的，应当在工商行政管理部门办理变更手续后 30 日内办理资质证书变更手续。

涉及综合资质、专业甲级资质证书中企业名称变更的，由国务院建设主管部门负责办理，并自受理申请之日起 3 日内办理变更手续。

前款规定以外的资质证书变更手续，由省、自治区、直辖市人民政府建设主管部门负责办理。省、自治区、直辖市人民政府建设主管部门应当自受理申请之日起 3 日内办理变更手续，并在办理资质证书变更手续后 15 日内将变更结果报国务院建设主管部门备案。

第十五条 申请资质证书变更，应当提交以下材料：

（一）资质证书变更的申请报告；

（二）企业法人营业执照副本原件；

（三）工程监理企业资质证书正、副本原件。

工程监理企业改制的，除前款规定材料外，还应当提交企业职工代表大会或股东大会关于企业改制或股权变更的决议、企业上级主管部门关于企业申请改制的批复文件。

第十六条 工程监理企业不得有下列行为：

（一）与建设单位串通投标或者与其他工程监理企业串通投标，以行贿手段谋取中标；

（二）与建设单位或者施工单位串通弄虚作假、降低工程质量；

（三）将不合格的建设工程、建筑材料、建筑构配件和设备按照合格签字；

（四）超越本企业资质等级或以其他企业名义承揽监理业务；

（五）允许其他单位或个人以本企业的名义承揽工程；

（六）将承揽的监理业务转包；

（七）在监理过程中实施商业贿赂；

（八）涂改、伪造、出借、转让工程监理企业资质证书；

（九）其他违反法律法规的行为。

第十七条 工程监理企业合并的，合并后存续或者新设立的工程监理企业可以承继合并前各方中较高的资质等级，但应当符合相应的资质等级条件。

工程监理企业分立的，分立后企业的资质等级，根据实际达到的资质条件，按照本规定的审批程序核定。

第十八条 企业需增补工程监理企业资质证书的（含增加、更换、遗失补办），应当持资质证书增补申请及电子文档等材料向资质许可机关申请办理。遗失资质证书的，在申请补办前应当在公众媒体刊登遗失声明。资质许可机关应当自受理申请之日起 3 日内予以办理。

第四章　监督管理

第十九条　县级以上人民政府建设主管部门和其他有关部门应当依照有关法律、法规和本规定，加强对工程监理企业资质的监督管理。

第二十条　建设主管部门履行监督检查职责时，有权采取下列措施：

（一）要求被检查单位提供工程监理企业资质证书、注册监理工程师注册执业证书，有关工程监理业务的文档，有关质量管理、安全生产管理、档案管理等企业内部管理制度的文件；

（二）进入被检查单位进行检查，查阅相关资料；

（三）纠正违反有关法律、法规和本规定及有关规范和标准的行为。

第二十一条　建设主管部门进行监督检查时，应当有两名以上监督检查人员参加，并出示执法证件，不得妨碍被检查单位的正常经营活动，不得索取或者收受财物、谋取其他利益。

有关单位和个人对依法进行的监督检查应当协助与配合，不得拒绝或者阻挠。

监督检查机关应当将监督检查的处理结果向社会公布。

第二十二条　工程监理企业违法从事工程监理活动的，违法行为发生地的县级以上地方人民政府建设主管部门应当依法查处，并将违法事实、处理结果或处理建议及时报告该工程监理企业资质的许可机关。

第二十三条　工程监理企业取得工程监理企业资质后不再符合相应资质条件的，资质许可机关根据利害关系人的请求或者依据职权，可以责令其限期改正；逾期不改的，可以撤回其资质。

第二十四条　有下列情形之一的，资质许可机关或者其上级机关，根据利害关系人的请求或者依据职权，可以撤销工程监理企业资质：

（一）资质许可机关工作人员滥用职权、玩忽职守作出准予工程监理企业资质许可的；

（二）超越法定职权作出准予工程监理企业资质许可的；

（三）违反资质审批程序作出准予工程监理企业资质许可的；

（四）对不符合许可条件的申请人作出准予工程监理企业资质许可的；

（五）依法可以撤销资质证书的其他情形。

以欺骗、贿赂等不正当手段取得工程监理企业资质证书的，应当予以撤销。

第二十五条　有下列情形之一的，工程监理企业应当及时向资质许可机关提出注销资质的申请，交回资质证书，国务院建设主管部门应当办理注销手续，公告其资质证书作废：

（一）资质证书有效期届满，未依法申请延续的；

（二）工程监理企业依法终止的；

（三）工程监理企业资质依法被撤销、撤回或吊销的；

（四）法律、法规规定的应当注销资质的其他情形。

第二十六条　工程监理企业应当按照有关规定，向资质许可机关提供真实、准确、完整的工程监理企业的信用档案信息。

工程监理企业的信用档案应当包括基本情况、业绩、工程质量和安全、合同违约等情况。被投诉举报和处理、行政处罚等情况应当作为不良行为记入其信用档案。

工程监理企业的信用档案信息按照有关规定向社会公示，公众有权查阅。

第五章　法律责任

第二十七条　申请人隐瞒有关情况或者提供虚假材料申请工程监理企业资质的，资质许可机关不予受理或者不予行政许可，并给予警告，申请人在 1 年内不得再次申请工程监理企业资质。

第二十八条　以欺骗、贿赂等不正当手段取得工程监理企业资质证书的，由县级以上地方人民政府建设主管部门或者有关部门给予警告，并处 1 万元以上 2 万元以下的罚款，申请人 3 年内不得再次申请工程监理企业资质。

第二十九条　工程监理企业有本规定第十六条第七项、第八项行为之一的，由县级以上地方人民政府建设主管部门或者有关部门予以警告，责令其改正，并处 1 万元以上 3 万元以下的罚款；造成损失的，依法承担赔偿责任；构成犯罪的，依法追究刑事责任。

第三十条　违反本规定，工程监理企业不及时办理资质证书变更手续的，由资质许可机关责令限期办理；逾期不办理的，可处以 1 千元以上 1 万元以下的罚款。

第三十一条　工程监理企业未按照本规定要求提供工程监理企业信用档案信息的，由县级以上地方人民政府建设主管部门予以警告，责令限期改正；逾期未改正的，可处以 1 千元以上 1 万元以下的罚款。

第三十二条　县级以上地方人民政府建设主管部门依法给予工程监理企业行政处罚的，应当将行政处罚决定以及给予行政处罚的事实、理由和依据，报国务院建设主管部门备案。

第三十三条　县级以上人民政府建设主管部门及有关部门有下列情形之一的，由其上级行政主管部门或者监察机关责令改正，对直接负责的主管人员和其他直接责任人员依法给予处分；构成犯罪的，依法追究刑事责任：

（一）对不符合本规定条件的申请人准予工程监理企业资质许可的；

（二）对符合本规定条件的申请人不予工程监理企业资质许可或者不在法定期限内作出准予许可决定的；

（三）对符合法定条件的申请不予受理或者未在法定期限内初审完毕的；

（四）利用职务上的便利，收受他人财物或者其他好处的；

（五）不依法履行监督管理职责或者监督不力，造成严重后果的。

第六章　附　则

第三十四条　本规定自 2007 年 8 月 1 日起施行。2001 年 8 月 29 日建设部颁布的《工程监理企业资质管理规定》（建设部令第 102 号）同时废止。

附件：1. 专业资质注册监理工程师人数配备表

2. 专业工程类别和等级表

附表 1

专业资质注册监理工程师人数配备表　（单位：人）

序号	工程类别	甲级	乙级	丙级
1	房屋建筑工程	15	10	5
2	冶炼工程	15	10	
3	矿山工程	20	12	
4	化工石油工程	15	10	
5	水利水电工程	20	12	5
6	电力工程	15	10	
7	农林工程	15	10	
8	铁路工程	23	14	
9	公路工程	20	12	5
10	港口与航道工程	20	12	
11	航天航空工程	20	12	
12	通信工程	20	12	
13	市政公用工程	15	10	5
14	机电安装工程	15	10	

注：表中各专业资质注册监理工程师人数配备是指企业取得本专业工程类别注册的注册监理工程师人数。

附表 2

专业工程类别和等级目录

<table>
<tr><th>序号</th><th colspan="2">工程类别</th><th>一级</th><th>二级</th><th>三级</th></tr>
<tr><td rowspan="3">一</td><td rowspan="3">房屋建筑工程</td><td>一般公共建筑</td><td>28 层以上；36 米跨度以上（轻钢结构除外）；单项工程建筑面积 3 万平方米以上</td><td>14 ~ 28 层；24 ~ 36 米跨度（轻钢结构除外）；单项工程建筑面积 1 万 ~ 3 万平方米</td><td>14 层以下；24 米跨度以下（轻钢结构除外）；单项工程建筑面积 1 万平方米以下</td></tr>
<tr><td>高耸构筑工程</td><td>高度 120 米以上</td><td>高度 70 ~ 120 米</td><td>高度 70 米以下</td></tr>
<tr><td>住宅工程</td><td>小区建筑面积 12 万平方米以上；单项工程 28 层以上</td><td>建筑面积 6 万 ~ 12 万平方米；单项工程 14 ~ 28 层</td><td>建筑面积 6 万平方米以下；单项工程 14 层以下</td></tr>
<tr><td>二</td><td>冶炼工程</td><td>钢铁冶炼、连铸工程</td><td>年产 100 万吨以上；单座高炉炉容 1250 立方米以上；单座公称容量转炉 100 吨以上；电炉 50 吨以上；连铸年产 100 万吨以上或板坯连铸单机 1450 毫米以上</td><td>年产 100 万吨以下；单座高炉炉容 1250 立方米以下；单座公称容量转炉 100 吨以下；电炉 50 吨以下；连铸年产 100 万吨以下或板坯连铸单机 1450 毫米以下</td><td></td></tr>
</table>

续表

序号	工程类别		一级	二级	三级
二	冶炼工程	轧钢工程	热轧年产 100 万吨以上，装备连续、半连续轧机；冷轧带板年产 100 万吨以上，冷轧线材年产 30 万吨以上或装备连续、半连续轧机。	热轧年产 100 万吨以下，装备连续、半连续轧机；冷轧带板年产 100 万吨以下，冷轧线材年产 30 万吨以下或装备连续、半连续轧机	
		冶炼辅助工程	炼焦工程年产 50 万吨以上或炭化室高度 4.3 米以上；单台烧结机 100 平方米以上；小时制氧 300 立方米以上	炼焦工程年产 50 万吨以下或炭化室高度 4.3 米以下；单台烧结机 100 平方米以下：小时制氧 300 立方米以下	
		有色冶炼工程	有色冶炼年产 10 万吨以上；有色金属加工年产 5 万吨以上；氧化铝工程 40 万吨以上	有色冶炼年产 10 万吨以下；有色金属加工年产 5 万吨以下；氧化铝工程 40 万吨以下	
		建材工程	水泥日产 2000 吨以上；浮化玻璃日熔量 400 吨以上；池窑拉丝玻璃纤维、特种纤维；特种陶瓷生产线工程	水泥日产 2000 吨以下：浮化玻璃日熔量 400 吨以下；普通玻璃生产线；组合炉拉丝玻璃纤维；非金属材料、玻璃钢、耐火材料、建筑及卫生陶瓷厂工程	
三	矿山工程	煤矿工程	年产 120 万吨以上的井工矿工程；年产 120 万吨以上的洗选煤工程；深度 800 米以上的立井井筒工程；年产 400 万吨以上的露天矿山工程	年产 120 万吨以下的井工矿工程；年产 120 万吨以下的洗选煤工程；深度 800 米以下的立井井筒工程：年产 400 万吨以下的露天矿山工程	
		冶金矿山工程	年产 100 万吨以上的黑色矿山采选工程；年产 100 万吨以上的有色砂矿采、选工程；年产 60 万吨以上的有色脉矿采、选工程	年产 100 万吨以下的黑色矿山采选工程；年产 100 万吨以下的有色砂矿采、选工程；年产 60 万吨以下的有色脉矿采、选工程	
		化工矿山工程	年产 60 万吨以上的磷矿、硫铁矿工程	年产 60 万吨以下的磷矿、硫铁矿工程	
		铀矿工程	年产 10 万吨以上的铀矿；年产 200 吨以上的铀选冶	年产 10 万吨以下的铀矿；年产 200 吨以下的铀选冶	
		建材类非金属矿工程	年产 70 万吨以上的石灰石矿；年产 30 万吨以上的石膏矿、石英砂岩矿	年产 70 万吨以下的石灰石矿；年产 30 万吨以下的石膏矿、石英砂岩矿	
四	化工石油工程	油田工程	原油处理能力 150 万吨 / 年以上、天然气处理能力 150 万方 / 天以上、产能 50 万吨以上及配套设施	原油处理能力 150 万吨 / 年以下、天然气处理能力 150 万方 / 天以下、产能 50 万吨以下及配套设施	
		油气储运工程	压力容器 8MPa 以上；油气储罐 10 万立方米 / 台以上；长输管道 120 千米以上	压力容器 8MPa 以下；油气储罐 10 万立方米 / 台以下；长输管道 120 千米以下	

续表

序号	工程类别		一级	二级	三级
四	化工石油工程	炼油化工工程	原油处理能力在500万吨/年以上的一次加工及相应二次加工装置和后加工装置	原油处理能力在500万吨/年以下的一次加工及相应二次加工装置和后加工装置	
		基本原材料工程	年产30万吨以上的乙烯工程；年产4万吨以上的合成橡胶、合成树脂及塑料和化纤工程	年产30万吨以下的乙烯工程；年产4万吨以下的合成橡胶、合成树脂及塑料和化纤工程	
		化肥工程	年产20万吨以上合成氨及相应后加工装置；年产24万吨以上磷氨工程	年产20万吨以下合成氨及相应后加工装置；年产24万吨以下磷氨工程	
		酸碱工程	年产硫酸16万吨以上；年产烧碱8万吨以上；年产纯碱40万吨以上	年产硫酸16万吨以下；年产烧碱8万吨以下；年产纯碱40万吨以下	
		轮胎工程	年产30万套以上	年产30万套以下	
		核化工及加工工程	年产1000吨以上的铀转换化工工程；年产100吨以上的铀浓缩工程；总投资10亿元以上的乏燃料后处理工程；年产200吨以上的燃料元件加工工程；总投资5000万元以上的核技术及同位素应用工程	年产1000吨以下的铀转换化工工程；年产100吨以下的铀浓缩工程；总投资10亿元以下的乏燃料后处理工程；年产200吨以下的燃料元件加工工程；总投资5000万元以下的核技术及同位素应用工程	
		医药及其他化工工程	总投资1亿元以上	总投资1亿元以下	
五	水利水电工程	水库工程	总库容1亿立方米以上	总库容1千万~1亿立方米	总库容1千万立方米以下
		水力发电站工程	总装机容量300MW以上	总装机容量50MW~300MW	总装机容量50MW以下
		其他水利工程	引调水堤防等级1级；灌溉排涝流量5立方米/秒以上；河道整治面积30万亩以上；城市防洪城市人口50万人以上；围垦面积5万亩以上；水土保持综合治理面积1000平方公里以上	引调水堤防等级2、3级；灌溉排涝流量0.5~5立方米/秒；河道整治面积3万~30万亩；城市防洪城市人口20万~50万人；围垦面积0.5万~5万亩；水土保持综合治理面积100~1000平方公里	引调水堤防等级4、5级；灌溉排涝流量0.5立方米/秒以下；河道整治面积3万亩以下；城市防洪城市人口20万人以下；围垦面积0.5万亩以下；水土保持综合治理面积100平方公里以下
六	电力工程	火力发电站工程	单机容量30万千瓦以上	单机容量30万千瓦以下	
		输变电工程	330千伏以上	330千伏以下	
		核电工程	核电站；核反应堆工程		
七	农林工程	林业局（场）总体工程	面积35万公顷以上	面积35万公顷以下	

续表

序号	工程类别		一级	二级	三级
七	农林工程	林产工业工程	总投资 5000 万元以上	总投资 5000 万元以下	
		农业综合开发工程	总投资 3000 万元以上	总投资 3000 万元以下	
		种植业工程	2 万亩以上或总投资 1500 万元以上；	2 万亩以下或总投资 1500 万元以下	
		兽医 / 畜牧工程	总投资 1500 万元以上	总投资 1500 万元以下	
		渔业工程	渔港工程总投资 3000 万元以上；水产养殖等其他工程总投资 1500 万元以上	渔港工程总投资 3000 万元以下；水产养殖等其他工程总投资 1500 万元以下	
		设施农业工程	设施园艺工程 1 公顷以上；农产品加工等其他工程总投资 1500 万元以上	设施园艺工程 1 公顷以下；农产品加工等其他工程总投资 1500 万元以下	
		核设施退役及放射性三废处理处置工程	总投资 5000 万元以上	总投资 5000 万元以下	
八	铁路工程	铁路综合工程	新建、改建一级干线；单线铁路 40 千米以上；双线 30 千米以上及枢纽	单线铁路 40 千米以下；双线 30 千米以下；二级干线及站线；专用线、专用铁路	
		铁路桥梁工程	桥长 500 米以上	桥长 500 米以下	
		铁路隧道工程	单线 3000 米以上；双线 1500 米以上	单线 3000 米以下；双线 1500 米以下	
		铁路通信、信号、电力电气化工程	新建、改建铁路（含枢纽、配、变电所、分区亭）单双线 200 千米及以上	新建、改建铁路（不含枢纽、配、变电所、分区亭）单双线 200 千米及以下	
九	公路工程	公路工程	高速公路	高速公路路基工程及一级公路	一级公路路基工程及二级以下各级公路
		公路桥梁工程	独立大桥工程；特大桥总长 1000 米以上或单跨跨径 150 米以上	大桥、中桥桥梁总长 30 ~ 1000 米或单跨跨径 20 ~ 150 米	小桥总长 30 米以下或单跨跨径 20 米以下；涵洞工程
		公路隧道工程	隧道长度 1000 米以上	隧道长度 500 ~ 1000 米	隧道长度 500 米以下
		其他工程	通信、监控、收费等机电工程，高速公路交通安全设施、环保工程和沿线附属设施	一级公路交通安全设施、环保工程和沿线附属设施	二级及以下公路交通安全设施、环保工程和沿线附属设施
十	港口与航道工程	港口工程	集装箱、件杂、多用途等沿海港口工程 20000 吨级以上；散货、原油沿海港口工程 30000 吨级以上；1000 吨级以上内河港口工程	集装箱、件杂、多用途等沿海港口工程 20000 吨级以下；散货、原油沿海港口工程 30000 吨级以下；1000 吨级以下内河港口工程	

续表

序号	工程类别		一级	二级	三级
十	港口与航道工程	通航建筑与整治工程	1000 吨级以上	1000 吨级以下	
		航道工程	通航 30000 吨级以上船舶沿海复杂航道；通航 1000 吨级以上船舶的内河航运工程项目	通航 30000 吨级以下船舶沿海航道；通航 1000 吨级以下船舶的内河航运工程项目	
		修造船水工工程	10000 吨位以上的船坞工程；船体重量 5000 吨位以上的船台、滑道工程	10000 吨位以下的船坞工程；船体重量 5000 吨位以下的船台、滑道工程	
		防波堤、导流堤等水工工程	最大水深 6 米以上	最大水深 6 米以下	
		其他水运工程项目	建安工程费 6000 万元以上的沿海水运工程项目；建安工程费 4000 万元以上的内河水运工程项目	建安工程费 6000 万元以下的沿海水运工程项目；建安工程费 4000 万元以下的内河水运工程项目	
十一	航天航空工程	民用机场工程	飞行区指标为 4E 及以上及其配套工程	飞行区指标为 4D 及以下及其配套工程	
		航空飞行器	航空飞行器（综合）工程总投资 1 亿元以上；航空飞行器（单项）工程总投资 3000 万元以上	航空飞行器（综合）工程总投资 1 亿元以下；航空飞行器（单项）工程总投资 3000 万元以下	
		航天空间飞行器	工程总投资 3000 万元以上；面积 3000 平方米以上；跨度 18 米以上	工程总投资 3000 万元以下；面积 3000 平方米以下；跨度 18 米以下	
十二	通信工程	有线、无线传输通信工程，卫星、综合布线	省际通信、信息网络工程	省内通信、信息网络工程	
		邮政、电信、广播枢纽及交换工程	省会城市邮政、电信枢纽	地市级城市邮政、电信枢纽	
		发射台工程	总发射功率 500 千瓦以上短波或 600 千瓦以上中波发射台；高度 200 米以上广播电视发射塔	总发射功率 500 千瓦以下短波或 600 千瓦以下中波发射台；高度 200 米以下广播电视发射塔	
十三	市政公用工程	城市道路工程	城市快速路、主干路，城市互通式立交桥及单孔跨径 100 米以上桥梁；长度 1000 米以上的隧道工程	城市次干路工程，城市分离式立交桥及单孔跨径 100 米以下的桥梁；长度 1000 米以下的隧道工程	城市支路工程、过街天桥及地下通道工程

续表

序号	工程类别		一级	二级	三级
十三	市政公用工程	给水排水工程	10 万吨 / 日以上的给水厂；5 万吨 / 日以上污水处理工程；3 立方米 / 秒以上的给水、污水泵站；15 立方米 / 秒以上的雨泵站；直径 2.5 米以上的给排水管道	2 万~ 10 万吨 / 日的给水厂；1 万~ 5 万吨 / 日污水处理工程；1 ~ 3 立方米 / 秒的给水、污水泵站；5 ~ 15 立方米 / 秒的雨泵站；直径 1 ~ 2.5 米的给水管道；直径 1.5 ~ 2.5 米的排水管道	2 万吨 / 日以下的给水厂；1 万吨 / 日以下污水处理工程；1 立方米 / 秒以下的给水、污水泵站；5 立方米 / 秒以下的雨泵站；直径 1 米以下的给水管道；直径 1.5 米以下的排水管道
		燃气热力工程	总储存容积 1000 立方米以上液化气贮罐场（站）；供气规模 15 万立方米 / 日以上的燃气工程；中压以上的燃气管道、调压站；供热面积 150 万平方米以上的热力工程	总储存容积 1000 立方米以下的液化气贮罐场（站）；供气规模 15 万立方米 / 日以下的燃气工程；中压以下的燃气管道、调压站；供热面积 50 万~ 150 万平方米的热力工程	供热面积 50 万平方米以下的热力工程
		垃圾处理工程	1200 吨 / 日以上的垃圾焚烧和填埋工程	500 ~ 1200 吨 / 日的垃圾焚烧及填埋工程	500 吨 / 日以下的垃圾焚烧及填埋工程
		地铁轻轨工程	各类地铁轻轨工程		
		风景园林工程	总投资 3000 万元以上	总投资 1000 万~ 3000 万元	总投资 1000 万元以下
十四	机电安装工程	机械工程	总投资 5000 万元以上	总投资 5000 万以下	
		电子工程	总投资 1 亿元以上；含有净化级别 6 级以上的工程	总投资 1 亿元以下；含有净化级别 6 级以下的工程	
		轻纺工程	总投资 5000 万元以上	总投资 5000 万元以下	
		兵器工程	建安工程费 3000 万元以上的坦克装甲车辆、炸药、弹箭工程；建安工程费 2000 万元以上的枪炮、光电工程；建安工程费 1000 万元以上的防化民爆工程	建安工程费 3000 万元以下的坦克装甲车辆、炸药、弹箭工程；建安工程费 2000 万元以下的枪炮、光电工程；建安工程费 1000 万元以下的防化民爆工程	
		船舶工程	船舶制造工程总投资 1 亿元以上；船舶科研、机械、修理工程总投资 5000 万元以上	船舶制造工程总投资 1 亿元以下；船舶科研、机械、修理工程总投资 5000 万元以下	
		其他工程	总投资 5000 万元以上	总投资 5000 万元以下	

说明

1. 表中的“以上”含本数，“以下”不含本数。

2. 未列入本表中的其他专业工程，由国务院有关部门按照有关规定在相应的工程类别中划分等级。

3. 房屋建筑工程包括结合城市建设与民用建筑修建的附建人防工程。

（九）注册建造师管理规定

（2006年12月28日中华人民共和国建设部令第153号发布，自2007年3月1日起施行）

第一章　总　则

第一条　为了加强对注册建造师的管理，规范注册建造师的执业行为，提高工程项目管理水平，保证工程质量和安全，依据《建筑法》《行政许可法》《建设工程质量管理条例》等法律、行政法规，制定本规定。

第二条　中华人民共和国境内注册建造师的注册、执业、继续教育和监督管理，适用本规定。

第三条　本规定所称注册建造师，是指通过考核认定或考试合格取得中华人民共和国建造师资格证书（以下简称资格证书），并按照本规定注册，取得中华人民共和国建造师注册证书（以下简称注册证书）和执业印章，担任施工单位项目负责人及从事相关活动的专业技术人员。

未取得注册证书和执业印章的，不得担任大中型建设工程项目的施工单位项目负责人，不得以注册建造师的名义从事相关活动。

第四条　国务院建设主管部门对全国注册建造师的注册、执业活动实施统一监督管理；国务院铁路、交通、水利、信息产业、民航等有关部门按照国务院规定的职责分工，对全国有关专业工程注册建造师的执业活动实施监督管理。

县级以上地方人民政府建设主管部门对本行政区域内的注册建造师的注册、执业活动实施监督管理；县级以上地方人民政府交通、水利、通信等有关部门在各自职责范围内，对本行政区域内有关专业工程注册建造师的执业活动实施监督管理。

第二章　注　册

第五条　注册建造师实行注册执业管理制度，注册建造师分为一级注册建造师和二级注册建造师。

取得资格证书的人员，经过注册方能以注册建造师的名义执业。

第六条　申请初始注册时应当具备以下条件：

（一）经考核认定或考试合格取得资格证书；

（二）受聘于一个相关单位；

（三）达到继续教育要求；

（四）没有本规定第十五条所列情形。

第七条 取得一级建造师资格证书并受聘于一个建设工程勘察、设计、施工、监理、招标代理、造价咨询等单位的人员，应当通过聘用单位向单位工商注册所在地的省、自治区、直辖市人民政府建设主管部门提出注册申请。

省、自治区、直辖市人民政府建设主管部门受理后提出初审意见，并将初审意见和全部申报材料报国务院建设主管部门审批；涉及铁路、公路、港口与航道、水利水电、通信与广电、民航专业的，国务院建设主管部门应当将全部申报材料送同级有关部门审核。符合条件的，由国务院建设主管部门核发《中华人民共和国一级建造师注册证书》，并核定执业印章编号。

第八条 对申请初始注册的，省、自治区、直辖市人民政府建设主管部门应当自受理申请之日起，20日内审查完毕，并将申请材料和初审意见报国务院建设主管部门。国务院建设主管部门应当自收到省、自治区、直辖市人民政府建设主管部门上报材料之日起，20日内审批完毕并作出书面决定。有关部门应当在收到国务院建设主管部门移送的申请材料之日起，10日内审核完毕，并将审核意见送国务院建设主管部门。

对申请变更注册、延续注册的，省、自治区、直辖市人民政府建设主管部门应当自受理申请之日起5日内审查完毕。国务院建设主管部门应当自收到省、自治区、直辖市人民政府建设主管部门上报材料之日起，10日内审批完毕并作出书面决定。有关部门在收到国务院建设主管部门移送的申请材料后，应当在5日内审核完毕，并将审核意见送国务院建设主管部门。

第九条 取得二级建造师资格证书的人员申请注册，由省、自治区、直辖市人民政府建设主管部门负责受理和审批，具体审批程序由省、自治区、直辖市人民政府建设主管部门依法确定。对批准注册的，核发由国务院建设主管部门统一样式的《中华人民共和国二级建造师注册证书》和执业印章，并在核发证书后30日内送国务院建设主管部门备案。

第十条 注册证书和执业印章是注册建造师的执业凭证，由注册建造师本人保管、使用。

注册证书与执业印章有效期为3年。

一级注册建造师的注册证书由国务院建设主管部门统一印制，执业印章由国务院建设主管部门统一样式，省、自治区、直辖市人民政府建设主管部门组织制作。

第十一条 初始注册者，可自资格证书签发之日起3年内提出申请。逾期未申请者，须符合本专业继续教育的要求后方可申请初始注册。

申请初始注册需要提交下列材料：

（一）注册建造师初始注册申请表；

（二）资格证书、学历证书和身份证明复印件；

（三）申请人与聘用单位签订的聘用劳动合同复印件或其他有效证明文件；

（四）逾期申请初始注册的，应当提供达到继续教育要求的证明材料。

第十二条 注册有效期满需继续执业的，应当在注册有效期届满30日前，按照第七条、第八条的规定申请延续注册。延续注册的，有效期为 3 年。

申请延续注册的，应当提交下列材料：

（一）注册建造师延续注册申请表；

（二）原注册证书；

（三）申请人与聘用单位签订的聘用劳动合同复印件或其他有效证明文件；

（四）申请人注册有效期内达到继续教育要求的证明材料。

第十三条 在注册有效期内，注册建造师变更执业单位，应当与原聘用单位解除劳动关系，并按照第七条、第八条的规定办理变更注册手续，变更注册后仍延续原注册有效期。

申请变更注册的，应当提交下列材料：

（一）注册建造师变更注册申请表；

（二）注册证书和执业印章；

（三）申请人与新聘用单位签订的聘用合同复印件或有效证明文件；

（四）工作调动证明（与原聘用单位解除聘用合同或聘用合同到期的证明文件、退休人员的退休证明）。

第十四条 注册建造师需要增加执业专业的，应当按照第七条的规定申请专业增项注册，并提供相应的资格证明。

第十五条 申请人有下列情形之一的，不予注册：

（一）不具有完全民事行为能力的；

（二）申请在两个或者两个以上单位注册的；

（三）未达到注册建造师继续教育要求的；

（四）受到刑事处罚，刑事处罚尚未执行完毕的；

（五）因执业活动受到刑事处罚，自刑事处罚执行完毕之日起至申请注册之日止不满 5 年的；

（六）因前项规定以外的原因受到刑事处罚，自处罚决定之日起至申请注册之日止不满 3 年的；

（七）被吊销注册证书，自处罚决定之日起至申请注册之日止不满 2 年的；

（八）在申请注册之日前 3 年内担任项目经理期间，所负责项目发生过重大质量和安全事故的；

（九）申请人的聘用单位不符合注册单位要求的；

（十）年龄超过 65 周岁的；

（十一）法律、法规规定不予注册的其他情形。

第十六条 注册建造师有下列情形之一的，其注册证书和执业印章失效：

（一）聘用单位破产的；

（二）聘用单位被吊销营业执照的；

（三）聘用单位被吊销或者撤回资质证书的；

（四）已与聘用单位解除聘用合同关系的；

（五）注册有效期满且未延续注册的；

（六）年龄超过 65 周岁的；

（七）死亡或不具有完全民事行为能力的；

（八）其他导致注册失效的情形。

第十七条 注册建造师有下列情形之一的，由注册机关办理注销手续，收回注册证书和执业印章或者公告注册证书和执业印章作废：

（一）有本规定第十六条所列情形发生的；

（二）依法被撤销注册的；

（三）依法被吊销注册证书的；

（四）受到刑事处罚的；

（五）法律、法规规定应当注销注册的其他情形。

注册建造师有前款所列情形之一的，注册建造师本人和聘用单位应当及时向注册机关提出注销注册申请；有关单位和个人有权向注册机关举报；县级以上地方人民政府建设主管部门或者有关部门应当及时告知注册机关。

第十八条 被注销注册或者不予注册的，在重新具备注册条件后，可按第七条、第八条规定重新申请注册。

第十九条 注册建造师因遗失、污损注册证书或执业印章，需要补办的，应当持在公众媒体上刊登的遗失声明的证明，向原注册机关申请补办。原注册机关应当在 5 日内办理完毕。

第三章 执 业

第二十条 取得资格证书的人员应当受聘于一个具有建设工程勘察、设计、施工、监理、招标代理、造价咨询等一项或者多项资质的单位，经注册后方可从事相应的执业活动。

担任施工单位项目负责人的，应当受聘并注册于一个具有施工资质的企业。

第二十一条 注册建造师的具体执业范围按照《注册建造师执业工程规模标准》执行。

注册建造师不得同时在两个及两个以上的建设工程项目上担任施工单位项目负责人。

注册建造师可以从事建设工程项目总承包管理或施工管理，建设工程项目管理服务，建设工程技术经济咨询，以及法律、行政法规和国务院建设主管部门规定的其他业务。

第二十二条 建设工程施工活动中形成的有关工程施工管理文件，应当由注册建造师签字并加盖执业印章。

施工单位签署质量合格的文件上，必须有注册建造师的签字盖章。

第二十三条 注册建造师在每一个注册有效期内应当达到国务院建设主管部门规

定的继续教育要求。

继续教育分为必修课和选修课，在每一注册有效期内各为60学时。经继续教育达到合格标准的，颁发继续教育合格证书。

继续教育的具体要求由国务院建设主管部门会同国务院有关部门另行规定。

第二十四条 注册建造师享有下列权利：

（一）使用注册建造师名称；

（二）在规定范围内从事执业活动；

（三）在本人执业活动中形成的文件上签字并加盖执业印章；

（四）保管和使用本人注册证书、执业印章；

（五）对本人执业活动进行解释和辩护；

（六）接受继续教育；

（七）获得相应的劳动报酬；

（八）对侵犯本人权利的行为进行申述。

第二十五条 注册建造师应当履行下列义务：

（一）遵守法律、法规和有关管理规定，恪守职业道德；

（二）执行技术标准、规范和规程；

（三）保证执业成果的质量，并承担相应责任；

（四）接受继续教育，努力提高执业水准；

（五）保守在执业中知悉的国家秘密和他人的商业、技术等秘密；

（六）与当事人有利害关系的，应当主动回避；

（七）协助注册管理机关完成相关工作。

第二十六条 注册建造师不得有下列行为：

（一）不履行注册建造师义务；

（二）在执业过程中，索贿、受贿或者谋取合同约定费用外的其他利益；

（三）在执业过程中实施商业贿赂；

（四）签署有虚假记载等不合格的文件；

（五）允许他人以自己的名义从事执业活动；

（六）同时在两个或者两个以上单位受聘或者执业；

（七）涂改、倒卖、出租、出借或以其他形式非法转让资格证书、注册证书和执业印章；

（八）超出执业范围和聘用单位业务范围内从事执业活动；

（九）法律、法规、规章禁止的其他行为。

第四章　监督管理

第二十七条 县级以上人民政府建设主管部门、其他有关部门应当依照有关法律、法规和本规定，对注册建造师的注册、执业和继续教育实施监督检查。

第二十八条 国务院建设主管部门应当将注册建造师注册信息告知省、自治区、直辖市人民政府建设主管部门。

省、自治区、直辖市人民政府建设主管部门应当将注册建造师注册信息告知本行政区域内市、县、市辖区人民政府建设主管部门。

第二十九条 县级以上人民政府建设主管部门和有关部门履行监督检查职责时，有权采取下列措施：

（一）要求被检查人员出示注册证书；

（二）要求被检查人员所在聘用单位提供有关人员签署的文件及相关业务文档；

（三）就有关问题询问签署文件的人员；

（四）纠正违反有关法律、法规、本规定及工程标准规范的行为。

第三十条 注册建造师违法从事相关活动的，违法行为发生地县级以上地方人民政府建设主管部门或者其他有关部门应当依法查处，并将违法事实、处理结果告知注册机关；依法应当撤销注册的，应当将违法事实、处理建议及有关材料报注册机关。

第三十一条 有下列情形之一的，注册机关依据职权或者根据利害关系人的请求，可以撤销注册建造师的注册：

（一）注册机关工作人员滥用职权、玩忽职守作出准予注册许可的；

（二）超越法定职权作出准予注册许可的；

（三）违反法定程序作出准予注册许可的；

（四）对不符合法定条件的申请人颁发注册证书和执业印章的；

（五）依法可以撤销注册的其他情形。

申请人以欺骗、贿赂等不正当手段获准注册的，应当予以撤销。

第三十二条 注册建造师及其聘用单位应当按照要求，向注册机关提供真实、准确、完整的注册建造师信用档案信息。

注册建造师信用档案应当包括注册建造师的基本情况、业绩、良好行为、不良行为等内容。违法违规行为、被投诉举报处理、行政处罚等情况应当作为注册建造师的不良行为记入其信用档案。

注册建造师信用档案信息按照有关规定向社会公示。

第五章 法律责任

第三十三条 隐瞒有关情况或者提供虚假材料申请注册的，建设主管部门不予受理或者不予注册，并给予警告，申请人 1 年内不得再次申请注册。

第三十四条 以欺骗、贿赂等不正当手段取得注册证书的，由注册机关撤销其注册，3 年内不得再次申请注册，并由县级以上地方人民政府建设主管部门处以罚款。其中没有违法所得的，处以 1 万元以下的罚款；有违法所得的，处以违法所得 3 倍以下且不超过 3 万元的罚款。

第三十五条 违反本规定，未取得注册证书和执业印章，担任大中型建设工程项目施工单位项目负责人，或者以注册建造师的名义从事相关活动的，其所签署的工程文件无效，由县级以上地方人民政府建设主管部门或者其他有关部门给予警告，责令停止违法活动，并可处以 1 万元以上 3 万元以下的罚款。

第三十六条 违反本规定，未办理变更注册而继续执业的，由县级以上地方人民政府建设主管部门或者其他有关部门责令限期改正；逾期不改正的，可处以 5000 元以下的罚款。

第三十七条 违反本规定，注册建造师在执业活动中有第二十六条所列行为之一的，由县级以上地方人民政府建设主管部门或者其他有关部门给予警告，责令改正，没有违法所得的，处以 1 万元以下的罚款；有违法所得的，处以违法所得 3 倍以下且不超过 3 万元的罚款。

第三十八条 违反本规定，注册建造师或者其聘用单位未按照要求提供注册建造师信用档案信息的，由县级以上地方人民政府建设主管部门或者其他有关部门责令限期改正；逾期未改正的，可处以 1000 元以上 1 万元以下的罚款。

第三十九条 聘用单位为申请人提供虚假注册材料的，由县级以上地方人民政府建设主管部门或者其他有关部门给予警告，责令限期改正；逾期未改正的，可处以 1 万元以上 3 万元以下的罚款。

第四十条 县级以上人民政府建设主管部门及其工作人员，在注册建造师管理工作中，有下列情形之一的，由其上级行政机关或者监察机关责令改正，对直接负责的主管人员和其他直接责任人员依法给予处分；构成犯罪的，依法追究刑事责任：

（一）对不符合法定条件的申请人准予注册的；

（二）对符合法定条件的申请人不予注册或者不在法定期限内作出准予注册决定的；

（三）对符合法定条件的申请不予受理或者未在法定期限内初审完毕的；

（四）利用职务上的便利，收受他人财物或者其他好处的；

（五）不依法履行监督管理职责或者监督不力，造成严重后果的。

第六章　附　则

第四十一条 本规定自 2007 年 3 月 1 日起施行。

四、行政规范性文件

（一）建筑施工企业安全生产许可证动态监管暂行办法

（1997年11月1日第八届全国人民代表大会常务委员会第二十八次会议通过，2011年4月22日第十一届全国人民代表大会常务委员会第二十次会议第一次修订，2019年4月23日第十三届全国人民代表大会常务委员会第十次会议第二次修订）

第一条 为加强建筑施工企业安全生产许可证的动态监管，促进建筑施工企业保持和改善安全生产条件，控制和减少生产安全事故，根据《安全生产许可证条例》《建设工程安全生产管理条例》和《建筑施工企业安全生产许可证管理规定》等法规规章，制定本办法。

第二条 建设单位或其委托的工程招标代理机构在编制资格预审文件和招标文件时，应当明确要求建筑施工企业提供安全生产许可证，以及企业主要负责人、拟担任该项目负责人和专职安全生产管理人员（以下简称“三类人员”）相应的安全生产考核合格证书。

第三条 建设主管部门在审核发放施工许可证时，应当对已经确定的建筑施工企业是否具有安全生产许可证以及安全生产许可证是否处于暂扣期内进行审查，对未取得安全生产许可证及安全生产许可证处于暂扣期内的，不得颁发施工许可证。

第四条 建设工程实行施工总承包的，建筑施工总承包企业应当依法将工程分包给具有安全生产许可证的专业承包企业或劳务分包企业，并加强对分包企业安全生产条件的监督检查。

第五条 工程监理单位应当查验承建工程的施工企业安全生产许可证和有关“三类人员”安全生产考核合格证书持证情况，发现其持证情况不符合规定的或施工现场降低安全生产条件的，应当要求其立即整改。施工企业拒不整改的，工程监理单位应当向建设单位报告。建设单位接到工程监理单位报告后，应当责令施工企业立即整改。

第六条 建筑施工企业应当加强对本企业和承建工程安全生产条件的日常动态检查，发现不符合法定安全生产条件的，应当立即进行整改，并做好自查和整改记录。

第七条 建筑施工企业在“三类人员”配备、安全生产管理机构设置及其他法定安全生产条件发生变化以及因施工资质升级、增项而使得安全生产条件发生变化时，应当向安全生产许可证颁发管理机关（以下简称颁发管理机关）和当地建设主管部门报告。

第八条 颁发管理机关应当建立建筑施工企业安全生产条件的动态监督检查制度，

并将安全生产管理薄弱、事故频发的企业作为监督检查的重点。

颁发管理机关根据监管情况、群众举报投诉和企业安全生产条件变化报告，对相关建筑施工企业及其承建工程项目的安全生产条件进行核查，发现企业降低安全生产条件的，应当视其安全生产条件降低情况对其依法实施暂扣或吊销安全生产许可证的处罚。

第九条 市、县级人民政府建设主管部门或其委托的建筑安全监督机构在日常安全生产监督检查中，应当查验承建工程施工企业的安全生产许可证。发现企业降低施工现场安全生产条件的或存在事故隐患的，应立即提出整改要求；情节严重的，应责令工程项目停止施工并限期整改。

第十条 依据本办法第九条责令停止施工符合下列情形之一的，市、县级人民政府建设主管部门应当于作出最后一次停止施工决定之日起 15 日内以书面形式向颁发管理机关（县级人民政府建设主管部门同时抄报设区市级人民政府建设主管部门；工程承建企业跨省施工的，通过省级人民政府建设主管部门抄告）提出暂扣企业安全生产许可证的建议，并附具企业及有关工程项目违法违规事实和证明安全生产条件降低的相关询问笔录或其他证据材料。

（一）在 12 个月内，同一企业同一项目被两次责令停止施工的。

（二）在 12 个月内，同一企业在同一市、县内三个项目被责令停止施工的；

（三）施工企业承建工程经责令停止施工后，整改仍达不到要求或拒不停工整改的。

第十一条 颁发管理机关接到本办法第十条规定的暂扣安全生产许可证建议后，应当于 5 个工作日内立案，并根据情节轻重依法给予企业暂扣安全生产许可证 30 日至 60 日的处罚。

第十二条 工程项目发生一般及以上生产安全事故的，工程所在地市、县级人民政府建设主管部门应当立即按照事故报告要求向本地区颁发管理机关报告。

工程承建企业跨省施工的，工程所在地省级建设主管部门应当在事故发生之日起 15 日内将事故基本情况书面通报颁发管理机关，同时附具企业及有关项目违法违规事实和证明安全生产条件降低的相关询问笔录或其他证据材料。

第十三条 颁发管理机关接到本办法第十二条规定的报告或通报后，应立即组织对相关建筑施工企业（含施工总承包企业和与发生事故直接相关的分包企业）安全生产条件进行复核，并于接到报告或通报之日起 20 日内复核完毕。

颁发管理机关复核施工企业及其工程项目安全生产条件，可以直接复核或委托工程所在地建设主管部门复核。被委托的建设主管部门应严格按照法规规章和相关标准进行复核，并及时向颁发管理机关反馈复核结果。

第十四条 依据本办法第十三条进行复核，对企业降低安全生产条件的，颁发管理机关应当依法给予企业暂扣安全生产许可证的处罚；属情节特别严重的或者发生特别重大事故的，依法吊销安全生产许可证。

暂扣安全生产许可证处罚视事故发生级别和安全生产条件降低情况，按下列标准执行：

（一）发生一般事故的，暂扣安全生产许可证 30 至 60 日。

（二）发生较大事故的，暂扣安全生产许可证 60 至 90 日。

（三）发生重大事故的，暂扣安全生产许可证 90 至 120 日。

第十五条 建筑施工企业在 12 个月内第二次发生生产安全事故的，视事故级别和安全生产条件降低情况，分别按下列标准进行处罚：

（一）发生一般事故的，暂扣时限为在上一次暂扣时限的基础上再增加 30 日。

（二）发生较大事故的，暂扣时限为在上一次暂扣时限的基础上再增加 60 日。

（三）发生重大事故的，或按本条（一）、（二）处罚暂扣时限超过 120 日的，吊销安全生产许可证。

12 个月内同一企业连续发生三次生产安全事故的，吊销安全生产许可证。

第十六条 建筑施工企业瞒报、谎报、迟报或漏报事故的，在本办法第十四条、第十五条处罚的基础上，再处延长暂扣期 30 日至 60 日的处罚。暂扣时限超过 120 日的，吊销安全生产许可证。

第十七条 建筑施工企业在安全生产许可证暂扣期内，拒不整改的，吊销其安全生产许可证。

第十八条 建筑施工企业安全生产许可证被暂扣期间，企业在全国范围内不得承揽新的工程项目。发生问题或事故的工程项目停工整改，经工程所在地有关建设主管部门核查合格后方可继续施工。

第十九条 建筑施工企业安全生产许可证被吊销后，自吊销决定作出之日起一年内不得重新申请安全生产许可证。

第二十条 建筑施工企业安全生产许可证暂扣期满前 10 个工作日，企业需向颁发管理机关提出发还安全生产许可证申请。颁发管理机关接到申请后，应当对被暂扣企业安全生产条件进行复查，复查合格的，应当在暂扣期满时发还安全生产许可证；复查不合格的，增加暂扣期限直至吊销安全生产许可证。

第二十一条 颁发管理机关应建立建筑施工企业安全生产许可动态监管激励制度。对于安全生产工作成效显著、连续三年及以上未被暂扣安全生产许可证的企业，在评选各级各类安全生产先进集体和个人、文明工地、优质工程等时可以优先考虑，并可根据本地实际情况在监督管理时采取有关优惠政策措施。

第二十二条 颁发管理机关应将建筑施工企业安全生产许可证审批、延期、暂扣、吊销情况，于做出有关行政决定之日起 5 个工作日内录入全国建筑施工企业安全生产许可证管理信息系统，并对录入信息的真实性和准确性负责。

第二十三条 在建筑施工企业安全生产许可证动态监管中，涉及有关专业建设工程主管部门的，依照有关职责分工实施。

各省、自治区、直辖市人民政府建设主管部门可根据本办法，制定本地区的实施细则。

（二）建筑施工企业主要负责人、项目负责人和专职安全生产管理人员安全生产管理规定实施意见

为贯彻落实《建筑施工企业主要负责人、项目负责人和专职安全生产管理人员安全生产管理规定》（住房城乡建设部令第 17 号），制定本实施意见。

一、企业主要负责人的范围

企业主要负责人包括法定代表人、总经理（总裁）、分管安全生产的副总经理（副总裁）、分管生产经营的副总经理（副总裁）、技术负责人、安全总监等。

二、专职安全生产管理人员的分类

专职安全生产管理人员分为机械、土建、综合三类。机械类专职安全生产管理人员可以从事起重机械、土石方机械、桩工机械等安全生产管理工作。土建类专职安全生产管理人员可以从事除起重机械、土石方机械、桩工机械等安全生产管理工作以外的安全生产管理工作。综合类专职安全生产管理人员可以从事全部安全生产管理工作。

新申请专职安全生产管理人员安全生产考核只可以在机械、土建、综合三类中选择一类。机械类专职安全生产管理人员在参加土建类安全生产管理专业考试合格后，可以申请取得综合类专职安全生产管理人员安全生产考核合格证书。土建类专职安全生产管理人员在参加机械类安全生产管理专业考试合格后，可以申请取得综合类专职安全生产管理人员安全生产考核合格证书。

三、申请安全生产考核应具备的条件

（一）申请建筑施工企业主要负责人安全生产考核，应当具备下列条件：

1. 具有相应的文化程度、专业技术职称（法定代表人除外）；

2. 与所在企业确立劳动关系；

3. 经所在企业年度安全生产教育培训合格。

（二）申请建筑施工企业项目负责人安全生产考核，应当具备下列条件：

1. 取得相应注册执业资格；

2. 与所在企业确立劳动关系；

3. 经所在企业年度安全生产教育培训合格。

（三）申请专职安全生产管理人员安全生产考核，应当具备下列条件：

1. 年龄已满 18 周岁未满 60 周岁，身体健康；

2. 具有中专（含高中、中技、职高）及以上文化程度或初级及以上技术职称；

3. 与所在企业确立劳动关系，从事施工管理工作两年以上；

4. 经所在企业年度安全生产教育培训合格。

四、安全生产考核的内容与方式

安全生产考核包括安全生产知识考核和安全生产管理能力考核。安全生产考核要点见附件 1。

安全生产知识考核可采用书面或计算机答卷的方式；安全生产管理能力考核可采用现场实操考核或通过视频、图片等模拟现场考核方式。

机械类专职安全生产管理人员及综合类专职安全生产管理人员安全生产管理能力考核内容必须包括攀爬塔吊及起重机械隐患识别等。

五、安全生产考核合格证书的样式

建筑施工企业主要负责人、项目负责人和专职安全生产管理人员的安全生产考核合格证书由我部统一规定样式（见附件 2）。主要负责人证书封皮为红色，项目负责人证书封皮为绿色，专职安全生产管理人员证书封皮为蓝色。

六、安全生产考核合格证书的编号

建筑施工企业主要负责人、项目负责人安全生产考核合格证书编号应遵照《关于建筑施工企业主要负责人、项目负责人和专职安全生产管理人员安全生产考核合格证书有关问题的通知》（建办质〔2004〕23 号）有关规定。

专职安全生产管理人员安全生产考核合格证书按照下列规定编号：

（一）机械类专职安全生产管理人员，代码为 C1，编号组成：省、自治区、直辖市简称 + 建安 +C1+（证书颁发年份全称）+ 证书颁发当年流水次序号（7 位），如京建安 C1（2015）0000001；

（二）土建类专职安全生产管理人员，代码为 C2，编号组成：省、自治区、直辖市简称 + 建安 +C2+（证书颁发年份全称）+ 证书颁发当年流水次序号（7 位），如京建安 C2（2015）0000001；

（三）综合类专职安全生产管理人员，代码为 C3，编号组成：省、自治区、直辖市简称 + 建安 +C3+（证书颁发年份全称）+ 证书颁发当年流水次序号（7 位），如京建安 C3（2015）0000001。

七、安全生产考核合格证书的延续

建筑施工企业主要负责人、项目负责人和专职安全生产管理人员应当在安全生产考核合格证书有效期届满前 3 个月内，经所在企业向原考核机关申请证书延续。

符合下列条件的准予证书延续：

（一）在证书有效期内未因生产安全事故或者安全生产违法违规行为受到行政处罚；

（二）信用档案中无安全生产不良行为记录；

（三）企业年度安全生产教育培训合格，且在证书有效期内参加县级以上住房城乡建设主管部门组织的安全生产教育培训时间满 24 学时。

不符合证书延续条件的应当申请重新考核。不办理证书延续的，证书自动失效。

八、安全生产考核合格证书的换发

在本意见实施前已经取得专职安全生产管理人员安全生产考核合格证书且证书在有效期内的人员，经所在企业向原考核机关提出换发证书申请，可以选择换发土建类专职安全生产管理人员安全生产考核合格证书或者机械类专职安全生产管理人员安全生产考核合格证书。

九、安全生产考核合格证书的跨省变更

建筑施工企业主要负责人、项目负责人和专职安全生产管理人员跨省更换受聘企业的，应到原考核发证机关办理证书转出手续。原考核发证机关应为其办理包含原证书有效期限等信息的证书转出证明。

建筑施工企业主要负责人、项目负责人和专职安全生产管理人员持相关证明通过新受聘企业到该企业工商注册所在地的考核发证机关办理新证书。新证书应延续原证书的有效期。

十、专职安全生产管理人员的配备

建筑施工企业应当按照《建筑施工企业安全生产管理机构设置及专职安全生产管理人员配备办法》（建质〔2008〕91 号）的有关规定配备专职安全生产管理人员。建筑施工企业安全生产管理机构和建设工程项目中，应当既有可以从事起重机械、土石方机械、桩工机械等安全生产管理工作的专职安全生产管理人员，也有可以从事除起重机械、土石方机械、桩工机械等安全生产管理工作以外的安全生产管理工作的专职安全生产管理人员。

十一、安全生产考核合格证书的暂扣和撤销

建筑施工企业专职安全生产管理人员未按规定履行安全生产管理职责，导致发生一般生产安全事故的，考核机关应当暂扣其安全生产考核合格证书六个月以上一年以下。建筑施工企业主要负责人、项目负责人和专职安全生产管理人员未按规定履行安全生产管理职责，导致发生较大及以上生产安全事故的，考核机关应当撤销其安全生产考核合格证书。

十二、安全生产考核费用

建筑施工企业主要负责人、项目负责人和专职安全生产管理人员安全生产考核不得收取费用，考核工作所需相关费用，由省级人民政府住房城乡建设主管部门商同级财政部门予以保障。

附件：1. 安全生产考核要点

2. 安全生产考核合格证书样式

附件 1

安全生产考核要点

1　建筑施工企业主要负责人（A 类）

1.1　安全生产知识考核要点

1.1.1　建筑施工安全生产的方针政策、法律法规和标准规范。

1.1.2　建筑施工安全生产管理的基本理论和基础知识。

1.1.3　工程建设各方主体的安全生产法律义务与法律责任。

1.1.4　企业安全生产责任制和安全生产管理制度。

1.1.5　安全生产保证体系、资质资格、费用保险、教育培训、机械设备、防护用品、评价考核等管理。

1.1.6　危险性较大的分部分项工程、危险源辨识、安全技术交底和安全技术资料等安全技术管理。

1.1.7　安全检查、隐患排查与安全生产标准化。

1.1.8　场地管理与文明施工。

1.1.9　模板支撑工程、脚手架工程、建筑起重与升降机械设备使用、临时用电、高处作业和现场防火等安全技术要点。

1.1.10　事故应急预案、事故救援和事故报告、调查与处理。

1.1.11　国内外安全生产管理经验。

1.1.12　典型事故案例分析。

1.2　安全生产管理能力考核要点

1.2.1　贯彻执行建筑施工安全生产的方针政策、法律法规和标准规范情况。

1.2.2　建立健全本单位安全管理体系，设置安全生产管理机构与配备专职安全生产管理人员，以及领导带班值班情况。

1.2.3　建立健全本单位安全生产责任制，组织制定本单位安全生产管理制度和贯彻执行情况。

1.2.4　保证本单位安全生产所需资金投入情况。

1.2.5　制定本单位操作规程情况和开展施工安全标准化情况。

1.2.6　组织本单位开展安全检查、隐患排查，及时消除生产安全事故隐患情况。

1.2.7　与项目负责人签订安全生产责任书与目标考核情况，对工程项目负责人安全生产管理能力考核情况。

1.2.8　组织本单位开展安全生产教育培训工作情况，建筑施工企业主要负责人、项目负责人和专职安全生产管理人员和特种作业人员持证上岗情况，项目工地农民工业余学校创建工作情况，本人参加企业年度安全生产教育培训情况。

1.2.9　组织制定本单位生产安全事故应急救援预案，组织、指挥预案演练情况。

1.2.10　发生事故后，组织救援、保护现场、报告事故和配合事故调查、处理情况。

1.2.11　安全生产业绩：自考核之日，是否存在下列情形之一：

（1）未履行安全生产职责，对所发生的建筑施工一般或较大级别生产安全事故负有责任，受到刑事处罚和撤职处分，刑事处罚执行完毕不满五年或者受处分之日起不满五年的；

（2）未履行安全生产职责，对发生的建筑施工重大或特别重大级别生产安全事故负有责任，受到刑事处罚和撤职处分的；

（3）三年内，因未履行安全生产职责，受到行政处罚的；

（4）一年内，因未履行安全生产职责，信用档案中被记入不良行为记录或仍未撤销的。

1.3　考核内容与方式

1.3.1　考核内容包括安全生产知识考试、安全生产管理能力考核和安全生产管理实际能力考核等。

1.3.2　安全生产知识考试

采用书面或计算机闭卷考试方式，内容包括安全生产法律法规、安全管理和安全技术等内容。其中，法律法规占 50%，安全管理占 40%，土建综合安全技术占 6%，机械设备安全技术占 4%。

1.3.3　安全生产管理能力考核

（1）申请考核时，施工企业结合工作实际，对安全生产实际工作能力和安全生产业绩进行初步考核；

（2）受理企业申报后，建设主管部门结合日常监督管理和信用档案记录情况，对实际安全生产管理工作情况和安全生产业绩进行考核。

1.3.4　安全生产管理实际能力考核

施工现场实地或模拟施工现场，采用现场实操和口头陈述方式，考核查找存在的管理缺陷、事故隐患和处理紧急情况等实际工作能力。

2　建筑施工企业项目负责人（B 类）

2.1　安全生产知识考核要点

2.1.1　建筑施工安全生产的方针政策、法律法规和标准规范。

2.1.2　建筑施工安全生产管理、工程项目施工安全生产管理的基本理论和基础知识。

2.1.3　工程建设各方主体的安全生产法律义务与法律责任。

2.1.4　企业、工程项目安全生产责任制和安全生产管理制度。

2.1.5　安全生产保证体系、资质资格、费用保险、教育培训、机械设备、防护用品、评价考核等管理。

2.1.6　危险性较大的分部分项工程、危险源辨识、安全技术交底和安全技术资料等安全技术管理。

2.1.7　安全检查、隐患排查与安全生产标准化。

2.1.8　场地管理与文明施工。

2.1.9　模板支撑工程、脚手架工程、土方基坑工程、起重吊装工程，以及建筑起重与升降机械设备使用、施工临时用电、高处作业、电气焊（割）作业、现场防火和季节性施工等安全技术要点。

2.1.10 事故应急救援和事故报告、调查与处理。

2.1.11 国内外安全生产管理经验。

2.1.12 典型事故案例分析。

2.2 安全生产管理能力考核要点

2.2.1 贯彻执行建筑施工安全生产的方针政策、法律法规和标准规范情况。

2.2.2 组织和督促本工程项目安全生产工作，落实本单位安全生产责任制和安全生产管理制度情况。

2.2.3 保证工程项目安全防护和文明施工资金投入，以及为作业人员提供劳动保护用具和生产、生活环境情况。

2.2.4 建立工程项目安全生产保证体系、明确项目管理人员安全职责，明确建设、承包等各方安全生产责任，以及领导带班值班情况。

2.2.5 根据工程的特点和施工进度，组织制定安全施工措施和落实安全技术交底情况。

2.2.6 落实本单位的安全培训教育制度，创建项目工地农民工业余学校，组织岗前和班前安全生产教育情况。

2.2.7 组织工程项目开展安全检查、隐患排查，及时消除生产安全事故隐患情况。

2.2.8 按照《建筑施工安全检查标准》检查施工现场安全生产达标情况，以及开展安全标准化和考评情况。

2.2.9 落实施工现场消防安全制度，配备消防器材、设施情况。

2.2.10 按照本单位或总承包单位制订的施工现场生产安全事故应急救援预案，建立应急救援组织或者配备应急救援人员、器材、设备并组织演练等情况。

2.2.11 发生事故后，组织救援、保护现场、报告事故和配合事故调查、处理情况。

2.2.12 安全生产业绩：自考核之日，是否存在下列情形之一：

（1）未履行安全生产职责，对所发生的建筑施工一般或较大级别生产安全事故负有责任，受到刑事处罚和撤职处分，刑事处罚执行完毕不满五年或者受处分之日起不满五年的；

（2）未履行安全生产职责，对发生的建筑施工重大或特别重大级别生产安全事故负有责任，受到刑事处罚和撤职处分的；

（3）三年内，因未履行安全生产职责，受到行政处罚的；

（4）一年内，因未履行安全生产职责，信用档案中被记入不良行为记录或仍未撤销的。

2.3 考核内容与方式

2.3.1 考核内容包括安全生产知识考试、安全生产管理能力考核和安全生产管理实际能力考核等。

2.3.2 安全生产知识考试

采用书面或计算机闭卷考试方式，内容包括安全生产法律法规、安全管理和安全技术等内容。其中，法律法规占30%，安全管理占40%，土建综合安全技术占18%，机械设备安全技术占12%。

2.3.3　安全生产管理能力考核

同1.3.3内容。

2.3.4　安全生产管理实际能力考核

同1.3.4内容。

3　建筑施工企业机械类专职安全生产管理人员（C1类）

3.1　安全生产知识考核要点

3.1.1　建筑施工安全生产的方针政策、法律法规、规章制度和标准规范。

3.1.2　建筑施工安全生产管理、工程项目施工安全生产管理的基本理论和基础知识。

3.1.3　工程建设各方主体的安全生产法律义务与法律责任。

3.1.4　企业、工程项目安全生产责任制和安全生产管理制度。

3.1.5　安全生产保证体系、资质资格、费用保险、教育培训、机械设备、防护用品、评价考核等管理。

3.1.6　危险性较大的分部分项工程、危险源辨识、安全技术交底和安全技术资料等安全技术管理。

3.1.7　施工现场安全检查、隐患排查与安全生产标准化。

3.1.8　场地管理与文明施工。

3.1.9　事故应急救援和事故报告、调查与处理。

3.1.10　起重吊装、土方与筑路机械、建筑起重与升降机械设备，以及混凝土、木工、钢筋和桩工机械等安全技术要点。

3.1.11　国内外安全生产管理经验。

3.1.12　机械类典型事故案例分析。

3.2　安全生产管理能力考核要点

3.2.1　贯彻执行建筑施工安全生产的方针政策、法律法规、规章制度和标准规范情况。

3.2.2　对施工现场进行检查、巡查，查处建筑起重机械、升降设备、施工机械机具等方面违反安全生产规范标准、规章制度行为，监督落实安全隐患的整改情况。

3.2.3　发现生产安全事故隐患，及时向项目负责人和安全生产管理机构报告以及消除隐患情况。

3.2.4　制止现场相关专业违章指挥、违章操作、违反劳动纪律等行为情况。

3.2.5　监督相关专业施工方案、技术措施和技术交底的执行情况，督促安全技术资料的整理、归档情况。

3.2.6　检查相关专业作业人员安全教育培训和持证上岗情况。

3.2.7　发生事故后，参加抢救、救护和及时如实报告事故、积极配合事故的调查处理情况。

3.2.8　安全生产业绩：自考核之日起，是否存在下列情形之一：

（1）未履行安全生产职责，对所发生的建筑施工生产安全事故负有责任，受到刑事处罚和撤职处分，刑事处罚执行完毕不满三年或者受处分之日起不满三年的；

（2）三年内，因未履行安全生产职责，受到行政处罚的；

（3）一年内，因未履行安全生产职责，信用档案中被记入不良行为记录或仍未撤销的。

3.3　考核内容与方式

3.3.1　考核内容包括安全生产知识考试、安全生产管理能力考核和安全生产管理实际能力考核等。

3.3.2　安全生产知识考试

采用书面或计算机闭卷考试方式，内容包括安全生产法律法规、安全管理和安全技术等内容。其中，法律法规占 20%，安全管理占 40%，机械设备安全技术占 40%。

3.3.3　安全生产管理能力考核

同 1.3.3 内容。

3.3.4　安全生产管理实际能力考核

同 1.3.4 内容。

4　建筑施工企业土建类专职安全生产管理人员（C2 类）

4.1　安全生产知识考核要点

4.1.1　建筑施工安全生产的方针政策、法律法规和标准规范。

4.1.2　建筑施工安全生产管理、工程项目施工安全生产管理的基本理论和基础知识。

4.1.3　工程建设各方主体的安全生产法律义务与法律责任。

4.1.4　企业、工程项目安全生产责任制和安全生产管理制度。

4.1.5　安全生产保证体系、资质资格、费用保险、教育培训、机械设备、防护用品、评价考核等管理。

4.1.6　危险性较大的分部分项工程、危险源辨识、安全技术交底和安全技术资料等安全技术管理。

4.1.7　施工现场安全检查、隐患排查与安全生产标准化。

4.1.8　场地管理与文明施工。

4.1.9　事故应急救援和事故报告、调查与处理。

4.1.10　模板支撑工程、脚手架工程、土方基坑工程、施工临时用电、高处作业、电气焊（割）作业、现场防火和季节性施工等安全技术要点。

4.1.11　国内外安全生产管理经验。

4.1.12　土建类典型事故案例分析。

4.2　安全生产管理能力考核要点

4.2.1　贯彻执行建筑施工安全生产的方针政策、法律法规、规章制度和标准规范情况。

4.2.2　对施工现场进行检查、巡查，查处模板支撑、脚手架和土方基坑工程、施工临时用电、高处作业、电气焊（割）作业和季节性施工，以及施工现场生产生活设施、现场消防和文明施工等方面违反安全生产规范标准、规章制度行为，监督落实安全隐患的整改情况。

4.2.3　发现生产安全事故隐患，及时向项目负责人和安全生产管理机构报告以及消除情况。

4.2.4　制止现场违章指挥、违章操作、违反劳动纪律等行为情况。

4.2.5　监督相关专业施工方案、技术措施和技术交底的执行情况，督促安全技术资料的整理、归档情况。

4.2.6　检查相关专业作业人员安全教育培训和持证上岗情况。

4.2.7　发生事故后，参加救援、救护和及时如实报告事故、积极配合事故的调查处理情况。

4.2.8　安全生产业绩：同 3.2.8 内容。

4.3　考核内容与方式

4.3.1　考核内容包括安全生产知识考试、安全生产管理能力考核和安全生产管理实际能力考核等。

4.3.2　安全生产知识考试

采用书面或计算机闭卷考试方式，内容包括安全生产法律法规、安全管理和安全技术等内容。其中，法律法规占 20%，安全管理占 40%，土建综合安全技术占 40%。

4.3.3　安全生产管理能力考核

同 1.3.3 内容。

4.3.4　安全生产管理实际能力考核

同 1.3.4 内容。

5　建筑施工企业综合类专职安全生产管理人员（C3 类）

5.1　安全生产知识考核要点

5.1.1　建筑施工安全生产的方针政策、法律法规、规章制度和标准规范。

5.1.2　建筑施工安全生产管理、工程项目施工安全生产管理的基本理论和基础知识。

5.1.3　工程建设各方主体的安全生产法律义务与法律责任。

5.1.4　企业、工程项目安全生产责任制和安全生产管理制度。

5.1.5　安全生产保证体系、资质资格、费用保险、教育培训、机械设备、防护用品、评价考核等管理。

5.1.6　危险性较大的分部分项工程、危险源辨识、安全技术交底和安全技术资料等安全技术管理。

5.1.7　施工现场安全检查、隐患排查与安全生产标准化。

5.1.8　场地管理与文明施工。

5.1.9　事故应急救援和事故报告、调查与处理。

5.1.10　起重吊装、土方与筑路机械、建筑起重与升降机械设备，以及混凝土、木工、钢筋和桩工机械等安全技术要点；模板支撑工程、脚手架工程、土方基坑工程、施工临时用电、高处作业、电气焊（割）作业、现场防火和季节性施工等安全技术要点。

5.1.11　国内外安全生产管理经验。

5.1.12　典型事故案例分析。

5.2　安全生产管理能力考核要点

5.2.1　贯彻执行建筑施工安全生产的方针政策、法律法规、规章制度和标准规范情况。

5.2.2　对施工现场进行检查、巡查，查处建筑起重机械、升降设备、施工机械机具等方面违反安全生产规范标准、规章制度行为，监督落实安全隐患的整改情况；对施工现场进行检查、巡查，查处模板支撑、脚手架和土方基坑工程、施工临时用电、高处作业、电气焊（割）作业和季节性施工，以及施工现场生产生活设施、现场消防和文明施工等方面违反安全生产规范标准、规章制度行为，监督落实安全隐患的整改情况。

5.2.3　发现生产安全事故隐患，及时向项目负责人和安全生产管理机构报告，及时消除生产安全事故隐患情况。

5.2.4　制止现场违章指挥、违章操作、违反劳动纪律等行为情况。

5.2.5　监督相关专业施工方案、技术措施和技术交底的执行情况，督促安全技术资料的整理、归档情况。

5.2.6　检查施工现场作业人员安全教育培训和持证上岗情况。

5.2.7　发生事故后，参加抢救、救护和及时如实报告事故、积极配合事故的调查处理情况。

5.2.8　安全生产业绩：同 3.2.8 内容。

5.3　考核内容与方式

5.3.1　考核内容包括安全生产知识考试、安全生产管理能力考核和安全生产管理实际能力考核等。

5.3.2　安全生产知识考试

采用书面或计算机闭卷考试方式，内容包括安全生产法律法规、安全管理和安全技术等内容。其中，法律法规占 20%，安全管理占 40%，机械设备、土建综合安全技术占 40%。

5.3.3　安全生产管理能力考核

同 1.3.3 内容。

5.3.4　安全生产管理实际能力考核

同 1.3.4 内容。

附件 2

安全生产考核合格证书样式（略）

（三）建筑施工企业安全生产管理机构设置及专职安全生产管理人员配备办法

第一条 为规范建筑施工企业安全生产管理机构的设置，明确建筑施工企业和项目专职安全生产管理人员的配备标准，根据《中华人民共和国安全生产法》《建设工程安全生产管理条例》《安全生产许可证条例》及《建筑施工企业安全生产许可证管理规定》，制定本办法。

第二条 从事土木工程、建筑工程、线路管道和设备安装工程及装修工程的新建、改建、扩建和拆除等活动的建筑施工企业安全生产管理机构的设置及其专职安全生产管理人员的配备，适用本办法。

第三条 本办法所称安全生产管理机构是指建筑施工企业设置的负责安全生产管理工作的独立职能部门。

第四条 本办法所称专职安全生产管理人员是指经建设主管部门或者其他有关部门安全生产考核合格取得安全生产考核合格证书，并在建筑施工企业及其项目从事安全生产管理工作的专职人员。

第五条 建筑施工企业应当依法设置安全生产管理机构，在企业主要负责人的领导下开展本企业的安全生产管理工作。

第六条 建筑施工企业安全生产管理机构具有以下职责：

（一）宣传和贯彻国家有关安全生产法律法规和标准；

（二）编制并适时更新安全生产管理制度并监督实施；

（三）组织或参与企业生产安全事故应急救援预案的编制及演练；

（四）组织开展安全教育培训与交流；

（五）协调配备项目专职安全生产管理人员；

（六）制订企业安全生产检查计划并组织实施；

（七）监督在建项目安全生产费用的使用；

（八）参与危险性较大工程安全专项施工方案专家论证会；

（九）通报在建项目违规违章查处情况；

（十）组织开展安全生产评优评先表彰工作；

（十一）建立企业在建项目安全生产管理档案；

（十二）考核评价分包企业安全生产业绩及项目安全生产管理情况；

（十三）参加生产安全事故的调查和处理工作；

（十四）企业明确的其他安全生产管理职责。

第七条 建筑施工企业安全生产管理机构专职安全生产管理人员在施工现场检查过程中具有以下职责：

（一）查阅在建项目安全生产有关资料、核实有关情况；

（二）检查危险性较大工程安全专项施工方案落实情况；

（三）监督项目专职安全生产管理人员履责情况；

（四）监督作业人员安全防护用品的配备及使用情况；

（五）对发现的安全生产违章违规行为或安全隐患，有权当场予以纠正或作出处理决定；

（六）对不符合安全生产条件的设施、设备、器材，有权当场作出查封的处理决定；

（七）对施工现场存在的重大安全隐患有权越级报告或直接向建设主管部门报告；

（八）企业明确的其他安全生产管理职责。

第八条 建筑施工企业安全生产管理机构专职安全生产管理人员的配备应满足下列要求，并应根据企业经营规模、设备管理和生产需要予以增加：

（一）建筑施工总承包资质序列企业：特级资质不少于 6 人；一级资质不少于 4 人；二级和二级以下资质企业不少于 3 人。

（二）建筑施工专业承包资质序列企业：一级资质不少于 3 人；二级和二级以下资质企业不少于 2 人。

（三）建筑施工劳务分包资质序列企业：不少于 2 人。

（四）建筑施工企业的分公司、区域公司等较大的分支机构（以下简称分支机构）应依据实际生产情况配备不少于 2 人的专职安全生产管理人员。

第九条 建筑施工企业应当实行建设工程项目专职安全生产管理人员委派制度。建设工程项目的专职安全生产管理人员应当定期将项目安全生产管理情况报告企业安全生产管理机构。

第十条 建筑施工企业应当在建设工程项目组建安全生产领导小组。建设工程实行施工总承包的，安全生产领导小组由总承包企业、专业承包企业和劳务分包企业项目经理、技术负责人和专职安全生产管理人员组成。

第十一条 安全生产领导小组的主要职责：

（一）贯彻落实国家有关安全生产法律法规和标准；

（二）组织制定项目安全生产管理制度并监督实施；

（三）编制项目生产安全事故应急救援预案并组织演练；

（四）保证项目安全生产费用的有效使用；

（五）组织编制危险性较大工程安全专项施工方案；

（六）开展项目安全教育培训；

（七）组织实施项目安全检查和隐患排查；

（八）建立项目安全生产管理档案；

（九）及时、如实报告安全生产事故。

第十二条 项目专职安全生产管理人员具有以下主要职责：

（一）负责施工现场安全生产日常检查并做好检查记录；

（二）现场监督危险性较大工程安全专项施工方案实施情况；

（三）对作业人员违规违章行为有权予以纠正或查处；

（四）对施工现场存在的安全隐患有权责令立即整改；

（五）对于发现的重大安全隐患，有权向企业安全生产管理机构报告；

（六）依法报告生产安全事故情况。

第十三条 总承包单位配备项目专职安全生产管理人员应当满足下列要求：

（一）建筑工程、装修工程按照建筑面积配备：

1.1 万平方米以下的工程不少于 1 人；

2.1 万～5 万平方米的工程不少于 2 人；

3.5 万平方米及以上的工程不少于 3 人，且按专业配备专职安全生产管理人员。

（二）土木工程、线路管道、设备安装工程按照工程合同价配备：

1. 5000 万元以下的工程不少于 1 人；

2. 5000 万～1 亿元的工程不少于 2 人；

3. 1 亿元及以上的工程不少于 3 人，且按专业配备专职安全生产管理人员。

第十四条 分包单位配备项目专职安全生产管理人员应当满足下列要求：

（一）专业承包单位应当配置至少 1 人，并根据所承担的分部分项工程的工程量和施工危险程度增加。

（二）劳务分包单位施工人员在 50 人以下的，应当配备 1 名专职安全生产管理人员；50 人～200 人的，应当配备 2 名专职安全生产管理人员；200 人及以上的，应当配备 3 名及以上专职安全生产管理人员，并根据所承担的分部分项工程施工危险实际情况增加，不得少于工程施工人员总人数的 5‰。

第十五条 采用新技术、新工艺、新材料或致害因素多、施工作业难度大的工程项目，项目专职安全生产管理人员的数量应当根据施工实际情况，在第十三条、第十四条规定的配备标准上增加。

第十六条 施工作业班组可以设置兼职安全巡查员，对本班组的作业场所进行安全监督检查。

建筑施工企业应当定期对兼职安全巡查员进行安全教育培训。

第十七条 安全生产许可证颁发管理机关颁发安全生产许可证时，应当审查建筑施工企业安全生产管理机构设置及其专职安全生产管理人员的配备情况。

第十八条 建设主管部门核发施工许可证或者核准开工报告时，应当审查该工程项目专职安全生产管理人员的配备情况。

第十九条 建设主管部门应当监督检查建筑施工企业安全生产管理机构及其专职安全生产管理人员履责情况。

第二十条 本办法自颁发之日起实施，原《关于印发〈建筑施工企业安全生产管理机构设置及专职安全生产管理人员配备办法〉和〈危险性较大工程安全专项施工方案编制及专家论证审查办法〉的通知》（建质〔2004〕213 号）中的《建筑施工企业安全生产管理机构设置及专职安全生产管理人员配备办法》废止。

（四）建筑起重机械备案登记办法

第一条 为加强建筑起重机械备案登记管理，根据《建筑起重机械安全监督管理规定》（建设部令第 166 号），制定本办法。

第二条 本办法所称建筑起重机械备案登记包括建筑起重机械备案、安装（拆卸）告知和使用登记。

第三条 县级以上地方人民政府建设主管部门可以使用计算机信息管理系统办理建筑起重机械备案登记，并建立数据库。

县级以上地方人民政府建设主管部门应当提供本行政区域内建筑起重机械备案登记查询服务。

第四条 出租、安装、使用单位应当按规定提交建筑起重机械备案登记资料，并对所提供资料的真实性负责。

县级以上地方人民政府建设主管部门应当建立建筑起重机械备案登记诚信考核制度。

第五条 建筑起重机械出租单位或者自购建筑起重机械使用单位（以下简称“产权单位”）在建筑起重机械首次出租或安装前，应当向本单位工商注册所在地县级以上地方人民政府建设主管部门（以下简称“设备备案机关”）办理备案。

第六条 产权单位在办理备案手续时，应当向设备备案机关提交以下资料：

（一）产权单位法人营业执照副本；

（二）特种设备制造许可证；

（三）产品合格证；

（四）制造监督检验证明；

（五）建筑起重机械设备购销合同、发票或相应有效凭证；

（六）设备备案机关规定的其他资料。

所有资料复印件应当加盖产权单位公章。

第七条 设备备案机关应当自收到产权单位提交的备案资料之日起 7 个工作日内，对符合备案条件且资料齐全的建筑起重机械进行编号，向产权单位核发建筑起重机械备案证明。

建筑起重机械备案编号规则见附件一。

第八条 有下列情形之一的建筑起重机械，设备备案机关不予备案，并通知产权单位：

（一）属国家和地方明令淘汰或者禁止使用的；

（二）超过制造厂家或者安全技术标准规定的使用年限的；

（三）经检验达不到安全技术标准规定的。

第九条 起重机械产权单位变更时，原产权单位应当持建筑起重机械备案证明到设备备案机关办理备案注销手续。设备备案机关应当收回其建筑起重机械备案证明。

原产权单位应当将建筑起重机械的安全技术档案移交给现产权单位。

现产权单位应当按照本办法办理建筑起重机械备案手续。

第十条 建筑起重机械属于本办法第八条情形之一的，产权单位应当及时采取解体等销毁措施予以报废，并向设备备案机关办理备案注销手续。

第十一条 从事建筑起重机械安装、拆卸活动的单位（以下简称“安装单位”）办理建筑起重机械安装（拆卸）告知手续前，应当将以下资料报送施工总承包单位、监理单位审核：

（一）建筑起重机械备案证明；

（二）安装单位资质证书、安全生产许可证副本；

（三）安装单位特种作业人员证书；

（四）建筑起重机械安装（拆卸）工程专项施工方案；

（五）安装单位与使用单位签订的安装（拆卸）合同及安装单位与施工总承包单位签订的安全协议书；

（六）安装单位负责建筑起重机械安装（拆卸）工程专职安全生产管理人员、专业技术人员名单；

（七）建筑起重机械安装（拆卸）工程生产安全事故应急救援预案；

（八）辅助起重机械资料及其特种作业人员证书；

（九）施工总承包单位、监理单位要求的其他资料。

第十二条 施工总承包单位、监理单位应当在收到安装单位提交的齐全有效的资料之日起 2 个工作日内审核完毕并签署意见。

第十三条 安装单位应当在建筑起重机械安装（拆卸）前 2 个工作日内通过书面形式、传真或者计算机信息系统告知工程所在地县级以上地方人民政府建设主管部门，同时按规定提交经施工总承包单位、监理单位审核合格的有关资料。

第十四条 建筑起重机械使用单位在建筑起重机械安装验收合格之日起 30 日内，向工程所在地县级以上地方人民政府建设主管部门（以下简称“使用登记机关”）办理使用登记。

第十五条 使用单位在办理建筑起重机械使用登记时，应当向使用登记机关提交下列资料：

（一）建筑起重机械备案证明；

（二）建筑起重机械租赁合同；

（三）建筑起重机械检验检测报告和安装验收资料；

（四）使用单位特种作业人员资格证书；

（五）建筑起重机械维护保养等管理制度；

（六）建筑起重机械生产安全事故应急救援预案；

（七）使用登记机关规定的其他资料。

第十六条 使用登记机关应当自收到使用单位提交的资料之日起 7 个工作日内，

对于符合登记条件且资料齐全的建筑起重机械核发建筑起重机械使用登记证明。

第十七条 有下列情形之一的建筑起重机械，使用登记机关不予使用登记并有权责令使用单位立即停止使用或者拆除：

（一）属于本办法第八条情形之一的；

（二）未经检验检测或者经检验检测不合格的；

（三）未经安装验收或者经安装验收不合格的。

第十八条 使用登记机关应当在安装单位办理建筑起重机械拆卸告知手续时，注销建筑起重机械使用登记证明。

第十九条 建筑起重机械实行年度统计上报制度。省、自治区、直辖市人民政府建设主管部门应当在每年年底将本地区建筑起重机械备案登记情况汇总后上报国务院建设主管部门。

建筑起重机械备案登记汇总表见附件二。

第二十条 县级以上地方人民政府建设主管部门应当对施工现场的建筑起重机械备案登记情况进行监督检查。

第二十一条 省级以上人民政府建设主管部门应当按照有关规定及时公布限制或禁止使用的建筑起重机械。

第二十二条 出租、安装、使用单位未按规定办理建筑起重机械备案、安装（拆卸）告知、使用登记及注销手续的，由建设主管部门依照有关法规和规章进行处罚。

第二十三条 省、自治区、直辖市人民政府建设主管部门可结合本地区实际制定实施细则。

第二十四条 本办法自 2008 年 6 月 1 日起施行。

附件：1. 建筑起重机械备案编号规则

2. 建筑起重机械备案登记汇总表

附件 1

建筑起重机械备案编号规则

1. 建筑起重机械备案编号：

×××（1）－×（2）×××××（3）

其中：

（1）起重机械备案属地代号——第一位“×”表示省（区）的简称；第二位“×”为设区市的英文字母代号；第三位“×”为区、市（县）的英文字母代号。设区市的代号以及区、市（县）的代号，由各省（区）自行确定。

（2）起重机械规格型号——“×”表示起重机械类别英文字母代号（代号对照表见表 A）。

（3）起重机械备案序号——“×××××”表示五位阿拉伯数字备案序号，由区、市（县）从 00001 开始编号。

2. 示例：苏 AB—T00001

表示：江苏 A 市 B 县进行起重机械备案的一台塔式起重机，备案序号为 00001 号。

3. 代号对照表表 A

类别	塔式起重机	施工升降机 （不含物料提升机）	物料提升机	其他 起重机械
代号	T	S	W	由各地自定

附件 2

建筑起重机械备案登记汇总表

________省（章）：　　　　　　　　填表日期：　　年　　月　　日

类别	本年度核发建筑起重机械备案证数量	本年度注销建筑起重机械备案证数量	本年度核发使用登记证数量	本年度注销使用登记证数量
塔式起重机				
施工升降机				
（不含物料提升机）				
物料提升机				
其他起重机械				
合　计				

（五）住房城乡建设部办公厅关于实施《危险性较大的分部分项工程安全管理规定》有关问题的通知

为贯彻实施《危险性较大的分部分项工程安全管理规定》（住房城乡建设部令第37号），进一步加强和规范房屋建筑和市政基础设施工程中危险性较大的分部分项工程（以下简称危大工程）安全管理，现将有关问题通知如下：

一、关于危大工程范围

危大工程范围详见附件1。超过一定规模的危大工程范围详见附件2。

二、关于专项施工方案内容

危大工程专项施工方案的主要内容应当包括：

（一）工程概况：危大工程概况和特点、施工平面布置、施工要求和技术保证条件；

（二）编制依据：相关法律、法规、规范性文件、标准、规范及施工图设计文件、施工组织设计等；

（三）施工计划：包括施工进度计划、材料与设备计划；

（四）施工工艺技术：技术参数、工艺流程、施工方法、操作要求、检查要求等；

（五）施工安全保证措施：组织保障措施、技术措施、监测监控措施等；

（六）施工管理及作业人员配备和分工：施工管理人员、专职安全生产管理人员、特种作业人员、其他作业人员等；

（七）验收要求：验收标准、验收程序、验收内容、验收人员等；

（八）应急处置措施；

（九）计算书及相关施工图纸。

三、关于专家论证会参会人员

超过一定规模的危大工程专项施工方案专家论证会的参会人员应当包括：

（一）专家；

（二）建设单位项目负责人；

（三）有关勘察、设计单位项目技术负责人及相关人员；

（四）总承包单位和分包单位技术负责人或授权委派的专业技术人员、项目负责人、项目技术负责人、专项施工方案编制人员、项目专职安全生产管理人员及相关人员；

（五）监理单位项目总监理工程师及专业监理工程师。

四、关于专家论证内容

对于超过一定规模的危大工程专项施工方案，专家论证的主要内容应当包括：

（一）专项施工方案内容是否完整、可行；

（二）专项施工方案计算书和验算依据、施工图是否符合有关标准规范；

（三）专项施工方案是否满足现场实际情况，并能够确保施工安全。

五、关于专项施工方案修改

超过一定规模的危大工程专项施工方案经专家论证后结论为“通过”的，施工单位可参考专家意见自行修改完善；结论为“修改后通过”的，专家意见要明确具体修改内容，施工单位应当按照专家意见进行修改，并履行有关审核和审查手续后方可实施，修改情况应及时告知专家。

六、关于监测方案内容

进行第三方监测的危大工程监测方案的主要内容应当包括工程概况、监测依据、监测内容、监测方法、人员及设备、测点布置与保护、监测频次、预警标准及监测成果报送等。

七、关于验收人员

危大工程验收人员应当包括：

（一）总承包单位和分包单位技术负责人或授权委派的专业技术人员、项目负责人、项目技术负责人、专项施工方案编制人员、项目专职安全生产管理人员及相关人员；

（二）监理单位项目总监理工程师及专业监理工程师；

（三）有关勘察、设计和监测单位项目技术负责人。

八、关于专家条件

设区的市级以上地方人民政府住房城乡建设主管部门建立的专家库专家应当具备以下基本条件：

（一）诚实守信、作风正派、学术严谨；

（二）从事相关专业工作 15 年以上或具有丰富的专业经验；

（三）具有高级专业技术职称。

九、关于专家库管理

设区的市级以上地方人民政府住房城乡建设主管部门应当加强对专家库专家的管理，定期向社会公布专家业绩，对于专家不认真履行论证职责、工作失职等行为，记入不良信用记录，情节严重的，取消专家资格。

《关于印发〈危险性较大的分部分项工程安全管理办法〉的通知》（建质〔2009〕87 号）自 2018 年 6 月 1 日起废止。

附件：1. 危险性较大的分部分项工程范围

2. 超过一定规模的危险性较大的分部分项工程范围

中华人民共和国住房和城乡建设部办公厅

2018 年 5 月 17 日

附件 1

危险性较大的分部分项工程范围

一、基坑工程

（一）开挖深度超过 3m（含 3m）的基坑（槽）的土方开挖、支护、降水工程。

（二）开挖深度虽未超过 3m，但地质条件、周围环境和地下管线复杂，或影响毗邻建、构筑物安全的基坑（槽）的土方开挖、支护、降水工程。

二、模板工程及支撑体系

（一）各类工具式模板工程：包括滑模、爬模、飞模、隧道模等工程。

（二）混凝土模板支撑工程：搭设高度 5m 及以上，或搭设跨度 10m 及以上，或施工总荷载（荷载效应基本组合的设计值，以下简称设计值）$10kN/m^2$ 及以上，或集中线荷载（设计值）15kN/m 及以上，或高度大于支撑水平投影宽度且相对独立无联系构件的混凝土模板支撑工程。

（三）承重支撑体系：用于钢结构安装等满堂支撑体系。

三、起重吊装及起重机械安装拆卸工程

（一）采用非常规起重设备、方法，且单件起吊重量在 10kN 及以上的起重吊装工程。

（二）采用起重机械进行安装的工程。

（三）起重机械安装和拆卸工程。

四、脚手架工程

（一）搭设高度 24m 及以上的落地式钢管脚手架工程（包括采光井、电梯井脚手架）。

（二）附着式升降脚手架工程。

（三）悬挑式脚手架工程。

（四）高处作业吊篮。

（五）卸料平台、操作平台工程。

（六）异型脚手架工程。

五、拆除工程

可能影响行人、交通、电力设施、通信设施或其他建、构筑物安全的拆除工程。

六、暗挖工程

采用矿山法、盾构法、顶管法施工的隧道、洞室工程。

七、其他

（一）建筑幕墙安装工程。

（二）钢结构、网架和索膜结构安装工程。

（三）人工挖孔桩工程。

（四）水下作业工程。

（五）装配式建筑混凝土预制构件安装工程。

（六）采用新技术、新工艺、新材料、新设备可能影响工程施工安全，尚无国家、行业及地方技术标准的分部分项工程。

附件 2

超过一定规模的危险性较大的分部分项工程范围

一、深基坑工程

开挖深度超过 5m（含 5m）的基坑（槽）的土方开挖、支护、降水工程。

二、模板工程及支撑体系

（一）各类工具式模板工程：包括滑模、爬模、飞模、隧道模等工程。

（二）混凝土模板支撑工程：搭设高度 8m 及以上，或搭设跨度 18m 及以上，或施工总荷载（设计值）15kN/m^2 及以上，或集中线荷载（设计值）20kN/m 及以上。

（三）承重支撑体系：用于钢结构安装等满堂支撑体系，承受单点集中荷载 7kN 及以上。

三、起重吊装及起重机械安装拆卸工程

（一）采用非常规起重设备、方法，且单件起吊重量在 100kN 及以上的起重吊装工程。

（二）起重量 300kN 及以上，或搭设总高度 200m 及以上，或搭设基础标高在 200m 及以上的起重机械安装和拆卸工程。

四、脚手架工程

（一）搭设高度 50m 及以上的落地式钢管脚手架工程。

（二）提升高度在 150m 及以上的附着式升降脚手架工程或附着式升降操作平台工程。

（三）分段架体搭设高度 20m 及以上的悬挑式脚手架工程。

五、拆除工程

（一）码头、桥梁、高架、烟囱、水塔或拆除中容易引起有毒有害气（液）体或粉尘扩散、易燃易爆事故发生的特殊建、构筑物的拆除工程。

（二）文物保护建筑、优秀历史建筑或历史文化风貌区影响范围内的拆除工程。

六、暗挖工程

采用矿山法、盾构法、顶管法施工的隧道、洞室工程。

七、其他

（一）施工高度 50m 及以上的建筑幕墙安装工程。

（二）跨度 36m 及以上的钢结构安装工程，或跨度 60m 及以上的网架和索膜结构安装工程。

（三）开挖深度 16m 及以上的人工挖孔桩工程。

（四）水下作业工程。

（五）重量 1000kN 及以上的大型结构整体顶升、平移、转体等施工工艺。

（六）采用新技术、新工艺、新材料、新设备可能影响工程施工安全，尚无国家、行业及地方技术标准的分部分项工程。

（六）建筑施工特种作业人员管理规定

第一章　总　则

第一条　为加强对建筑施工特种作业人员的管理，防止和减少生产安全事故，根据《安全生产许可证条例》《建筑起重机械安全监督管理规定》等法规规章，制定本规定。

第二条　建筑施工特种作业人员的考核、发证、从业和监督管理，适用本规定。

本规定所称建筑施工特种作业人员是指在房屋建筑和市政工程施工活动中，从事可能对本人、他人及周围设备设施的安全造成重大危害作业的人员。

第三条　建筑施工特种作业包括：

（一）建筑电工；

（二）建筑架子工；

（三）建筑起重信号司索工；

（四）建筑起重机械司机；

（五）建筑起重机械安装拆卸工；

（六）高处作业吊篮安装拆卸工；

（七）经省级以上人民政府建设主管部门认定的其他特种作业。

第四条　建筑施工特种作业人员必须经建设主管部门考核合格，取得建筑施工特种作业人员操作资格证书（以下简称“资格证书”），方可上岗从事相应作业。

第五条　国务院建设主管部门负责全国建筑施工特种作业人员的监督管理工作。

省、自治区、直辖市人民政府建设主管部门负责本行政区域内建筑施工特种作业人员的监督管理工作。

第二章　考　核

第六条　建筑施工特种作业人员的考核发证工作，由省、自治区、直辖市人民政府建设主管部门或其委托的考核发证机构（以下简称“考核发证机关”）负责组织实施。

第七条　考核发证机关应当在办公场所公布建筑施工特种作业人员申请条件、申请程序、工作时限、收费依据和标准等事项。

考核发证机关应当在考核前在机关网站或新闻媒体上公布考核科目、考核地点、考核时间和监督电话等事项。

第八条　申请从事建筑施工特种作业的人员，应当具备下列基本条件：

（一）年满 18 周岁且符合相关工种规定的年龄要求；

（二）经医院体检合格且无妨碍从事相应特种作业的疾病和生理缺陷；

（三）初中及以上学历；

（四）符合相应特种作业需要的其他条件。

第九条 符合本规定第八条规定的人员应当向本人户籍所在地或者从业所在地考核发证机关提出申请，并提交相关证明材料。

第十条 考核发证机关应当自收到申请人提交的申请材料之日起 5 个工作日内依法作出受理或者不予受理决定。

对于受理的申请，考核发证机关应当及时向申请人核发准考证。

第十一条 建筑施工特种作业人员的考核内容应当包括安全技术理论和实际操作。

考核大纲由国务院建设主管部门制定。

第十二条 考核发证机关应当自考核结束之日起 10 个工作日内公布考核成绩。

第十三条 考核发证机关对于考核合格的，应当自考核结果公布之日起 10 个工作日内颁发资格证书；对于考核不合格的，应当通知申请人并说明理由。

第十四条 资格证书应当采用国务院建设主管部门规定的统一样式，由考核发证机关编号后签发。资格证书在全国通用。

资格证书样式见附件一，编号规则见附件二。

第三章　从　业

第十五条 持有资格证书的人员，应当受聘于建筑施工企业或者建筑起重机械出租单位（以下简称用人单位），方可从事相应的特种作业。

第十六条 用人单位对于首次取得资格证书的人员，应当在其正式上岗前安排不少于 3 个月的实习操作。

第十七条 建筑施工特种作业人员应当严格按照安全技术标准、规范和规程进行作业，正确佩戴和使用安全防护用品，并按规定对作业工具和设备进行维护保养。

建筑施工特种作业人员应当参加年度安全教育培训或者继续教育，每年不得少于 24 小时。

第十八条 在施工中发生危及人身安全的紧急情况时，建筑施工特种作业人员有权立即停止作业或者撤离危险区域，并向施工现场专职安全生产管理人员和项目负责人报告。

第十九条 用人单位应当履行下列职责：

（一）与持有效资格证书的特种作业人员订立劳动合同；

（二）制定并落实本单位特种作业安全操作规程和有关安全管理制度；

（三）书面告知特种作业人员违章操作的危害；

（四）向特种作业人员提供齐全、合格的安全防护用品和安全的作业条件；

（五）按规定组织特种作业人员参加年度安全教育培训或者继续教育，培训时间不少于 24 小时；

（六）建立本单位特种作业人员管理档案；

（七）查处特种作业人员违章行为并记录在档；

（八）法律法规及有关规定明确的其他职责。

第二十条 任何单位和个人不得非法涂改、倒卖、出租、出借或者以其他形式转让资格证书。

第二十一条 建筑施工特种作业人员变动工作单位，任何单位和个人不得以任何理由非法扣押其资格证书。

第四章 延期复核

第二十二条 资格证书有效期为两年。有效期满需要延期的，建筑施工特种作业人员应当于期满前3个月内向原考核发证机关申请办理延期复核手续。延期复核合格的，资格证书有效期延期2年。

第二十三条 建筑施工特种作业人员申请延期复核，应当提交下列材料：

（一）身份证（原件和复印件）；

（二）体检合格证明；

（三）年度安全教育培训证明或者继续教育证明；

（四）用人单位出具的特种作业人员管理档案记录；

（五）考核发证机关规定提交的其他资料。

第二十四条 建筑施工特种作业人员在资格证书有效期内，有下列情形之一的，延期复核结果为不合格：

（一）超过相关工种规定年龄要求的；

（二）身体健康状况不再适应相应特种作业岗位的；

（三）对生产安全事故负有责任的；

（四）2年内违章操作记录达3次（含3次）以上的；

（五）未按规定参加年度安全教育培训或者继续教育的；

（六）考核发证机关规定的其他情形。

第二十五条 考核发证机关在收到建筑施工特种作业人员提交的延期复核资料后，应当根据以下情况分别作出处理：

（一）对于属于本规定第二十四条情形之一的，自收到延期复核资料之日起5个工作日内作出不予延期决定，并说明理由；

（二）对于提交资料齐全且无本规定第二十四条情形的，自受理之日起10个工作日内办理准予延期复核手续，并在证书上注明延期复核合格，并加盖延期复核专用章。

第二十六条 考核发证机关应当在资格证书有效期满前按本规定第二十五条作出决定；逾期未作出决定的，视为延期复核合格。

第五章 监督管理

第二十七条 考核发证机关应当制定建筑施工特种作业人员考核发证管理制度，建立本地区建筑施工特种作业人员档案。

县级以上地方人民政府建设主管部门应当监督检查建筑施工特种作业人员从业活动，查处违章作业行为并记录在档。

第二十八条 考核发证机关应当在每年年底向国务院建设主管部门报送建筑施工特种作业人员考核发证和延期复核情况的年度统计信息资料。

第二十九条 有下列情形之一的，考核发证机关应当撤销资格证书：

（一）持证人弄虚作假骗取资格证书或者办理延期复核手续的；

（二）考核发证机关工作人员违法核发资格证书的；

（三）考核发证机关规定应当撤销资格证书的其他情形。

第三十条 有下列情形之一的，考核发证机关应当注销资格证书：

（一）依法不予延期的；

（二）持证人逾期未申请办理延期复核手续的；

（三）持证人死亡或者不具有完全民事行为能力的；

（四）考核发证机关规定应当注销的其他情形。

第六章 附 则

第三十一条 省、自治区、直辖市人民政府建设主管部门可结合本地区实际情况制定实施细则，并报国务院建设主管部门备案。

第三十二条 本办法自 2008 年 6 月 1 日起施行。

附件：1. 建筑施工特种作业操作资格证书样式（略）

2. 建筑施工特种作业操作资格证书编号规则（略）

（七）建筑施工企业负责人及项目负责人施工现场带班暂行办法

第一条　为进一步加强建筑施工现场质量安全管理工作，根据《国务院关于进一步加强企业安全生产工作的通知》（国发〔2010〕23号）要求和有关法规规定，制定本办法。

第二条　本办法所称的建筑施工企业负责人，是指企业的法定代表人、总经理、主管质量安全和生产工作的副总经理、总工程师和副总工程师。

本办法所称的项目负责人，是指工程项目的项目经理。

本办法所称的施工现场，是指进行房屋建筑和市政工程施工作业活动的场所。

第三条　建筑施工企业应当建立企业负责人及项目负责人施工现场带班制度，并严格考核。

施工现场带班制度应明确其工作内容、职责权限和考核奖惩等要求。

第四条　施工现场带班包括企业负责人带班检查和项目负责人带班生产。

企业负责人带班检查是指由建筑施工企业负责人带队实施对工程项目质量安全生产状况及项目负责人带班生产情况的检查。

项目负责人带班生产是指项目负责人在施工现场组织协调工程项目的质量安全生产活动。

第五条　建筑施工企业法定代表人是落实企业负责人及项目负责人施工现场带班制度的第一责任人，对落实带班制度全面负责。

第六条　建筑施工企业负责人要定期带班检查，每月检查时间不少于其工作日的25%。

建筑施工企业负责人带班检查时，应认真做好检查记录，并分别在企业和工程项目存档备查。

第七条　工程项目进行超过一定规模的危险性较大的分部分项工程施工时，建筑施工企业负责人应到施工现场进行带班检查。对于有分公司（非独立法人）的企业集团，集团负责人因故不能到现场的，可书面委托工程所在地的分公司负责人对施工现场进行带班检查。

本条所称“超过一定规模的危险性较大的分部分项工程”详见《关于印发〈危险性较大的分部分项工程安全管理办法〉的通知》（建质〔2009〕87号）的规定。

第八条　工程项目出现险情或发现重大隐患时，建筑施工企业负责人应到施工现场带班检查，督促工程项目进行整改，及时消除险情和隐患。

第九条　项目负责人是工程项目质量安全管理的第一责任人，应对工程项目落实带班制度负责。

项目负责人在同一时期只能承担一个工程项目的管理工作。

第十条 项目负责人带班生产时，要全面掌握工程项目质量安全生产状况，加强对重点部位、关键环节的控制，及时消除隐患。要认真做好带班生产记录并签字存档备查。

第十一条 项目负责人每月带班生产时间不得少于本月施工时间的80%。因其他事务需离开施工现场时，应向工程项目的建设单位请假，经批准后方可离开。离开期间应委托项目相关负责人负责其外出时的日常工作。

第十二条 各级住房城乡建设主管部门应加强对建筑施工企业负责人及项目负责人施工现场带班制度的落实情况的检查。对未执行带班制度的企业和人员，按有关规定处理；发生质量安全事故的，要给予企业规定上限的经济处罚，并依法从重追究企业法定代表人及相关人员的责任。

第十三条 工程项目的建设、监理等相关责任主体的施工现场带班要求应参照本办法执行。

第十四条 省级住房城乡建设主管部门可依照本办法制定实施细则。

第十五条 本办法自发文之日起施行。

（八）企业安全生产费用提取和使用管理办法

第一章　总　则

第一条　为了建立企业安全生产投入长效机制，加强安全生产费用管理，保障企业安全生产资金投入，维护企业、职工以及社会公共利益，依据《中华人民共和国安全生产法》等有关法律法规和《国务院关于加强安全生产工作的决定》（国发〔2004〕2号）和《国务院关于进一步加强企业安全生产工作的通知》（国发〔2010〕23号），制定本办法。

第二条　在中华人民共和国境内直接从事煤炭生产、非煤矿山开采、建设工程施工、危险品生产与储存、交通运输、烟花爆竹生产、冶金、机械制造、武器装备研制生产与试验（含民用航空及核燃料）的企业以及其他经济组织（以下简称企业）适用本办法。

第三条　本办法所称安全生产费用（以下简称安全费用）是指企业按照规定标准提取在成本中列支，专门用于完善和改进企业或者项目安全生产条件的资金。

安全费用按照“企业提取、政府监管、确保需要、规范使用”的原则进行管理。

第四条　本办法下列用语的含义是：

煤炭生产是指煤炭资源开采作业有关活动。

非煤矿山开采是指石油和天然气、煤层气（地面开采）、金属矿、非金属矿及其他矿产资源的勘探作业和生产、选矿、闭坑及尾矿库运行、闭库等有关活动。

建设工程是指土木工程、建筑工程、井巷工程、线路管道和设备安装及装修工程的新建、扩建、改建以及矿山建设。

危险品是指列入国家标准《危险货物品名表》（GB 12268）和《危险化学品目录》的物品。

烟花爆竹是指烟花爆竹制品和用于生产烟花爆竹的民用黑火药、烟火药、引火线等物品。

交通运输包括道路运输、水路运输、铁路运输、管道运输。道路运输是指以机动车为交通工具的旅客和货物运输；水路运输是指以运输船舶为工具的旅客和货物运输及港口装卸、堆存；铁路运输是指以火车为工具的旅客和货物运输（包括高铁和城际铁路）；管道运输是指以管道为工具的液体和气体物资运输。

冶金是指金属矿物的冶炼以及压延加工有关活动，包括：黑色金属、有色金属、黄金等的冶炼生产和加工处理活动，以及碳素、耐火材料等与主工艺流程配套的辅助工艺环节的生产。

机械制造是指各种动力机械、冶金矿山机械、运输机械、农业机械、工具、仪器、仪表、特种设备、大中型船舶、石油炼化装备及其他机械设备的制造活动。

武器装备研制生产与试验，包括武器装备和弹药的科研、生产、试验、储运、销毁、维修保障等。

第二章　安全费用的提取标准

第五条　煤炭生产企业依据开采的原煤产量按月提取。各类煤矿原煤单位产量安全费用提取标准如下：

（一）煤（岩）与瓦斯（二氧化碳）突出矿井、高瓦斯矿井吨煤 30 元；

（二）其他井工矿吨煤 15 元；

（三）露天矿吨煤 5 元。

矿井瓦斯等级划分按现行《煤矿安全规程》和《矿井瓦斯等级鉴定规范》的规定执行。

第六条　非煤矿山开采企业依据开采的原矿产量按月提取。各类矿山原矿单位产量安全费用提取标准如下：

（一）石油，每吨原油 17 元；

（二）天然气、煤层气（地面开采），每千立方米原气 5 元；

（三）金属矿山，其中露天矿山每吨 5 元，地下矿山每吨 10 元；

（四）核工业矿山，每吨 25 元；

（五）非金属矿山，其中露天矿山每吨 2 元，地下矿山每吨 4 元；

（六）小型露天采石场，即年采剥总量 50 万吨以下，且最大开采高度不超过 50 米，产品用于建筑、铺路的山坡型露天采石场，每吨 1 元；

（七）尾矿库按入库尾矿量计算，三等及三等以上尾矿库每吨 1 元，四等及五等尾矿库每吨 1.5 元。

本办法下发之日以前已经实施闭库的尾矿库，按照已堆存尾砂的有效库容大小提取，库容 100 万立方米以下的，每年提取 5 万元；超过 100 万立方米的，每增加 100 万立方米增加 3 万元，但每年提取额最高不超过 30 万元。

原矿产量不含金属、非金属矿山尾矿库和废石场中用于综合利用的尾砂和低品位矿石。

地质勘探单位安全费用按地质勘查项目或者工程总费用的 2% 提取。

第七条　建设工程施工企业以建筑安装工程造价为计提依据。各建设工程类别安全费用提取标准如下：

（一）矿山工程为 2.5%；

（二）房屋建筑工程、水利水电工程、电力工程、铁路工程、城市轨道交通工程为 2.0%；

（三）市政公用工程、冶炼工程、机电安装工程、化工石油工程、港口与航道工程、公路工程、通信工程为 1.5%。

建设工程施工企业提取的安全费用列入工程造价，在竞标时，不得删减，列入标外管理。国家对基本建设投资概算另有规定的，从其规定。

总包单位应当将安全费用按比例直接支付分包单位并监督使用，分包单位不再重复提取。

第八条　危险品生产与储存企业以上年度实际营业收入为计提依据，采取超额累退方式按照以下标准平均逐月提取：

（一）营业收入不超过 1000 万元的，按照 4% 提取；

（二）营业收入超过 1000 万元至 1 亿元的部分，按照 2% 提取；

（三）营业收入超过 1 亿元至 10 亿元的部分，按照 0.5% 提取；

（四）营业收入超过 10 亿元的部分，按照 0.2% 提取。

第九条 交通运输企业以上年度实际营业收入为计提依据，按照以下标准平均逐月提取：

（一）普通货运业务按照 1% 提取；

（二）客运业务、管道运输、危险品等特殊货运业务按照 1.5% 提取。

第十条 冶金企业以上年度实际营业收入为计提依据，采取超额累退方式按照以下标准平均逐月提取：

（一）营业收入不超过 1000 万元的，按照 3% 提取；

（二）营业收入超过 1000 万元至 1 亿元的部分，按照 1.5% 提取；

（三）营业收入超过 1 亿元至 10 亿元的部分，按照 0.5% 提取；

（四）营业收入超过 10 亿元至 50 亿元的部分，按照 0.2% 提取；

（五）营业收入超过 50 亿元至 100 亿元的部分，按照 0.1% 提取；

（六）营业收入超过 100 亿元的部分，按照 0.05% 提取。

第十一条 机械制造企业以上年度实际营业收入为计提依据，采取超额累退方式按照以下标准平均逐月提取：

（一）营业收入不超过 1000 万元的，按照 2% 提取；

（二）营业收入超过 1000 万元至 1 亿元的部分，按照 1% 提取；

（三）营业收入超过 1 亿元至 10 亿元的部分，按照 0.2% 提取；

（四）营业收入超过 10 亿元至 50 亿元的部分，按照 0.1% 提取；

（五）营业收入超过 50 亿元的部分，按照 0.05% 提取。

第十二条 烟花爆竹生产企业以上年度实际营业收入为计提依据，采取超额累退方式按照以下标准平均逐月提取：

（一）营业收入不超过 200 万元的，按照 3.5% 提取；

（二）营业收入超过 200 万元至 500 万元的部分，按照 3% 提取；

（三）营业收入超过 500 万元至 1000 万元的部分，按照 2.5% 提取；

（四）营业收入超过 1000 万元的部分，按照 2% 提取。

第十三条 武器装备研制生产与试验企业以上年度军品实际营业收入为计提依据，采取超额累退方式按照以下标准平均逐月提取：

（一）火炸药及其制品研制、生产与试验企业（包括：含能材料，炸药、火药、推进剂，发动机，弹箭，引信、火工品等）：

1. 营业收入不超过 1000 万元的，按照 5% 提取；

2. 营业收入超过 1000 万元至 1 亿元的部分，按照 3% 提取；

3. 营业收入超过 1 亿元至 10 亿元的部分，按照 1% 提取；

4. 营业收入超过 10 亿元的部分，按照 0.5% 提取。

（二）核装备及核燃料研制、生产与试验企业：

1. 营业收入不超过 1000 万元的，按照 3% 提取；

2. 营业收入超过 1000 万元至 1 亿元的部分，按照 2% 提取；

3. 营业收入超过 1 亿元至 10 亿元的部分，按照 0.5% 提取；

4. 营业收入超过 10 亿元的部分，按照 0.2% 提取。

5. 核工程按照 3% 提取（以工程造价为计提依据，在竞标时，列为标外管理）。

（三）军用舰船（含修理）研制、生产与试验企业：

1. 营业收入不超过 1000 万元的，按照 2.5% 提取；

2. 营业收入超过 1000 万元至 1 亿元的部分，按照 1.75% 提取；

3. 营业收入超过 1 亿元至 10 亿元的部分，按照 0.8% 提取；

4. 营业收入超过 10 亿元的部分，按照 0.4% 提取。

（四）飞船、卫星、军用飞机、坦克车辆、火炮、轻武器、大型天线等产品的总体、部分和元器件研制、生产与试验企业：

1. 营业收入不超过 1000 万元的，按照 2% 提取；

2. 营业收入超过 1000 万元至 1 亿元的部分，按照 1.5% 提取；

3. 营业收入超过 1 亿元至 10 亿元的部分，按照 0.5% 提取；

4. 营业收入超过 10 亿元至 100 亿元的部分，按照 0.2% 提取；

5. 营业收入超过 100 亿元的部分，按照 0.1% 提取。

（五）其他军用危险品研制、生产与试验企业：

1. 营业收入不超过 1000 万元的，按照 4% 提取；

2. 营业收入超过 1000 万元至 1 亿元的部分，按照 2% 提取；

3. 营业收入超过 1 亿元至 10 亿元的部分，按照 0.5% 提取；

4. 营业收入超过 10 亿元的部分，按照 0.2% 提取。

第十四条 中小微型企业和大型企业上年末安全费用结余分别达到本企业上年度营业收入的 5% 和 1.5% 时，经当地县级以上安全生产监督管理部门、煤矿安全监察机构商财政部门同意，企业本年度可以缓提或者少提安全费用。

企业规模划分标准按照工业和信息化部、国家统计局、国家发展和改革委员会、财政部《关于印发中小企业划型标准规定的通知》（工信部联企业〔2011〕300 号）规定执行。

第十五条 企业在上述标准的基础上，根据安全生产实际需要，可适当提高安全费用提取标准。

本办法公布前，各省级政府已制定下发企业安全费用提取使用办法的，其提取标准如果低于本办法规定的标准，应当按照本办法进行调整；如果高于本办法规定的标准，按照原标准执行。

第十六条 新建企业和投产不足一年的企业以当年实际营业收入为提取依据，按月计提安全费用。

混业经营企业，如能按业务类别分别核算的，则以各业务营业收入为计提依据，按上述标准分别提取安全费用；如不能分别核算的，则以全部业务收入为计提依据，按主营业务计提标准提取安全费用。

第三章　安全费用的使用

第十七条　煤炭生产企业安全费用应当按照以下范围使用：

（一）煤与瓦斯突出及高瓦斯矿井落实“两个四位一体”综合防突措施支出，包括瓦斯区域预抽、保护层开采区域防突措施、开展突出区域和局部预测、实施局部补充防突措施、更新改造防突设备和设施、建立突出防治实验室等支出；

（二）煤矿安全生产改造和重大隐患治理支出，包括“一通三防”（通风，防瓦斯、防煤尘、防灭火）、防治水、供电、运输等系统设备改造和灾害治理工程，实施煤矿机械化改造，实施矿压（冲击地压）、热害、露天矿边坡治理、采空区治理等支出；

（三）完善煤矿井下监测监控、人员定位、紧急避险、压风自救、供水施救和通信联络安全避险“六大系统”支出，应急救援技术装备、设施配置和维护保养支出，事故逃生和紧急避难设施设备的配置和应急演练支出；

（四）开展重大危险源和事故隐患评估、监控和整改支出；

（五）安全生产检查、评价（不包括新建、改建、扩建项目安全评价）、咨询、标准化建设支出；

（六）配备和更新现场作业人员安全防护用品支出；

（七）安全生产宣传、教育、培训支出；

（八）安全生产适用新技术、新标准、新工艺、新装备的推广应用支出；

（九）安全设施及特种设备检测检验支出；

（十）其他与安全生产直接相关的支出。

第十八条　非煤矿山开采企业安全费用应当按照以下范围使用：

（一）完善、改造和维护安全防护设施设备（不含“三同时”要求初期投入的安全设施）和重大安全隐患治理支出，包括矿山综合防尘、防灭火、防治水、危险气体监测、通风系统、支护及防治边帮滑坡设备、机电设备、供配电系统、运输（提升）系统和尾矿库等完善、改造和维护支出以及实施地压监测监控、露天矿边坡治理、采空区治理等支出；

（二）完善非煤矿山监测监控、人员定位、紧急避险、压风自救、供水施救和通信联络等安全避险“六大系统”支出，完善尾矿库全过程在线监控系统和海上石油开采出海人员动态跟踪系统支出，应急救援技术装备、设施配置及维护保养支出，事故逃生和紧急避难设施设备的配置和应急演练支出；

（三）开展重大危险源和事故隐患评估、监控和整改支出；

（四）安全生产检查、评价（不包括新建、改建、扩建项目安全评价）、咨询、标准化建设支出；

（五）配备和更新现场作业人员安全防护用品支出；
（六）安全生产宣传、教育、培训支出；
（七）安全生产适用的新技术、新标准、新工艺、新装备的推广应用支出；
（八）安全设施及特种设备检测检验支出；
（九）尾矿库闭库及闭库后维护费用支出；
（十）地质勘探单位野外应急食品、应急器械、应急药品支出；
（十一）其他与安全生产直接相关的支出。

第十九条 建设工程施工企业安全费用应当按照以下范围使用：

（一）完善、改造和维护安全防护设施设备支出（不含“三同时”要求初期投入的安全设施），包括施工现场临时用电系统、洞口、临边、机械设备、高处作业防护、交叉作业防护、防火、防爆、防尘、防毒、防雷、防台风、防地质灾害、地下工程有害气体监测、通风、临时安全防护等设施设备支出；

（二）配备、维护、保养应急救援器材、设备支出和应急演练支出；

（三）开展重大危险源和事故隐患评估、监控和整改支出；

（四）安全生产检查、评价（不包括新建、改建、扩建项目安全评价）、咨询和标准化建设支出；

（五）配备和更新现场作业人员安全防护用品支出；

（六）安全生产宣传、教育、培训支出；

（七）安全生产适用的新技术、新标准、新工艺、新装备的推广应用支出；

（八）安全设施及特种设备检测检验支出；

（九）其他与安全生产直接相关的支出。

第二十条 危险品生产与储存企业安全费用应当按照以下范围使用：

（一）完善、改造和维护安全防护设施设备支出（不含“三同时”要求初期投入的安全设施），包括车间、库房、罐区等作业场所的监控、监测、通风、防晒、调温、防火、灭火、防爆、泄压、防毒、消毒、中和、防潮、防雷、防静电、防腐、防渗漏、防护围堤或者隔离操作等设施设备支出；

（二）配备、维护、保养应急救援器材、设备支出和应急演练支出；

（三）开展重大危险源和事故隐患评估、监控和整改支出；

（四）安全生产检查、评价（不包括新建、改建、扩建项目安全评价）、咨询和标准化建设支出；

（五）配备和更新现场作业人员安全防护用品支出；

（六）安全生产宣传、教育、培训支出；

（七）安全生产适用的新技术、新标准、新工艺、新装备的推广应用支出；

（八）安全设施及特种设备检测检验支出；

（九）其他与安全生产直接相关的支出。

第二十一条 交通运输企业安全费用应当按照以下范围使用：

（一）完善、改造和维护安全防护设施设备支出（不含“三同时”要求初期投入的安全设施），包括道路、水路、铁路、管道运输设施设备和装卸工具安全状况检测及维护系统、运输设施设备和装卸工具附属安全设备等支出；

（二）购置、安装和使用具有行驶记录功能的车辆卫星定位装置、船舶通信导航定位和自动识别系统、电子海图等支出；

（三）配备、维护、保养应急救援器材、设备支出和应急演练支出；

（四）开展重大危险源和事故隐患评估、监控和整改支出；

（五）安全生产检查、评价（不包括新建、改建、扩建项目安全评价）、咨询和标准化建设支出；

（六）配备和更新现场作业人员安全防护用品支出；

（七）安全生产宣传、教育、培训支出；

（八）安全生产适用的新技术、新标准、新工艺、新装备的推广应用支出；

（九）安全设施及特种设备检测检验支出；

（十）其他与安全生产直接相关的支出。

第二十二条 冶金企业安全费用应当按照以下范围使用：

（一）完善、改造和维护安全防护设施设备支出（不含"三同时"要求初期投入的安全设施），包括车间、站、库房等作业场所的监控、监测、防火、防爆、防坠落、防尘、防毒、防噪声与振动、防辐射和隔离操作等设施设备支出；

（二）配备、维护、保养应急救援器材、设备支出和应急演练支出；

（三）开展重大危险源和事故隐患评估、监控和整改支出；

（四）安全生产检查、评价（不包括新建、改建、扩建项目安全评价）和咨询及标准化建设支出；

（五）安全生产宣传、教育、培训支出；

（六）配备和更新现场作业人员安全防护用品支出；

（七）安全生产适用的新技术、新标准、新工艺、新装备的推广应用支出；

（八）安全设施及特种设备检测检验支出；

（九）其他与安全生产直接相关的支出。

第二十三条 机械制造企业安全费用应当按照以下范围使用：

（一）完善、改造和维护安全防护设施设备支出（不含"三同时"要求初期投入的安全设施），包括生产作业场所的防火、防爆、防坠落、防毒、防静电、防腐、防尘、防噪声与振动、防辐射或者隔离操作等设施设备支出，大型起重机械安装安全监控管理系统支出；

（二）配备、维护、保养应急救援器材、设备支出和应急演练支出；

（三）开展重大危险源和事故隐患评估、监控和整改支出；

（四）安全生产检查、评价（不包括新建、改建、扩建项目安全评价）、咨询和标准化建设支出；

（五）安全生产宣传、教育、培训支出；

（六）配备和更新现场作业人员安全防护用品支出；

（七）安全生产适用的新技术、新标准、新工艺、新装备的推广应用；

（八）安全设施及特种设备检测检验支出；

（九）其他与安全生产直接相关的支出。

第二十四条 烟花爆竹生产企业安全费用应当按照以下范围使用：

（一）完善、改造和维护安全设备设施支出（不含“三同时”要求初期投入的安全设施）；

（二）配备、维护、保养防爆机械电器设备支出；

（三）配备、维护、保养应急救援器材、设备支出和应急演练支出；

（四）开展重大危险源和事故隐患评估、监控和整改支出；

（五）安全生产检查、评价（不包括新建、改建、扩建项目安全评价）、咨询和标准化建设支出；

（六）安全生产宣传、教育、培训支出；

（七）配备和更新现场作业人员安全防护用品支出；

（八）安全生产适用新技术、新标准、新工艺、新装备的推广应用支出；

（九）安全设施及特种设备检测检验支出；

（十）其他与安全生产直接相关的支出。

第二十五条 武器装备研制生产与试验企业安全费用应当按照以下范围使用：

（一）完善、改造和维护安全防护设施设备支出（不含“三同时”要求初期投入的安全设施），包括研究室、车间、库房、储罐区、外场试验区等作业场所的监控、监测、防触电、防坠落、防爆、泄压、防火、灭火、通风、防晒、调温、防毒、防雷、防静电、防腐、防尘、防噪声与振动、防辐射、防护围堤或者隔离操作等设施设备支出；

（二）配备、维护、保养应急救援、应急处置、特种个人防护器材、设备、设施支出和应急演练支出；

（三）开展重大危险源和事故隐患评估、监控和整改支出；

（四）高新技术和特种专用设备安全鉴定评估、安全性能检验检测及操作人员上岗培训支出；

（五）安全生产检查、评价（不包括新建、改建、扩建项目安全评价）、咨询和标准化建设支出；

（六）安全生产宣传、教育、培训支出；

（七）军工核设施（含核废物）防泄漏、防辐射的设施设备支出；

（八）军工危险化学品、放射性物品及武器装备科研、试验、生产、储运、销毁、维修保障过程中的安全技术措施改造费和安全防护（不包括工作服）费用支出；

（九）大型复杂武器装备制造、安装、调试的特殊工种和特种作业人员培训支出；

（十）武器装备大型试验安全专项论证与安全防护费用支出；

（十一）特殊军工电子元器件制造过程中有毒有害物质监测及特种防护支出；

（十二）安全生产适用新技术、新标准、新工艺、新装备的推广应用支出；

（十三）其他与武器装备安全生产事项直接相关的支出。

第二十六条 在本办法规定的使用范围内，企业应当将安全费用优先用于满足安全生产监督管理部门、煤矿安全监察机构以及行业主管部门对企业安全生产提出的整改措施或达到安全生产标准所需的支出。

第二十七条 企业提取的安全费用应当专户核算,按规定范围安排使用,不得挤占、挪用。年度结余资金结转下年度使用，当年计提安全费用不足的，超出部分按正常成本费用渠道列支。

主要承担安全管理责任的集团公司经过履行内部决策程序，可以对所属企业提取的安全费用按照一定比例集中管理，统筹使用。

第二十八条 煤炭生产企业和非煤矿山企业已提取维持简单再生产费用的，应当继续提取维持简单再生产费用，但其使用范围不再包含安全生产方面的用途。

第二十九条 矿山企业转产、停产、停业或者解散的，应当将安全费用结余转入矿山闭坑安全保障基金，用于矿山闭坑、尾矿库闭库后可能的危害治理和损失赔偿。

危险品生产与储存企业转产、停产、停业或者解散的，应当将安全费用结余用于处理转产、停产、停业或者解散前的危险品生产或者储存设备、库存产品及生产原料支出。

企业由于产权转让、公司制改建等变更股权结构或者组织形式的，其结余的安全费用应当继续按照本办法管理使用。

企业调整业务、终止经营或者依法清算，其结余的安全费用应当结转本期收益或者清算收益。

第三十条 本办法第二条规定范围以外的企业为达到应当具备的安全生产条件所需的资金投入，按原渠道列支。

第四章 监督管理

第三十一条 企业应当建立健全内部安全费用管理制度，明确安全费用提取和使用的程序、职责及权限，按规定提取和使用安全费用。

第三十二条 企业应当加强安全费用管理，编制年度安全费用提取和使用计划，纳入企业财务预算。企业年度安全费用使用计划和上一年安全费用的提取、使用情况按照管理权限报同级财政部门、安全生产监督管理部门、煤矿安全监察机构和行业主管部门备案。

第三十三条 企业安全费用的会计处理，应当符合国家统一的会计制度的规定。

第三十四条 企业提取的安全费用属于企业自提自用资金，其他单位和部门不得采取收取、代管等形式对其进行集中管理和使用，国家法律、法规另有规定的除外。

第三十五条 各级财政部门、安全生产监督管理部门、煤矿安全监察机构和有关行业主管部门依法对企业安全费用提取、使用和管理进行监督检查。

第三十六条 企业未按本办法提取和使用安全费用的，安全生产监督管理部门、煤矿安全监察机构和行业主管部门会同财政部门责令其限期改正，并依照相关法律法规进行处理、处罚。

建设工程施工总承包单位未向分包单位支付必要的安全费用以及承包单位挪用安全费用的，由建设、交通运输、铁路、水利、安全生产监督管理、煤矿安全监察等主管部门依照相关法规、规章进行处理、处罚。

第三十七条 各省级财政部门、安全生产监督管理部门、煤矿安全监察机构可以结合本地区实际情况，制定具体实施办法，并报财政部、国家安全生产监督管理总局备案。

第五章 附 则

第三十八条 本办法由财政部、国家安全生产监督管理总局负责解释。

第三十九条 实行企业化管理的事业单位参照本办法执行。

第四十条 本办法自印发之日起施行。《关于调整煤炭生产安全费用提取标准加强煤炭生产安全费用使用管理与监督的通知》（财建〔2005〕168号）、《关于印发〈烟花爆竹生产企业安全费用提取与使用管理办法〉的通知》（财建〔2006〕180号）和《关于印发〈高危行业企业安全生产费用财务管理暂行办法〉的通知》（财企〔2006〕478号）同时废止。《关于印发〈煤炭生产安全费用提取和使用管理办法〉和〈关于规范煤矿维简费管理问题的若干规定〉的通知》（财建〔2004〕119号）等其他有关规定与本办法不一致的，以本办法为准。

（九）建筑工程安全防护、文明施工措施费用及使用管理规定

第一条 为加强建筑工程安全生产、文明施工管理，保障施工从业人员的作业条件和生活环境，防止施工安全事故发生，根据《中华人民共和国安全生产法》《中华人民共和国建筑法》《建设工程安全生产管理条例》《安全生产许可证条例》等法律法规，制定本规定。

第二条 本规定适用于各类新建、扩建、改建的房屋建筑工程（包括与其配套的线路管道和设备安装工程、装饰工程）、市政基础设施工程和拆除工程。

第三条 本规定所称安全防护、文明施工措施费用，是指按照国家现行的建筑施工安全、施工现场环境与卫生标准和有关规定，购置和更新施工安全防护用具及设施、改善安全生产条件和作业环境所需要的费用。安全防护、文明施工措施项目清单详见附表。

建设单位对建筑工程安全防护、文明施工措施有其他要求的，所发生费用一并计入安全防护、文明施工措施费。

第四条 建筑工程安全防护、文明施工措施费用是由《建筑安装工程费用项目组成》（建标〔2003〕206号）中措施费所含的文明施工费，环境保护费，临时设施费，安全施工费组成。

其中安全施工费由临边、洞口、交叉、高处作业安全防护费，危险性较大工程安全措施费及其他费用组成。危险性较大工程安全措施费及其他费用项目组成由各地建设行政主管部门结合本地区实际自行确定。

第五条 建设单位、设计单位在编制工程概（预）算时，应当依据工程所在地工程造价管理机构测定的相应费率，合理确定工程安全防护、文明施工措施费。

第六条 依法进行工程招投标的项目，招标方或具有资质的中介机构编制招标文件时，应当按照有关规定并结合工程实际单独列出安全防护、文明施工措施项目清单。

投标方应当根据现行标准规范，结合工程特点、工期进度和作业环境要求，在施工组织设计文件中制定相应的安全防护、文明施工措施，并按照招标文件要求结合自身的施工技术水平、管理水平对工程安全防护、文明施工措施项目单独报价。投标方安全防护、文明施工措施的报价，不得低于依据工程所在地工程造价管理机构测定费率计算所需费用总额的90%。

第七条 建设单位与施工单位应当在施工合同中明确安全防护、文明施工措施项目总费用，以及费用预付、支付计划，使用要求、调整方式等条款。

建设单位与施工单位在施工合同中对安全防护、文明施工措施费用预付、支付计划未作约定或约定不明的，合同工期在一年以内的，建设单位预付安全防护、文明施工措施项目费用不得低于该费用总额的50%；合同工期在一年以上的（含一年），预付

安全防护、文明施工措施费用不得低于该费用总额的 30%，其余费用应当按照施工进度支付。

实行工程总承包的，总承包单位依法将建筑工程分包给其他单位的，总承包单位与分包单位应当在分包合同中明确安全防护、文明施工措施费用由总承包单位统一管理。安全防护、文明施工措施由分包单位实施的，由分包单位提出专项安全防护措施及施工方案，经总承包单位批准后及时支付所需费用。

第八条 建设单位申请领取建筑工程施工许可证时，应当将施工合同中约定的安全防护、文明施工措施费用支付计划作为保证工程安全的具体措施提交建设行政主管部门。未提交的，建设行政主管部门不予核发施工许可证。

第九条 建设单位应当按照本规定及合同约定及时向施工单位支付安全防护、文明施工措施费，并督促施工企业落实安全防护、文明施工措施。

第十条 工程监理单位应当对施工单位落实安全防护、文明施工措施情况进行现场监理。对施工单位已经落实的安全防护、文明施工措施，总监理工程师或者造价工程师应当及时审查并签认所发生的费用。监理单位发现施工单位未落实施工组织设计及专项施工方案中安全防护和文明施工措施的，有权责令其立即整改；对施工单位拒不整改或未按期限要求完成整改的，工程监理单位应当及时向建设单位和建设行政主管部门报告，必要时责令其暂停施工。

第十一条 施工单位应当确保安全防护、文明施工措施费专款专用，在财务管理中单独列出安全防护、文明施工措施项目费用清单备查。施工单位安全生产管理机构和专职安全生产管理人员负责对建筑工程安全防护、文明施工措施的组织实施进行现场监督检查，并有权向建设主管部门反映情况。

工程总承包单位对建筑工程安全防护、文明施工措施费用的使用负总责。总承包单位应当按照本规定及合同约定及时向分包单位支付安全防护、文明施工措施费用。总承包单位不按本规定和合同约定支付费用，造成分包单位不能及时落实安全防护措施导致发生事故的，由总承包单位负主要责任。

第十二条 建设行政主管部门应当按照现行标准规范对施工现场安全防护、文明施工措施落实情况进行监督检查，并对建设单位支付及施工单位使用安全防护、文明施工措施费用情况进行监督。

第十三条 建设单位未按本规定支付安全防护、文明施工措施费用的，由县级以上建设行政主管部门依据《建设工程安全生产管理条例》第五十四条规定，责令限期整改；逾期未改正的，责令该建设工程停止施工。

第十四条 施工单位挪用安全防护、文明施工措施费用的，由县级以上建设主管部门依据《建设工程安全生产管理条例》第六十三条规定，责令限期整改，处挪用费用 20% 以上 50% 以下的罚款；造成损失的，依法承担赔偿责任。

第十五条 建设行政主管部门的工作人员有下列行为之一的，由其所在单位或者上级主管机关给予行政处分；构成犯罪的，依照刑法有关规定追究刑事责任：

（一）对没有提交安全防护、文明施工措施费用支付计划的工程颁发施工许可证的；

（二）发现违法行为不予查处的；

（三）不依法履行监督管理职责的其他行为。

第十六条 建筑工程以外的工程项目安全防护、文明施工措施费用及使用管理可以参照本规定执行。

第十七条 各地可依照本规定，结合本地区实际制定实施细则。

第十八条 本规定由国务院建设行政主管部门负责解释。

第十九条 本规定自 2005 年 9 月 1 日起施行。

附件

建设工程安全防护、文明施工措施项目清单

类别	项目名称		具体要求
文明施工与环境保护	安全警示标志牌		在易发伤亡事故（或危险）处设置明显的、符合国家标准要求的安全警示标志牌
	现场围挡		（1）现场采用封闭围挡，高度不小于 1.8m； （2）围挡材料可采用彩色、定型钢板，砖、混凝土砌块等墙体
	五板一图		在进门处悬挂工程概况、管理人员名单及监督电话、安全生产、文明施工、消防保卫五板；施工现场总平面图
	企业标志		现场出入的大门应设有本企业标识或企业标识
	场容场貌		（1）道路畅通； （2）排水沟、排水设施通畅； （3）工地地面硬化处理； （4）绿化
	材料堆放		（1）材料、构件、料具等堆放时，悬挂有名称、品种、规格等标牌； （2）水泥和其他易飞扬细颗粒建筑材料应密闭存放或采取覆盖等措施； （3）易燃、易爆和有毒有害物品分类存放
	现场防火		消防器材配置合理，符合消防要求
	垃圾清运		施工现场应设置密闭式垃圾站，施工垃圾、生活垃圾应分类存放。施工垃圾必须采用相应容器或管道运输
临时设施	现场办公生活设施		（1）施工现场办公、生活区与作业区分开设置，保持安全距离； （2）工地办公室、现场宿舍、食堂、厕所、饮水、休息场所符合卫生和安全要求
	施工现场临时用电	配电线路	（1）按照 TN-S 系统要求配备五芯电缆、四芯电缆和三芯电缆； （2）按要求架设临时用电线路的电杆、横担、瓷夹、瓷瓶等，或电缆埋地的地沟； （3）对靠近施工现场的外电线路，设置木质、塑料等绝缘体的防护设施
		配电箱开关箱	（1）按三级配电要求，配备总配电箱、分配电箱、开关箱三类标准电箱。开关箱应符合一机、一箱、一闸、一漏。三类电箱中的各类电器应是合格品； （2）按两级保护的要求，选取符合容量要求和质量合格的总配电箱和开关箱中的漏电保护器
		接地保护装置	施工现场保护零钱的重复接地应不少于三处

续表

类别	项目名称		具体要求
安全施工	临边洞口交叉高处作业防护	楼板、屋面、阳台等临边防护	用密目式安全立网全封闭，作业层另加两边防护栏杆和 18cm 高的踢脚板
		通道口防护	设防护棚，防护棚应为不小于 5cm 厚的木板或两道相距 50cm 的竹笆。两侧应沿栏杆架用密目式安全网封闭
		预留洞口防护	用木板全封闭；短边超过 1.5m 长的洞口，除封闭外四周还应设有防护栏杆
		电梯井口防护	设置定型化、工具化、标准化的防护门；在电梯井内每隔两层（不大于 10m）设置一道安全平网
		楼梯边防护	设 1.2m 高的定型化、工具化、标准化的防护栏杆，18cm 高的踢脚板
		垂直方向交叉作业防护	设置防护隔离棚或其他设施
		高空作业防护	有悬挂安全带的悬索或其他设施；有操作平台；有上下的梯子或其他形式的通道
其他（由各地自定）			

注：本表所列建筑工程安全防护、文明施工措施项目，是依据现行法律法规及标准规范确定。如修订法律法规和标准规范，本表所列项目应按照修订后的法律法规和标准规范进行调整。

（十）房屋市政工程生产安全事故报告和查处工作规程

第一条 为规范房屋市政工程生产安全事故报告和查处工作，落实事故责任追究制度，防止和减少事故发生，根据《建设工程安全生产管理条例》《生产安全事故报告和调查处理条例》等有关规定，制定本规程。

第二条 房屋市政工程生产安全事故，是指在房屋建筑和市政基础设施工程施工过程中发生的造成人身伤亡或者重大直接经济损失的生产安全事故。

第三条 根据造成的人员伤亡或者直接经济损失，房屋市政工程生产安全事故分为以下等级：

（一）特别重大事故，是指造成30人以上死亡，或者100人以上重伤，或者1亿元以上直接经济损失的事故；

（二）重大事故，是指造成10人以上30人以下死亡，或者50人以上100人以下重伤，或者5000万元以上1亿元以下直接经济损失的事故；

（三）较大事故，是指造成3人以上10人以下死亡，或者10人以上50人以下重伤，或者1000万元以上5000万元以下直接经济损失的事故；

（四）一般事故，是指造成3人以下死亡，或者10人以下重伤，或者100万元以上1000万元以下直接经济损失的事故。

本等级划分所称的“以上”包括本数，所称的“以下”不包括本数。

第四条 房屋市政工程生产安全事故的报告，应当及时、准确、完整，任何单位和个人对事故不得迟报、漏报、谎报或者瞒报。

房屋市政工程生产安全事故的查处，应当坚持实事求是、尊重科学的原则，及时、准确地查明事故原因，总结事故教训，并对事故责任者依法追究责任。

第五条 事故发生地住房城乡建设主管部门接到施工单位负责人或者事故现场有关人员的事故报告后，应当逐级上报事故情况。

特别重大、重大、较大事故逐级上报至国务院住房城乡建设主管部门，一般事故逐级上报至省级住房城乡建设主管部门。

必要时，住房城乡建设主管部门可以越级上报事故情况。

第六条 国务院住房城乡建设主管部门应当在特别重大和重大事故发生后4小时内，向国务院上报事故情况。

省级住房城乡建设主管部门应当在特别重大、重大事故或者可能演化为特别重大、重大的事故发生后3小时内，向国务院住房城乡建设主管部门上报事故情况。

第七条 较大事故、一般事故发生后，住房城乡建设主管部门每级上报事故情况的时间不得超过2小时。

第八条 事故报告主要应当包括以下内容：

（一）事故的发生时间、地点和工程项目名称；

（二）事故已经造成或者可能造成的伤亡人数（包括下落不明人数）；

（三）事故工程项目的建设单位及项目负责人、施工单位及其法定代表人和项目经理、监理单位及其法定代表人和项目总监；

（四）事故的简要经过和初步原因；

（五）其他应当报告的情况。

第九条　省级住房城乡建设主管部门应当通过传真向国务院住房城乡建设主管部门书面上报特别重大、重大、较大事故情况。

特殊情形下确实不能按时书面上报的，可先电话报告，了解核实情况后及时书面上报。

第十条　事故报告后出现新情况，以及事故发生之日起30日内伤亡人数发生变化的，住房城乡建设主管部门应当及时补报。

第十一条　住房城乡建设主管部门应当及时通报事故基本情况以及事故工程项目的建设单位及项目负责人、施工单位及其法定代表人和项目经理、监理单位及其法定代表人和项目总监。

国务院住房城乡建设主管部门对特别重大、重大、较大事故进行全国通报。

第十二条　住房城乡建设主管部门应当按照有关人民政府的要求，依法组织或者参与事故调查工作。

第十三条　住房城乡建设主管部门应当积极参加事故调查工作，应当选派具有事故调查所需要的知识和专长，并与所调查的事故没有直接利害关系的人员参加事故调查工作。

参加事故调查工作的人员应当诚信公正、恪尽职守，遵守事故调查组的纪律。

第十四条　住房城乡建设主管部门应当按照有关人民政府对事故调查报告的批复，依照法律法规，对事故责任企业实施吊销资质证书或者降低资质等级、吊销或者暂扣安全生产许可证、责令停业整顿、罚款等处罚，对事故责任人员实施吊销执业资格注册证书或者责令停止执业、吊销或者暂扣安全生产考核合格证书、罚款等处罚。

第十五条　对事故责任企业或者人员的处罚权限在上级住房城乡建设主管部门的，当地住房城乡建设主管部门应当在收到有关人民政府对事故调查报告的批复后15日内，逐级将事故调查报告（附具有关证据材料）、有关人民政府批复档、本部门处罚建议等材料报送至有处罚权限的住房城乡建设主管部门。

接收到材料的住房城乡建设主管部门应当按照有关人民政府对事故调查报告的批复，依照法律法规，对事故责任企业或者人员实施处罚，并向报送材料的住房城乡建设主管部门反馈处罚情况。

第十六条　对事故责任企业或者人员的处罚权限在其他省级住房城乡建设主管部门的，事故发生地省级住房城乡建设主管部门应当将事故调查报告（附具有关证据材料）、有关人民政府批复档、本部门处罚建议等材料转送至有处罚权限的其他省级住房城乡建设主管部门，同时抄报国务院住房城乡建设主管部门。

接收到材料的其他省级住房城乡建设主管部门应当按照有关人民政府对事故调查报告的批复，依照法律法规，对事故责任企业或者人员实施处罚，并向转送材料的事故发生地省级住房城乡建设主管部门反馈处罚情况，同时抄报国务院住房城乡建设主管部门。

第十七条 住房城乡建设主管部门应当按照规定，对下级住房城乡建设主管部门的房屋市政工程生产安全事故查处工作进行督办。

国务院住房城乡建设主管部门对重大、较大事故查处工作进行督办，省级住房城乡建设主管部门对一般事故查处工作进行督办。

第十八条 住房城乡建设主管部门应当对发生事故的企业和工程项目吸取事故教训、落实防范和整改措施的情况进行监督检查。

第十九条 住房城乡建设主管部门应当及时向社会公布事故责任企业和人员的处罚情况，接受社会监督。

第二十条 对于经调查认定为非生产安全事故的，住房城乡建设主管部门应当在事故性质认定后10日内，向上级住房城乡建设主管部门报送有关材料。

第二十一条 省级住房城乡建设主管部门应当按照规定，通过“全国房屋市政工程生产安全事故信息报送及统计分析系统”及时、全面、准确地报送事故简要信息、事故调查信息和事故处罚信息。

第二十二条 住房城乡建设主管部门应当定期总结分析事故报告和查处工作，并将有关情况报送上级住房城乡建设主管部门。

国务院住房城乡建设主管部门定期对事故报告和查处工作进行通报。

第二十三条 省级住房城乡建设主管部门可结合本地区实际，依照本规程制定具体实施细则。

第二十四条 本规程自印发之日起施行。

（十一）房屋建筑和市政基础设施工程施工安全监督规定

第一条 为了加强房屋建筑和市政基础设施工程施工安全监督，保护人民群众生命财产安全，规范住房城乡建设主管部门安全监督行为，根据《中华人民共和国建筑法》《中华人民共和国安全生产法》《建设工程安全生产管理条例》等有关法律、行政法规，制定本规定。

第二条 本规定所称施工安全监督，是指住房城乡建设主管部门依据有关法律法规，对房屋建筑和市政基础设施工程的建设、勘察、设计、施工、监理等单位及人员（以下简称工程建设责任主体）履行安全生产职责，执行法律、法规、规章、制度及工程建设强制性标准等情况实施抽查并对违法违规行为进行处理的行政执法活动。

第三条 国务院住房城乡建设主管部门负责指导全国房屋建筑和市政基础设施工程施工安全监督工作。

县级以上地方人民政府住房城乡建设主管部门负责本行政区域内房屋建筑和市政基础设施工程施工安全监督工作。

县级以上地方人民政府住房城乡建设主管部门可以将施工安全监督工作委托所属的施工安全监督机构具体实施。

第四条 住房城乡建设主管部门应当加强施工安全监督机构建设，建立施工安全监督工作考核制度。

第五条 施工安全监督机构应当具备以下条件：

（一）具有完整的组织体系，岗位职责明确；

（二）具有符合本规定第六条规定的施工安全监督人员，人员数量满足监督工作需要且专业结构合理，其中监督人员应当占监督机构总人数的75%以上；

（三）具有固定的工作场所，配备满足监督工作需要的仪器、设备、工具及安全防护用品；

（四）有健全的施工安全监督工作制度，具备与监督工作相适应的信息化管理条件。

第六条 施工安全监督人员应当具备下列条件：

（一）具有工程类相关专业大专及以上学历或初级及以上专业技术职称；

（二）具有两年及以上施工安全管理经验；

（三）熟悉掌握相关法律法规和工程建设标准规范；

（四）经业务培训考核合格，取得相关执法证书；

（五）具有良好的职业道德。

第七条 县级以上地方人民政府住房城乡建设主管部门或其所属的施工安全监督机构（以下合称监督机构）应当对本行政区域内已取得施工许可证的工程项目实施施工安全监督。

第八条 施工安全监督主要包括以下内容：

（一）抽查工程建设责任主体履行安全生产职责情况；

（二）抽查工程建设责任主体执行法律、法规、规章、制度及工程建设强制性标准情况；

（三）抽查建筑施工安全生产标准化开展情况；

（四）组织或参与工程项目施工安全事故的调查处理；

（五）依法对工程建设责任主体违法违规行为实施行政处罚；

（六）依法处理与工程项目施工安全相关的投诉、举报。

第九条 监督机构实施工程项目的施工安全监督，应当依照下列程序进行：

（一）建设单位申请办理工程项目施工许可证；

（二）制定工程项目施工安全监督工作计划并组织实施；

（三）实施工程项目施工安全监督抽查并形成监督记录；

（四）评定工程项目安全生产标准化工作并办理终止施工安全监督手续；

（五）整理工程项目施工安全监督资料并立卷归档。

第十条 监督机构实施工程项目的施工安全监督，有权采取下列措施：

（一）要求工程建设责任主体提供有关工程项目安全管理的文件和资料；

（二）进入工程项目施工现场进行安全监督抽查；

（三）发现安全隐患，责令整改或暂时停止施工；

（四）发现违法违规行为，按权限实施行政处罚或移交有关部门处理。

（五）向社会公布工程建设责任主体安全生产不良信息。

第十一条 工程项目因故中止施工的，监督机构对工程项目中止施工安全监督。

工程项目经建设、监理、施工单位确认施工结束的，监督机构对工程项目终止施工安全监督。

第十二条 施工安全监督人员有下列玩忽职守、滥用职权、徇私舞弊情形之一，造成严重后果的，给予行政处分；构成犯罪的，依法追究刑事责任：

（一）发现施工安全违法违规行为不予查处的；

（二）在监督过程中，索取或者接受他人财物，或者谋取其他利益的；

（三）对涉及施工安全的举报、投诉不处理的。

第十三条 有下列情形之一的，监督机构和施工安全监督人员不承担责任：

（一）工程项目中止施工安全监督期间或者施工安全监督终止后，发生安全事故的；

（二）对发现的施工安全违法行为和安全隐患已经依法查处，工程建设责任主体拒不执行安全监管指令发生安全事故的；

（三）现行法规标准尚无规定或工程建设责任主体弄虚作假，致使无法作出正确执法行为的；

（四）因自然灾害等不可抗力导致安全事故的；

（五）按照工程项目监督工作计划已经履行监督职责的。

第十四条 省、自治区、直辖市人民政府住房城乡建设主管部门可以根据本规定制定具体实施办法。

第十五条 本规定自发布之日起施行。原《建筑工程安全生产监督管理工作导则》同时废止。

（十二）房屋建筑和市政基础设施工程施工安全监督工作规程

第一条　为规范房屋建筑和市政基础设施工程施工安全监督工作程序，依据有关法律法规，制定本规程。

第二条　县级以上地方人民政府住房城乡建设主管部门或其所属的施工安全监督机构（以下合称监督机构）对新建、扩建、改建房屋建筑和市政基础设施工程实施施工安全监督的，适用本规程。

第三条　监督机构应当在办公场所、有关网站公示施工安全监督工作流程。

第四条　工程项目施工前，建设单位应当申请办理施工许可证。住房城乡建设主管部门可以将建设单位提交的保证安全施工具体措施的资料（包括工程项目及参建单位基本信息）委托监督机构进行查验，必要时可以进行现场踏勘，对不符合施工许可条件的，不得颁发施工许可证。

第五条　监督机构应当根据工程项目实际情况，编制《施工安全监督工作计划》，明确主要监督内容、抽查频次、监督措施等。对含有超过一定规模的危险性较大分部分项工程的工程项目、近一年发生过生产安全事故的施工企业承接的工程项目应当增加抽查次数。

施工安全监督过程中，对发生过生产安全事故以及检查中发现安全隐患较多的工程项目，应当调整监督工作计划，增加抽查次数。

第六条　已取得施工许可证的工程项目，监督机构应当组织建设、勘察、设计、施工、监理等单位及人员（以下简称工程建设责任主体）召开施工安全监督告知会议，提出安全监督要求。

第七条　监督机构应当委派 2 名及以上监督人员按照监督计划对工程项目施工现场进行随机抽查。

监督人员应当在抽查前了解工程项目有关情况，确定抽查范围和内容，备好所需设备、资料和文书等。

第八条　监督人员应当依据法律法规和工程建设强制性标准，对工程建设责任主体的安全生产行为、施工现场的安全生产状况和安全生产标准化开展情况进行抽查。工程项目危险性较大分部分项工程应当作为重点抽查内容。

监督人员实施施工安全监督，可采用抽查、抽测现场实物，查阅施工合同、施工图纸、管理资料，询问现场有关人员等方式。

监督人员进入工程项目施工现场抽查时，应当向工程建设责任主体出示有效证件。

第九条　监督人员在抽查过程中发现工程项目施工现场存在安全生产隐患的，应当责令立即整改；无法立即整改的，下达《限期整改通知书》，责令限期整改；安全生产隐患排除前或排除过程中无法保证安全的，下达《停工整改通知书》，责令从危险区域内撤出作业人员。对抽查中发现的违反相关法律、法规规定的行为，依法实施行政处罚或移交有关部门处理。

第十条 被责令限期整改、停工整改的工程项目，施工单位应当在排除安全隐患后，由监理单位组织验收，验收合格后形成安全隐患整改报告，经建设、施工、监理单位项目负责人签字并加盖单位公章，提交监督机构。

监督机构收到施工单位提交的安全隐患整改报告后进行查验，必要时进行现场抽查。经查验符合要求的，监督机构向停工整改的工程项目，发放《恢复施工通知书》。

责令限期整改、停工整改的工程项目，逾期不整改的，监督机构应当按权限实施行政处罚或移交有关部门处理。

第十一条 监督人员应当如实记录监督抽查情况，监督抽查结束后形成监督记录并整理归档。监督记录包括抽查时间、范围、部位、内容、结果及必要的影像资料等。

第十二条 工程项目因故中止施工的，建设单位应当向监督机构申请办理中止施工安全监督手续，并提交中止施工的时间、原因、在施部位及安全保障措施等资料。

监督机构收到建设单位提交的资料后，经查验符合要求的，应当在5个工作日内向建设单位发放《中止施工安全监督告知书》。监督机构对工程项目中止施工期间不实施施工安全监督。

第十三条 中止施工的工程项目恢复施工，建设单位应当向监督机构申请办理恢复施工安全监督手续，并提交经建设、监理、施工单位项目负责人签字并加盖单位公章的复工条件验收报告。

监督机构收到建设单位提交的复工条件验收报告后，经查验符合复工条件的，应当在5个工作日内向建设单位发放《恢复施工安全监督告知书》，对工程项目恢复实施施工安全监督。

第十四条 工程项目完工办理竣工验收前，建设单位应当向监督机构申请办理终止施工安全监督手续，并提交经建设、监理、施工单位确认的工程施工结束证明，施工单位应当提交经建设、监理单位审核的项目安全生产标准化自评材料。

监督机构收到建设单位提交的资料后，经查验符合要求的，在5个工作日内向建设单位发放《终止施工安全监督告知书》，同时终止对工程项目的施工安全监督。

监督机构应当按照有关规定，对项目安全生产标准化作出评定，并向施工单位发放《项目安全生产标准化考评结果告知书》。

第十五条 工程项目终止施工安全监督后，监督机构应当整理工程项目的施工安全监督资料，包括监督文书、抽查记录、项目安全生产标准化自评材料等，形成工程项目的施工安全监督档案。工程项目施工安全监督档案保存期限三年，自归档之日起计算。

第十六条 监督机构应当将工程建设责任主体安全生产不良行为及处罚结果、工程项目安全生产标准化考评结果记入施工安全信用档案，并向社会公开。

第十七条 鼓励监督机构建立施工安全监管信息平台，应用信息化手段实施施工安全监督。

第十八条 监督机构应当制作统一的监督文书，并对监督文书进行统一编号，加盖监督机构公章。

第十九条 本规程自发布之日起实施。

（十三）房屋市政工程生产安全重大事故隐患判定标准（2024版）

第一条 为准确认定、及时消除房屋建筑和市政基础设施工程（以下简称房屋市政工程）生产安全重大事故隐患，有效防范和遏制群死群伤事故发生，根据《中华人民共和国建筑法》《中华人民共和国安全生产法》《建设工程安全生产管理条例》等法律和行政法规，制定本标准。

第二条 本标准所称重大事故隐患，是指在房屋市政工程施工过程中，存在的危害程度较大、可能导致群死群伤或造成重大经济损失的生产安全事故隐患。

第三条 本标准适用于判定新建、扩建、改建、拆除房屋市政工程的生产安全重大事故隐患。

县级及以上人民政府住房和城乡建设主管部门和施工安全监督机构在监督检查过程中可依照本标准判定房屋市政工程生产安全重大事故隐患。

第四条 施工安全管理有下列情形之一的，应判定为重大事故隐患：

（一）建筑施工企业未取得安全生产许可证擅自从事建筑施工活动或超（无）资质承揽工程；

（二）建筑施工企业未按照规定要求足额配备安全生产管理人员，或其主要负责人、项目负责人、专职安全生产管理人员未取得有效安全生产考核合格证书从事相关工作；

（三）建筑施工特种作业人员未取得有效特种作业人员操作资格证书上岗作业；

（四）危险性较大的分部分项工程未编制、未审核专项施工方案，或专项施工方案存在严重缺陷的，或未按规定组织专家对"超过一定规模的危险性较大的分部分项工程范围"的专项施工方案进行论证；

（五）对于按照规定需要验收的危险性较大的分部分项工程，未经验收合格即进入下一道工序或投入使用。

第五条 基坑、边坡工程有下列情形之一的，应判定为重大事故隐患：

（一）未对因基坑、边坡工程施工可能造成损害的毗邻建筑物、构筑物和地下管线等，采取专项防护措施；

（二）基坑、边坡土方超挖且未采取有效措施；

（三）深基坑、高边坡（一级、二级）施工未进行第三方监测；

（四）有下列基坑、边坡坍塌风险预兆之一，且未及时处理：

1. 支护结构或周边建筑物变形值超过设计变形控制值；

2. 基坑侧壁出现大量漏水、流土；

3. 基坑底部出现管涌或突涌；

4. 桩间土流失孔洞深度超过桩径。

第六条 模板工程及支撑体系有下列情形之一的，应判定为重大事故隐患：

（一）模板支架的基础承载力和变形不满足设计要求；

（二）模板支架承受的施工荷载超过设计值；

（三）模板支架拆除及滑模、爬模爬升时，混凝土强度未达到设计或规范要求；

（四）危险性较大的混凝土模板支撑工程未按专项施工方案要求的顺序或分层厚度浇筑混凝土。

第七条 脚手架工程有下列情形之一的，应判定为重大事故隐患：

（一）脚手架工程的基础承载力和变形不满足设计要求；

（二）未设置连墙件或连墙件整层缺失；

（三）附着式升降脚手架的防倾覆、防坠落或同步升降控制装置不符合设计要求、失效或缺失。

第八条 建筑起重机械及吊装工程有下列情形之一的，应判定为重大事故隐患：

（一）塔式起重机、施工升降机、物料提升机等起重机械设备未经验收合格即投入使用，或未按规定办理使用登记；

（二）建筑起重机械的基础承载力和变形不满足设计要求；

（三）建筑起重机械安装、拆卸、爬升（降）以及附着前未对结构件、爬升装置和附着装置以及高强度螺栓、销轴、定位板等连接件及安全装置进行检查；

（四）建筑起重机械的安全装置不齐全、失效或者被违规拆除、破坏；

（五）建筑起重机械主要受力构件有可见裂纹、严重锈蚀、塑性变形、开焊，或其连接螺栓、销轴缺失或失效；

（六）施工升降机附着间距和最高附着以上的最大悬高及垂直度不符合规范要求；

（七）塔式起重机独立起升高度、附着间距和最高附着以上的最大悬高及垂直度不符合规范要求；

（八）塔式起重机与周边建（构）筑物或群塔作业未保持安全距离；

（九）使用达到报废标准的建筑起重机械，或使用达到报废标准的吊索具进行起重吊装作业。

第九条 高处作业有下列情形之一的，应判定为重大事故隐患：

（一）钢结构、网架安装用支撑结构基础承载力和变形不满足设计要求，钢结构、网架安装用支撑结构超过设计承载力或未按设计要求设置防倾覆装置；

（二）单榀钢桁架（屋架）等预制构件安装时未采取防失稳措施；

（三）悬挑式卸料平台的搁置点、拉结点、支撑点未设置在稳定的主体结构上，且未做可靠连接；

（四）脚手架与结构外表面之间贯通未采取水平防护措施，或电梯井道内贯通未采取水平防护措施且电梯井口未设置防护门；

（五）高处作业吊篮超载使用，或安全锁失效、安全绳（用于挂设安全带）未独立悬挂。

第十条 施工临时用电有下列情形之一的，应判定为重大事故隐患：

（一）特殊作业环境（通风不畅、高温、有导电灰尘、相对湿度长期超过 75%、泥泞、

（十四）建筑施工安全生产标准化考评暂行办法

第一章　总　则

第一条　为进一步加强建筑施工安全生产管理，落实企业安全生产主体责任，规范建筑施工安全生产标准化考评工作，根据《国务院关于进一步加强企业安全生产工作的通知》（国发〔2010〕23 号）、《国务院关于坚持科学发展安全发展促进安全生产形势持续稳定好转的意见》（国发〔2011〕40 号）等文件，制定本办法。

第二条　本办法所称建筑施工安全生产标准化是指建筑施工企业在建筑施工活动中，贯彻执行建筑施工安全法律法规和标准规范，建立企业和项目安全生产责任制，制定安全管理制度和操作规程，监控危险性较大分部分项工程，排查治理安全生产隐患，使人、机、物、环始终处于安全状态，形成过程控制、持续改进的安全管理机制。

第三条　本办法所称建筑施工安全生产标准化考评包括建筑施工项目安全生产标准化考评和建筑施工企业安全生产标准化考评。

建筑施工项目是指新建、扩建、改建房屋建筑和市政基础设施工程项目。

建筑施工企业是指从事新建、扩建、改建房屋建筑和市政基础设施工程施工活动的建筑施工总承包及专业承包企业。

第四条　国务院住房城乡建设主管部门监督指导全国建筑施工安全生产标准化考评工作。

县级以上地方人民政府住房城乡建设主管部门负责本行政区域内建筑施工安全生产标准化考评工作。

县级以上地方人民政府住房城乡建设主管部门可以委托建筑施工安全监督机构具体实施建筑施工安全生产标准化考评工作。

第五条　建筑施工安全生产标准化考评工作应坚持客观、公正、公开的原则。

第六条　鼓励应用信息化手段开展建筑施工安全生产标准化考评工作。

第二章　项目考评

第七条　建筑施工企业应当建立健全以项目负责人为第一责任人的项目安全生产管理体系，依法履行安全生产职责，实施项目安全生产标准化工作。

建筑施工项目实行施工总承包的，施工总承包单位对项目安全生产标准化工作负总责。施工总承包单位应当组织专业承包单位等开展项目安全生产标准化工作。

第八条　工程项目应当成立由施工总承包及专业承包单位等组成的项目安全生产标准化自评机构，在项目施工过程中每月主要依据《建筑施工安全检查标准》（JGJ 59）等开展安全生产标准化自评工作。

第九条　建筑施工企业安全生产管理机构应当定期对项目安全生产标准化工作进

行监督检查，检查及整改情况应当纳入项目自评材料。

第十条　建设、监理单位应当对建筑施工企业实施的项目安全生产标准化工作进行监督检查，并对建筑施工企业的项目自评材料进行审核并签署意见。

第十一条　对建筑施工项目实施安全生产监督的住房城乡建设主管部门或其委托的建筑施工安全监督机构（以下简称“项目考评主体”）负责建筑施工项目安全生产标准化考评工作。

第十二条　项目考评主体应当对已办理施工安全监督手续并取得施工许可证的建筑施工项目实施安全生产标准化考评。

第十三条　项目考评主体应当对建筑施工项目实施日常安全监督时同步开展项目考评工作，指导监督项目自评工作。

第十四条　项目完工后办理竣工验收前，建筑施工企业应当向项目考评主体提交项目安全生产标准化自评材料。

项目自评材料主要包括：

（一）项目建设、监理、施工总承包、专业承包等单位及其项目主要负责人名录；

（二）项目主要依据《建筑施工安全检查标准》（JGJ 59）等进行自评结果及项目建设、监理单位审核意见；

（三）项目施工期间因安全生产受到住房城乡建设主管部门奖惩情况（包括限期整改、停工整改、通报批评、行政处罚、通报表扬、表彰奖励等）；

（四）项目发生生产安全责任事故情况；

（五）住房城乡建设主管部门规定的其他材料。

第十五条　项目考评主体收到建筑施工企业提交的材料后，经查验符合要求的，以项目自评为基础，结合日常监管情况对项目安全生产标准化工作进行评定，在 10 个工作日内向建筑施工企业发放项目考评结果告知书。

评定结果为“优良”“合格”及“不合格”。

项目考评结果告知书中应包括项目建设、监理、施工总承包、专业承包等单位及其项目主要负责人信息。

评定结果为不合格的，应当在项目考评结果告知书中说明理由及项目考评不合格的责任单位。

第十六条　建筑施工项目具有下列情形之一的，安全生产标准化评定为不合格：

（一）未按规定开展项目自评工作的；

（二）发生生产安全责任事故的；

（三）因项目存在安全隐患在一年内受到住房城乡建设主管部门 2 次及以上停工整改的；

（四）住房城乡建设主管部门规定的其他情形。

第十七条　各省级住房城乡建设部门可结合本地区实际确定建筑施工项目安全生产标准化优良标准。

安全生产标准化评定为优良的建筑施工项目数量，原则上不超过所辖区域内本年度拟竣工项目数量的10%。

第十八条 项目考评主体应当及时向社会公布本行政区域内建筑施工项目安全生产标准化考评结果，并逐级上报至省级住房城乡建设主管部门。

建筑施工企业跨地区承建的工程项目，项目所在地省级住房城乡建设主管部门应当及时将项目的考评结果转送至该企业注册地省级住房城乡建设主管部门。

第十九条 项目竣工验收时建筑施工企业未提交项目自评材料的，视同项目考评不合格。

第三章 企业考评

第二十条 建筑施工企业应当建立健全以法定代表人为第一责任人的企业安全生产管理体系，依法履行安全生产职责，实施企业安全生产标准化工作。

第二十一条 建筑施工企业应当成立企业安全生产标准化自评机构，每年主要依据《施工企业安全生产评价标准》（JGJ/T 77）等开展企业安全生产标准化自评工作。

第二十二条 对建筑施工企业颁发安全生产许可证的住房城乡建设主管部门或其委托的建筑施工安全监督机构（以下简称“企业考评主体”）负责建筑施工企业的安全生产标准化考评工作。

第二十三条 企业考评主体应当对取得安全生产许可证且许可证在有效期内的建筑施工企业实施安全生产标准化考评。

第二十四条 企业考评主体应当对建筑施工企业安全生产许可证实施动态监管时同步开展企业安全生产标准化考评工作，指导监督建筑施工企业开展自评工作。

第二十五条 建筑施工企业在办理安全生产许可证延期时，应当向企业考评主体提交企业自评材料。

企业自评材料主要包括：

（一）企业承建项目台账及项目考评结果；

（二）企业主要依据《施工企业安全生产评价标准》（JGJ/T 77）等进行自评结果；

（三）企业近三年内因安全生产受到住房城乡建设主管部门奖惩情况（包括通报批评、行政处罚、通报表扬、表彰奖励等）；

（四）企业承建项目发生生产安全责任事故情况；

（五）省级及以上住房城乡建设主管部门规定的其他材料。

第二十六条 企业考评主体收到建筑施工企业提交的材料后，经查验符合要求的，以企业自评为基础，以企业承建项目安全生产标准化考评结果为主要依据，结合安全生产许可证动态监管情况对企业安全生产标准化工作进行评定，在20个工作日内向建筑施工企业发放企业考评结果告知书。

评定结果为“优良”“合格”及“不合格”。

企业考评结果告知书应包括企业考评年度及企业主要负责人信息。

评定结果为不合格的，应当说明理由，责令限期整改。

第二十七条 建筑施工企业具有下列情形之一的，安全生产标准化评定为不合格：

（一）未按规定开展企业自评工作的；

（二）企业近三年所承建的项目发生较大及以上生产安全责任事故的；

（三）企业近三年所承建已竣工项目不合格率超过 5% 的（不合格率是指企业近三年作为项目考评不合格责任主体的竣工工程数量与企业承建已竣工工程数量之比）；

（四）省级及以上住房城乡建设主管部门规定的其他情形。

第二十八条 各省级住房城乡建设部门可结合本地区实际确定建筑施工企业安全生产标准化优良标准。

安全生产标准化评定为优良的建筑施工企业数量，原则上不超过本年度拟办理安全生产许可证延期企业数量的 10%。

第二十九条 企业考评主体应当及时向社会公布建筑施工企业安全生产标准化考评结果。

对跨地区承建工程项目的建筑施工企业，项目所在地省级住房城乡建设主管部门可以参照本办法对该企业进行考评，考评结果及时转送至该企业注册地省级住房城乡建设主管部门。

第三十条 建筑施工企业在办理安全生产许可证延期时未提交企业自评材料的，视同企业考评不合格。

第四章 奖励和惩戒

第三十一条 建筑施工安全生产标准化考评结果作为政府相关部门进行绩效考核、信用评级、诚信评价、评先推优、投融资风险评估、保险费率浮动等重要参考依据。

第三十二条 政府投资项目招投标应优先选择建筑施工安全生产标准化工作业绩突出的建筑施工企业及项目负责人。

第三十三条 住房城乡建设主管部门应当将建筑施工安全生产标准化考评情况记入安全生产信用档案。

第三十四条 对于安全生产标准化考评不合格的建筑施工企业，住房城乡建设主管部门应当责令限期整改，在企业办理安全生产许可证延期时，复核其安全生产条件，对整改后具备安全生产条件的，安全生产标准化考评结果为“整改后合格”，核发安全生产许可证；对不再具备安全生产条件的，不予核发安全生产许可证。

第三十五条 对于安全生产标准化考评不合格的建筑施工企业及项目，住房城乡建设主管部门应当在企业主要负责人、项目负责人办理安全生产考核合格证书延期时，责令限期重新考核，对重新考核合格的，核发安全生产考核合格证；对重新考核不合格的，不予核发安全生产考核合格证。

第三十六条 经安全生产标准化考评合格或优良的建筑施工企业及项目，发现有下列情形之一的，由考评主体撤销原安全生产标准化考评结果，直接评定为不合格，并对有关责任单位和责任人员依法予以处罚。

（一）提交的自评材料弄虚作假的；
（二）漏报、谎报、瞒报生产安全事故的；
（三）考评过程中有其他违法违规行为的。

第五章　附　则

第三十七条　省、自治区、直辖市人民政府住房城乡建设主管部门可根据本办法制定实施细则并报国务院住房城乡建设主管部门备案。

第三十八条　本办法自发布之日起施行。

（十五）城市轨道交通工程安全管理相关规定

1. 城市轨道交通工程安全质量管理暂行办法

第一章　总　则

第一条　为了加强城市轨道交通工程安全质量管理，保障人民群众生命财产安全，制定本办法。

第二条　在中华人民共和国境内从事城市轨道交通新建、扩建、改建等有关活动及实施对城市轨道交通工程安全质量的监督管理，必须遵守本办法。

第三条　从事城市轨道交通工程建设活动必须坚持先勘察、后设计、再施工的原则，严格执行基本建设程序，保证各阶段合理的工期和造价，加强全过程安全质量风险管理。

第四条　国务院住房和城乡建设主管部门负责全国城市轨道交通工程安全质量的监督管理。

县级以上地方人民政府承担城市轨道交通工程安全质量监督管理职责的主管部门（以下称建设主管部门）负责本行政区域内城市轨道交通工程安全质量的监督管理。

第二章　建设单位安全质量责任

第五条　建设单位对工程项目管理负总责。

建设单位必须建立健全安全质量责任制和管理制度，设置安全质量管理机构，配备与建设规模相适应的安全质量管理人员，对勘察、设计、施工、监理、监测等单位进行安全质量履约管理。

第六条　建设单位应当在初步设计阶段组织开展城市轨道交通工程安全质量风险评估（含建设工期、造价对工程安全质量影响性评估）并组织专家论证，同时按照有关规定组织专家进行抗震、抗风等专项论证。

建设单位在报送初步设计文件审查时，应当提交经专家论证的安全质量风险评估报告。

第七条　建设单位应当向设计、施工、监理、监测等单位提供气象水文和地形地貌资料，工程地质和水文地质资料，施工现场及毗邻区域内的建筑物和构筑物、地下管线、桥梁、隧道、道路、轨道交通设施等（以下简称工程周边环境）资料。

建设单位因工程需要，组织调查前款相关资料时，有关部门或单位应当支持配合。

第八条　工程周边环境严重影响工程实施或因工程施工可能造成其严重损害的，建设单位应当在确定线路规划方案时尽可能予以避让。无法避让且因条件所限不能进行拆除、迁移的，建设单位应当根据设计要求和工程实际，组织开展现状评估，并将现状评估报告提供给设计、施工、监理、监测等单位。

第九条 建设单位应当依法将施工图设计文件（含勘察文件）报送经认定具有资格的施工图审查机构进行审查。

施工图设计文件未经审查或审查不合格的，不得使用。

第十条 建设单位应当按规定办理安全、质量监督手续。

第十一条 建设单位应当及时组织勘察单位向设计单位进行勘察文件交底，在施工前组织勘察、设计单位向施工、监理、监测等单位进行勘察、设计文件交底。

勘察、设计文件交底应当重点说明勘察、设计文件中涉及工程安全质量的内容，并形成文字记录，由各方签字并盖章。

第十二条 建设单位应当委托工程监测单位和质量检测单位进行第三方监测和质量检测。

第十三条 建设单位在编制工程概算时，应当包括安全质量风险评估费、工程监测费、工程周边环境调查费及现状评估费等保障工程安全质量所需的费用。

第十四条 建设单位在施工招标前，应当组织专家对施工工期和造价进行论证，论证时应充分考虑工程的复杂程度及其周边环境拆除、迁移等对施工工期和造价的影响。

专家论证报告作为招标文件编制的依据。

第十五条 建设单位应当依法执行国家有关勘察设计费、监理费等管理规定，不得明示或暗示勘察、设计、施工、监理、监测等单位以低于成本的价格或政府指导价竞标。

建设单位应当科学确定勘察、设计、施工等各阶段工期，不得任意压缩合同约定的工期。

迫使承包方以低于成本的价格或政府指导价竞标，或任意压缩合同约定工期导致发生安全质量事故的，建设单位应当承担相应责任。

第十六条 建设单位在编制工程量清单时，应当将安全措施费用单列，施工单位竞标时不得删减。

建设单位与施工单位应当在施工合同中明确安全措施费用，以及费用预付、支付计划，使用要求及调整方式等条款。

建设单位应当按合同约定及时将安全措施费用拨付给施工单位。

第十七条 建设单位应当在施工前组织地下管线产权单位或管理单位向施工单位进行现场交底，并形成文字记录，由各方签字并盖章。

第十八条 建设单位应当在工程完工后组织不载客试运行调试，试运行调试三个月后，方可按有关规定进行工程竣工验收并办理工程竣工验收备案手续。

第三章　勘察、设计单位安全质量责任

第十九条 勘察、设计单位从事城市轨道交通工程勘察、设计业务，必须具有相

应资质，不得转包或者违法分包所承揽的工程勘察、设计业务。

第二十条 勘察、设计单位对工程项目的安全质量承担勘察、设计责任。

勘察、设计单位的主要负责人对本单位勘察、设计安全质量工作全面负责。

项目负责人应当具有相应执业资格和城市轨道交通工程勘察、设计工作经验。项目负责人对所承担工程项目的勘察、设计安全质量负责。

从事工程勘察、设计的执业人员应当对其签字的勘察、设计文件负责。

第二十一条 勘察、设计单位必须建立健全安全质量责任制和管理制度，设置或明确安全质量管理机构，对工程勘察、设计的安全质量实施管理。

勘察外业工作应当严格执行勘察方案、操作规程和安全生产有关规定，并采取措施保护勘察作业范围内的地下管线和地下构筑物等，保证外业安全质量。

勘探孔应当按规定及时回填，避免对工程施工等造成影响。

第二十二条 勘察单位进行勘察时，对尚不具备现场勘察条件的，应当书面通知建设单位，并在勘察文件中说明情况，提出合理建议。在具备现场勘察条件后，应当及时进行勘察。

工程设计、施工条件发生变化的，建设单位应当及时委托勘察单位进行补充勘察。

第二十三条 勘察单位提交的勘察文件应当真实、准确、可靠，符合国家规定的勘察深度要求，满足设计、施工的需要，并结合工程特点明确说明地质条件可能造成的工程风险，必要时针对特殊地质条件提出专项勘察建议。

第二十四条 设计单位提交的设计文件应当符合国家规定的设计深度要求，并应根据工程周边环境的现状评估报告提出设计处理措施，必要时进行专项设计。

设计文件中应当注明涉及工程安全质量的重点部位和环节，并提出保障工程安全质量的设计处理措施。

施工图设计应当包括工程及其周边环境的监测要求和监测控制标准等内容。

第二十五条 设计单位应当对安全质量风险评估确定的高风险工程的设计方案、工程周边环境的监测控制标准等组织专家论证。

第二十六条 工程设计条件发生变化的，设计单位应当及时变更施工图设计。施工图设计发生重大变更的，应当按有关规定重新报审。

第二十七条 勘察、设计单位应当将勘察、设计文件和原始资料归档保存。

第二十八条 勘察、设计单位应当委派专业技术人员配合施工单位及时解决与勘察、设计工作有关的问题。

第四章 施工单位安全质量责任

第二十九条 施工单位从事城市轨道交通工程施工活动，必须具备相应资质，依法取得安全生产许可证，不得转包或者违法分包。

第三十条 施工单位对工程项目的施工安全质量负责。

施工单位主要负责人对本单位施工安全质量工作全面负责，项目负责人对所承担工程项目的施工安全质量负责。

施工单位主要负责人、项目负责人和专职安全生产管理人员应当依法取得安全生产考核合格证书。项目负责人应当具有相应执业资格和城市轨道交通工程施工管理工作经验。建筑施工特种作业人员应当持证上岗。

第三十一条 施工单位必须建立健全安全质量责任制和管理制度，加强对施工现场项目管理机构的管理。

项目安全质量管理人员专业、数量应当符合相关规定，并满足项目管理需要。

第三十二条 施工单位项目负责人原则上在一个工程项目任职，如确需在其他项目兼任的，应当征得建设单位书面同意。

第三十三条 施工总承包单位对施工现场安全生产负总责。

总承包单位依法将工程分包给专业分包单位的，专业分包合同应当明确各自的安全责任。总承包单位和专业分包单位对专业分包工程的安全生产承担连带责任。

总承包单位和专业分包单位依法进行劳务分包的，总承包单位和专业分包单位应当对劳务作业进行管理。

第三十四条 施工单位应当按照合同约定的工期要求编制合理的施工进度计划，不得盲目抢进度、赶工期。

施工单位不得以低于成本的价格竞标。

第三十五条 施工单位应将安全措施费用用于施工安全防护用具及设施的采购和更新、安全施工措施的落实、安全生产条件的改善等，不得挪作他用。

第三十六条 施工单位应当对工程周边环境进行核查。工程周边环境现状与建设单位提供的资料不一致的，建设单位应当组织有关单位及时补充完善。

第三十七条 施工单位应当按照有关规定对危险性较大分部分项工程（含可能对工程周边环境造成严重损害的分部分项工程，下同）编制专项施工方案。对超过一定规模的危险性较大分部分项工程专项施工方案应当组织专家论证。

专项施工方案应当根据设计处理措施、专项设计和工程实际情况编制，并经施工单位技术负责人和总监理工程师签字后实施，不得随意变更。

第三十八条 工程施工前，施工单位项目技术人员应当就有关施工安全质量的技术要求向施工作业班组、作业人员作详细说明，并由双方签字确认。

第三十九条 施工单位应当指定专人保护施工现场地下管线及地下构筑物等，在施工前将地下管线、地下构筑物等基本情况、相应保护及应急措施等向施工作业班组和作业人员作详细说明，并在现场设置明显标识。

第四十条 施工单位应当对工程支护结构、围岩以及工程周边环境等进行施工监测、安全巡视和综合分析，及时向设计、监理单位反馈监测数据和巡视信息。发现异常时，及时通知建设、设计、监理等单位，并采取应对措施。

施工单位应当按照设计要求和工程实际编制施工监测方案，并经监理单位审查后实施。

第四十一条 施工单位应当按照施工图设计文件和施工技术标准施工，落实设计文件中提出的保障工程安全质量的设计处理措施，不得擅自修改工程设计，不得偷工减料。

施工单位应当按照规定和合同约定对建筑材料、建筑构配件、设备等进行检验。未经检验或检验不合格的，不得使用。

对涉及结构安全的试块、试件及有关材料，施工单位应当在监理单位见证下，按规定进行现场取样，并送有相应资质的质量检测单位进行质量检测。

第四十二条 建筑起重机械安装完成后，施工单位应当委托具有相应资质的检测检验机构进行检验，经检验合格并经验收合格后方可使用。

施工单位应当按规定向工程所在地建设主管部门办理建筑起重机械使用登记手续。

第四十三条 施工单位应当按照有关规定对管理人员和作业人员进行安全质量教育培训，教育培训情况记入个人工作档案。教育培训考核不合格的人员，不得上岗。

第四十四条 施工单位应当按规定做好安全质量资料的收集、整理和归档，保证安全质量文件真实、完整。

第四十五条 施工单位在提交工程竣工验收报告时，应当向建设单位出具质量保修书，明确保修范围、保修期限和保修责任等。保修范围、保修期限应当符合国家有关规定。

第五章 监理单位安全质量责任

第四十六条 监理单位从事城市轨道交通工程监理业务，必须具备相应资质，不得转让所承担的工程监理业务。

监理单位不得与被监理工程的施工单位以及建筑材料、建筑构配件和设备供应单位有隶属关系或者其他利害关系。

第四十七条 监理单位对工程项目的安全质量承担监理责任。监理单位主要负责人对本单位监理工作全面负责。项目总监理工程师对所承担工程项目的安全质量监理工作负责。

项目总监理工程师应当具有相应专业的注册监理工程师执业资格和城市轨道交通工程监理工作经验。

第四十八条 监理单位必须建立健全安全质量责任制和管理制度，加强对施工现场项目监理机构的管理。

项目监理人员专业、数量应当满足监理工作的需要。

第四十九条 项目总监理工程师原则上在一个工程项目任职，如确需在其他项目兼任的，应当征得建设单位书面同意。

第五十条 监理单位应当编制包括工程安全质量监理内容的项目监理规划，对超过一定规模的危险性较大工程编制专项安全生产监理实施细则。

第五十一条 监理单位应当审查施工组织设计中安全技术措施、专项施工方案及施工监测方案是否符合工程建设强制性标准和设计文件要求。

第五十二条 建筑材料、建筑构配件和设备未经注册监理工程师签字，不得在工程上使用或安装，施工单位不得进行下一道工序的施工。

第五十三条 监理单位应当会同有关单位按照施工技术标准规范和有关规定进行隐蔽工程和分部分项工程验收，并对工程重要部位和环节进行施工前条件验收。

第五十四条 监理单位应当检查施工监测点的布置和保护情况，比对、分析施工监测和第三方监测数据及巡视信息。发现异常时，及时向建设、施工单位反馈，并督促施工单位采取应对措施。

第五十五条 监理单位在实施监理过程中，发现施工单位有下列情况之一的，应当要求施工单位立即整改。情况严重的，应当要求施工单位暂时停止施工，并及时报告建设单位。

（一）工程施工不符合工程设计和标准规范要求的；

（二）不按批准的施工组织设计、专项施工方案或施工监测方案组织施工或监测的；

（三）未落实安全措施费用的；

（四）施工现场存在安全质量隐患的；

（五）项目主要管理人员不到位或资格、数量不符合要求的。

（六）其他违法违规行为。

施工单位拒不整改或者不停止施工的，监理单位应当及时向建设单位报告，建设单位应当责令施工单位整改或停止施工，施工单位仍不整改或不停止施工的，建设单位应当向工程所在地建设主管部门报告。

第五十六条 监理单位应当按规定对监理人员进行安全质量培训。

第五十七条 监理单位应当按照规定将工程监理资料立卷归档。

第六章 工程监测、质量检测单位安全质量责任

第五十八条 从事城市轨道交通工程第三方监测业务的工程监测单位（以下简称监测单位），应当具有相应工程勘察资质，并向工程所在地建设主管部门办理备案手续。

监测单位不得转包监测业务，不得与所监测工程的施工单位有隶属关系或者其他利害关系。

第五十九条 从事城市轨道交通工程质量检测业务的质量检测单位，应当具备相应资质。

质量检测单位不得转包检测业务，不得与所检测工程项目相关的设计单位、施工单位、监理单位有隶属关系或者其他利害关系。

第六十条 监测单位对工程项目的安全质量承担监测责任。监测单位主要负责人应当对本单位监测工作全面负责。项目监测负责人对所承担工程项目的安全质量监测工作负责。

项目监测负责人应当具有相应执业资格和城市轨道交通工程监测工作经验。

第六十一条 监测单位必须建立健全安全质量责任制和管理制度，加强对施工现

场项目监测机构的管理。

项目监测人员专业、数量应当满足监测工作的需要。

第六十二条 监测单位应当根据勘察设计文件、安全质量风险评估报告、监测合同及有关资料编制第三方监测方案，经专家论证并经监测单位主要负责人签字后实施。

监测单位应当按照第三方监测方案开展监测和巡视工作，及时向建设、监理、设计单位提供监测报告。发现异常时，立即向建设单位反馈。

第六十三条 质量检测机构应当按照工程建设标准和国家有关规定进行质量检测。在检测过程中发现有结构安全检测结果不合格、严重影响使用功能等情况，应当及时向建设、监理单位反馈。

第六十四条 监测、质量检测单位出具的监测、检测报告应当经监测、检测人员签字，监测、质量检测单位法定代表人或其授权签字人签署，并加盖公章后方可生效。质量检测单位出具的见证取样检测报告中应当注明见证人单位及姓名。

监测、质量检测单位应当对监测、检测报告的真实性和准确性负责。

第六十五条 监测、质量检测单位应当按规定对监测、检测人员进行安全质量培训，培训考核合格后方可上岗。

第六十六条 监测、质量检测单位应当按照规定将工程监测、质量检测资料立卷归档。

第七章 安全质量事故应急处置

第六十七条 城市轨道交通工程所在地县级以上地方人民政府建设主管部门、建设单位、施工单位应当编制城市轨道交通工程安全质量事故应急预案，建立健全安全生产预警和应急协调保障机制。

建设单位、施工单位应当将编制的应急预案报工程所在地建设主管部门备案，并组织定期演练。

第六十八条 城市轨道交通工程安全质量事故发生后，施工单位应当立即采取防止事故危害扩大的必要措施，并按有关规定向工程所在地建设主管部门报告。工程所在地建设主管部门接到报告后，应当按照规定逐级上报上级建设主管部门。

工程所在地建设主管部门应当在当地人民政府的统一领导下，针对事故危害程度，启动相应应急预案，可以采取以下应急处置措施：

（一）组织制定抢险救援方案；

（二）组织应急抢险队伍参加抢险救援工作；

（三）拆除、迁移妨碍应急处置和抢险救援的设施、设备或者其他障碍物等；

（四）采取防止发生次生、衍生灾害的其他必要措施。

第六十九条 应急抢险结束后，建设单位应当组织设计、施工等单位制定工程恢复方案，必要时经专家论证后实施。

第七十条　鼓励建设、施工等单位参加工程保险，采用现代化信息技术加强施工现场监控管理，提高风险防范能力。

第八章　监督管理

第七十一条　城市轨道交通工程所在地县级以上地方人民政府建设主管部门应当对城市轨道交通工程安全质量相关法律、法规以及强制性标准的执行情况实施监督检查。

第七十二条　城市轨道交通工程所在地县级以上地方人民政府建设主管部门可以委托建设工程安全质量监督机构（以下简称监督机构）具体实施对城市轨道交通工程安全质量的监督检查。

监督机构应当根据城市轨道交通工程规模，配备城市轨道交通工程相关专业监督人员。

第七十三条　城市轨道交通工程所在地县级以上地方人民政府建设主管部门或其委托的监督机构履行监督检查职责时，有权采取下列措施：

（一）要求被检查单位提供工程安全质量的文件和资料；

（二）进入被检查单位的施工现场或工作场所进行检查；

（三）对检查中发现的安全质量隐患，责令立即整改；对于重大安全质量隐患，责令暂时停止施工。

第七十四条　城市轨道交通工程所在地县级以上人民政府建设主管部门应当建立、公布并及时更新城市轨道交通工程专家库，并制定相应管理制度。

第七十五条　城市轨道交通工程安全质量情况实行逐级报送制度。城市轨道交通工程所在地县级以上地方人民政府建设主管部门应当每季度向上级建设主管部门上报上季度本行政区域内城市轨道交通工程安全质量情况。发生安全质量事故的，应当及时报送事故调查处理情况。

城市轨道交通工程所在地县级以上地方人民政府建设主管部门应当定期公布建设、勘察、设计、施工、监理、监测、质量检测等单位安全质量信息。

第七十六条　建设、勘察、设计、施工、监理、监测、质量检测等单位有违反建设法律法规规章行为的，由县级以上人民政府建设主管部门按照管理权限依法予以罚款、停业整顿、降低资质等级、吊销资质证书等行政处罚；构成犯罪的，依法追究刑事责任。

第九章　附　则

第七十七条　本办法由国务院住房和城乡建设主管部门负责解释。

第七十八条　本办法自公布之日起施行。

2. 住房城乡建设部办公厅关于加强城市轨道交通工程关键节点风险管控的通知

一、总体要求

（一）明确关键节点风险管控原则。关键节点是指轨道交通工程开（复）工或施工过程中风险较大、风险集中或工序转换时容易发生事故和险情的关键工序和重要部位。关键节点风险管控要坚持全面识别、重点管控、各负其责、强化落实的原则。要将开展关键节点施工前条件核查作为关键节点风险管控的重要手段。

（二）规范开展关键节点风险管控。应严格依据《城市轨道交通工程安全质量管理暂行办法》（建质〔2010〕5 号）、《城市轨道交通地下工程建设风险管理规范》（GB 50652—2011）和《城市轨道交通建设项目管理规范》（GB 50722—2011）等制度规定和标准规范，对城市轨道交通工程施工关键工序和重要部位实施风险管控。

（三）强化关键节点风险管控责任落实。各地城市轨道交通工程质量安全监管部门和建设单位等参建各方要高度重视关键节点风险管控工作，全面落实企业主体责任和政府监管责任，不断加强关键节点施工前条件核查，严格控制施工风险。

二、明确关键节点风险管控内容

要按照城市轨道交通工程自身风险和周边环境特点及危险程度确定关键节点风险管控的具体内容。关键节点风险管控内容主要包括：勘察和设计交底的完成情况；专项施工方案编制、审批和专家论证情况；监测方案编制审批及落实情况；施工安全技术交底情况；安全技术措施落实情况；周边环境核查和保护措施落实情况；材料、施工机械准备情况；项目管理、技术人员和劳动力组织情况；应急预案编制审批和救援物资储备情况；相关工程质量检测资料；法规、标准及合同约定的其他情况。

三、严格执行关键节点风险管控程序

关键节点风险管控由建设、监理、施工、勘察、设计、第三方监测等单位相关负责人参加，按以下程序进行：

（一）施工单位根据《关键节点分类清单》（见附件）编制《关键节点识别清单》，报监理单位审批。

（二）施工单位对照经监理单位批准的《关键节点识别清单》，对关键节点施工前条件自检自评，符合要求的报监理单位。

（三）监理单位对关键节点施工前条件进行预核查，通过后报建设单位。

（四）建设单位（或委托监理单位）依据相关制度规定和标准规范组织开展关键节点施工前条件核查。

（五）通过核查的，方可进行关键节点施工；未通过核查的，相关单位按照核查意见进行整改，整改完成后建设单位重新组织核查。

四、强化风险管控保障措施

（一）明确核查人员工作职责。参加关键节点施工前条件核查的人员应具备相应职业资格，按照建质〔2010〕5号文件和相关标准规范对涉及的施工条件逐项进行核查，形成明确核查意见和书面核查记录（包括影像资料），并对签署的核查意见负责。

（二）加强督促检查。城市轨道交通工程质量安全监管部门要督促参建单位做好关键节点风险管控工作，对因关键节点风险管控不到位而引发事故的责任单位和责任人，要依法进行处理、处罚。

各地可根据本通知要求，建立完善关键节点风险管控相关制度，进一步明确关键节点施工前条件核查标准、程序、内容和组织方式，确保关键节点风险管控落实到位，有效防范城市轨道交通工程生产安全事故发生。

附件

关键节点分类清单（参考）

序号	类别	关键节点名称	备注
1	明挖	深基坑开挖（车站、附属工程、风井）	降水、围护结构、地基处理等开挖准备
2			
3	暗挖	竖井开挖	
4		马头门开挖	开口宽度小于6m的首次； 开口宽度大于6m的全部
5		多导洞施工扣拱开挖	首次
6		大断面临时支护拆除	首段
7		扩大段开挖	首循环
8		仰挖、俯挖	首循环
9		钻爆法开挖	首次
10		穿越重大风险或复杂环境	穿越既有铁路、地铁隧道、高速公路、江河湖海、密集建筑群、重要建筑物、文物、重要管线（中压及以上的燃气管道、高压输油管及大体量雨水箱涵、大直径污水管等）、有毒有害气体地层、高架桥等
11		围岩等级突变处开挖	降低2个（含）等级
12		区间联络通道开口施工	
13	盾构	深基坑开挖（始发井、接收井）	降水、围护结构、地基处理等开挖准备
14		盾构始发	
15		盾构到达	
16		盾构开仓	
17		盾构机吊装	
18		空推段	

续表

序号	类别	关键节点名称	备注
19	盾构	穿越重大风险或复杂环境	穿越既有铁路、地铁隧道、高速公路、江河湖海、密集建筑群、重要建筑物、文物、重要管线（中压及以上的燃气管道、高压输油管及大体量雨水箱涵、大直径污水管等）、有毒有害气体地层、高架桥等
20		工程自身重大风险	叠落隧道上洞施工、覆土厚度不大于盾构直径的浅覆土层地段、平行盾构隧道净间距小于盾构直径 70% 的小净距地段、大坡度（大于 3%）等特殊地段施工
21		区间联络通道开口施工	
22	高架	跨越铁路或道路的预制梁架设施工	
23		跨越铁路或道路的挂篮悬臂混凝土浇筑施工	
24		架桥机安装、走行	首次
25	起重吊装	龙门吊、塔吊等起重机械安装 / 拆卸（含起重量 300kN 及以上的其他起重设备）	
26		采用非常规起重设备、方法且单件起吊重量在 100kN 及以上的起重吊装施工（含多台起重设备协同等吊装作业）	
27	模板工程及支撑体系	超过一定规模的模板支撑系统混凝土浇筑	模架搭设高度 8m 及以上，或搭设跨度 18m 及以上，或施工总荷载 15kN/m^2 及以上，或集中线荷载 20kN/m 及以上的混凝土浇筑
28	设备安装	铺轨（调试）行车	首次
29		变电所启动	首次
30		行车类设备上线	首次
31	其他	顶管施工的始发 / 接收	
32		人工挖孔桩施工	深度超过 16 米首桩
33		桩基托换	首桩
34		凿除既有运营车站主体结构	

3. 城市轨道交通工程周边环境调查指南

1 总 则

1.1 为规范城市轨道交通工程周边环境调查工作，保证工程周边环境调查资料满足工程勘察、设计、施工需要，确保工程及其周边环境安全，制定本指南。

1.2 本指南适用于城市轨道交通工程周边环境调查工作。

城市轨道交通工程周边环境（以下简称工程周边环境）是指城市轨道交通工程建设影响范围内既有（或在建）的房屋、管线、桥梁、隧道、道路、轨道交通等建（构）筑物和设施，以及文物、地表水体等。

1.3 相关政府部门和单位应支持、配合工程周边环境调查工作，产权人或管理单位应如实提供工程周边环境相关资料。其中涉密资料应按有关规定做好保密工作。

1.4 城市轨道交通工程周边环境调查工作除应符合本指南外，还应符合现行法律、法规和工程建设标准的规定。

2 调查程序和方法

2.1 建设单位负责组织工程周边环境调查工作，并在工程概算中确定工程周边环境调查费用。

建设单位可以委托相关单位开展工程周边环境调查工作。

2.2 建设单位应组织设计单位研究提出工程周边环境调查的技术要求，明确调查的范围、对象、内容及成果要求等，并向受委托从事工程周边环境调查的单位（以下简称调查单位）进行技术交底。

2.3 调查单位在开展工程周边环境调查前应编制调查方案和调查表。

调查方案主要包括工程概况、调查目的和依据、调查范围和对象、调查内容、调查方法和手段、调查成果要求等。

2.4 工程周边环境调查宜分阶段进行，不同阶段环境调查内容应满足相应阶段深度要求。

2.5 可行性研究阶段应通过收集地形图、管线图等方式获取工程周边环境资料。对影响线路方案的重要工程周边环境，需进行重点调查。

2.6 初步设计阶段应通过查询收集资料、实地调查走访和必要的现场勘查探测等手段对工程周边环境现状进行全面调查。

2.7 施工图设计阶段应根据工程设计条件变化或工程需要，补充完善工程周边环境资料。

2.8 对影响工程施工安全的地下管线、地表水体渗漏等情况，应根据设计要求或工程需要进行专项调查。

2.9 调查单位应当编制工程周边环境调查报告，并按合同要求及时提交建设单位。

2.10 建设单位应组织对工程周边环境调查报告进行验收，并按合同要求及时提供给勘察、设计、施工等单位。

2.11 勘察、设计、施工单位应对工程周边环境进行核查。工程周边环境实际状况与建设单位提供的资料不一致或工程周边环境调查资料不能满足勘察、设计、施工需要的，建设单位应组织补充完善。

3 调查范围

3.1 工程周边环境的调查范围应根据城市轨道交通工程的线路位置、敷设方式、埋置深度、结构形式、施工方法、地质条件及工程周边环境重要性等因素综合确定。

3.2 城市轨道交通地下工程主要施工工法的调查范围可参考下表确定。

调查范围参考表

工法类别	调查范围	备注
明（盖）挖法工程	不小于基坑结构外边线两侧各 30 米（或 $3H$，取大值）	H—基坑设计开挖深度
矿山法工程	不小于隧道结构外边线两侧各 30 米（或 $3H_i$、$3B$，取最大值）	H_i—隧道设计底板埋深 B—隧道设计开挖宽度
盾构法工程	不小于隧道结构外边线两侧各 30 米（或 $3H_i$、$3D$，取最大值）	H_i—隧道设计底板埋深 D—盾构隧道设计外径

注：各地可根据本地区地质条件和工程经验等，适当调整调查范围。

3.3　城市轨道交通地面线、高架线工程的调查范围原则上不小于线路结构外边线两侧各 30m。

4　调查内容

4.1　工程周边环境调查的内容一般包括调查对象的名称、类型（或用途），地理位置，与轨道交通工程的空间关系，修建年代或竣工日期，产权人或管理单位，原建（构）筑物建设、勘察、设计、施工等单位，使用（或在建）现状，竣工图纸情况，特殊保护要求等。

4.2　地上建（构）筑物需重点调查建筑层数、高度、结构形式、基础型式、基础埋深（标高）、地基变形允许值及沉降观测资料等内容。

采用复合地基、桩基的建（构）筑物还包括地基基础的主要设计参数、施工工艺等内容。

4.3　地下构筑物需重点调查结构形式、外轮廓尺寸、顶（底）板埋深（标高）、原施工开挖范围、围（支）护结构形式、抗浮措施、施工方法等内容。

4.4　地下管线需重点调查管线的类型、功能、材质、规格、坐标位置、走向、埋设方式、埋深（标高）、施工方法等内容。

各类管道还包括管节长度、接口形式、拐折点坐标、管径变化位置、节（阀）门（或检查井）位置、载体特征（压力、流量流向）、使用情况（正常、废弃、渗漏）等内容。

采用地下综合管道共同沟的，还包括共同沟的结构形式、断面尺寸、顶（底）板埋深（标高）、围（支）护结构形式、变形缝设置情况等内容。

4.5　桥梁需重点调查结构形式、桥宽、桥长、跨度、基础型式及桥梁承载力、桥梁限载、限速、桥面破损情况、桩基参数（桩长、桩径等）、试桩资料、地基变形允许值及沉降观测资料等内容。

4.6　隧道需重点调查隧道的顶（底）板埋深（标高）、断面尺寸、衬砌厚度、施工方法、原施工开挖范围、附属结构（通道、洞门、竖井、小室）、变形缝设置及渗漏情况等内容。

4.7　道路需重点调查道路等级、路面材料、路面宽度、路基填料及填筑厚度、支挡结构及沉降观测资料等内容。

4.8　既有轨道交通设施需重点调查敷设方式、线路形式、道床形式、行车间隔、运行速度、车辆荷载、轨道变形要求等内容。

1 轨道交通设施地下线参照隧道调查内容。

2 轨道交通设施地面线还包括路基形式、填筑厚度等内容。

3 轨道交通设施高架线参照桥梁调查内容。

4.9 边坡、高切坡需重点调查边坡的支挡结构形式、地基基础形式、设计参数、施工工艺、排水设施、边坡允许变形量及变形观测资料、破损及渗漏情况等内容。

4.10 地表水体需重点调查水体范围、水底淤泥厚度、防洪水位、河床冲刷标高、通航要求、防渗方式、渗漏情况、水工建筑的地基变形允许值和沉降观测资料等内容。

4.11 水井需重点调查井深、井径、井壁材质、出水量、服务范围等内容。

4.12 文物调查除参照地上建（构）筑物或地下构筑物的调查内容外，还需调查文物等级、保护控制范围及要求等内容。

5 调查报告

5.1 工程周边环境调查报告主要包括以下内容：

1 工程概况

2 调查目的和依据

3 调查范围和对象

4 调查方法和手段

5 调查成果及资料说明

6 工程周边环境对工程的影响和风险分析

7 附图、附表

5.2 调查报告的附图、附表主要包括：

1 工程周边环境基本情况调查统计表

2 调查对象相关图纸

3 现场有关影像资料、实测数据

4 相关资料复印件等

5.3 调查报告应当由调查、校核人员签字，经调查单位技术负责人审批后加盖单位公章。

5.4 调查报告及相关资料应真实、准确、完整，满足城市轨道交通工程勘察、设计、施工等单位的需要。

4. 城市轨道交通建设工程质量安全事故应急预案管理办法

第一章 总 则

第一条 为规范城市轨道交通建设工程质量安全事故应急预案（以下简称应急预案）管理，完善应急预案体系，增强应急预案的针对性、实用性和可操作性，依据《中华人民共和国突发事件应对法》《建设工程安全生产管理条例》和《突发事件应急预案管理办法》等有关法规、规定，制定本办法。

第二条 县级以上地方人民政府承担城市轨道交通建设工程质量安全监督管理职责的部门（以下简称建设主管部门）、建设单位、施工单位的应急预案编制、评审、发布、备案、培训、演练、评估和修订等工作适用本办法。

第三条 应急预案管理应当遵循综合协调、分级负责、属地为主、企地衔接、动态管理的原则。

第四条 应急预案应当符合有关法律、法规、规章和上级预案的规定，符合工作实际和工程项目实际情况。

第二章 预案编制和内容

第五条 应急预案体系包括综合应急预案、工程项目应急预案和现场处置方案。

建设主管部门应当编制本部门综合应急预案；

建设单位应当编制本单位综合应急预案，并按照影响工程周边环境事故类别编制工程项目应急预案；

施工单位应当编制所承担工程项目的综合应急预案，并按工程事故、影响周边环境事故类别编制工程项目应急预案，同时制定事故现场处置方案。

第六条 各类应急预案编制内容各有侧重。

综合应急预案是对城市轨道交通建设工程质量安全事故应对工作的总体安排。主要规定工作原则、组织机构、预案体系、事故分级、监测预警、应急处置、应急保障、培训、演练与评估等，是应对城市轨道交通建设工程各类质量安全事故的综合性文件。

工程项目应急预案是指针对某一类型或某几种类型城市轨道交通建设工程质量安全事故而预先制定的工作方案。主要规定应急响应责任人、风险防范和监测、信息报告、预警响应、应急处置、人员疏散组织和路线、可调用或可请求援助的应急资源情况以及实施步骤等，体现自救互救、信息报告和先期处置特点。

现场处置方案是指针对某一特定城市轨道交通建设工程事故现场处置工作而预先制定的方案。主要规定现场应急处置程序、技术措施及实施步骤。侧重于细化企业先期处置，明确并落实生产现场带班人员、班组长和调度人员直接处置权和指挥权；严格遵守安全规程，科学组织有效施救，确保救援人员安全，并强化救援现场管理。现场处置方案是工程项目应急预案的技术支持性文件。

第七条 编制应急预案应当在开展风险评估、应急资源调查和能力评估的基础上进行。质量安全风险类别见附件。

第八条 建设主管部门、建设单位、施工单位编制的应急预案应当相互衔接，并与所涉及的其他部门和单位应急预案相衔接。

第九条 应急组织机构、应急救援队伍、应急装备物资储备清单、应急集结路线图等应急资源信息应当及时更新，确保信息准确有效。建设主管部门、建设单位、施工单位可根据实际需要建立应急资源管理信息系统，实现应急资源信息的及时更新与管理。

第三章　预案评审和发布

第十条　建设主管部门、建设单位、施工单位应当对各自编制的综合应急预案组织评审。工程项目应急预案和现场处置方案可视情况组织评审。

第十一条　评审人员应当包括城市轨道交通工程安全生产或应急管理方面的专家，预案涉及的其他部门和单位相关人员。

评审人员与应急预案编制单位不得存在隶属关系。

第十二条　评审的主要内容包括：

（一）应急预案是否符合有关法律、行政法规等，是否与有关应急预案进行了衔接；

（二）主体内容是否完备，组织体系是否科学合理；责任分工是否合理明确；

（三）风险评估及防范措施是否具有针对性；

（四）响应级别设计是否合理，应对措施是否具体简明、管用可行；

（五）应急保障资源是否完备，应急保障措施是否可行。

评审后应形成书面评审意见。

第十三条　应急预案发布前，编制单位应当征求预案涉及的其他部门和单位意见。

第十四条　应急预案应经编制单位主要负责人或分管城市轨道交通工程质量安全的负责人审批。审批方式根据实际情况确定。

第十五条　应急预案发布后，编制单位应当将预案送达预案涉及的其他部门和单位。

第四章　预案备案

第十六条　应急预案编制单位应当在综合应急预案印发后 20 个工作日内，向有关单位备案。

（一）建设主管部门综合应急预案报送本级人民政府和上一级行政主管部门备案；

（二）建设单位综合应急预案报送建设主管部门备案；

（三）施工单位综合应急预案报送工程所在地建设主管部门和建设单位备案。

第十七条　应急预案备案时，应当提交以下材料：

（一）应急预案文本及电子文档；

（二）应急预案评审意见。

第五章　演练和培训

第十八条　应急预案编制单位应当建立应急演练制度，根据实际情况采取实战演练、桌面推演等方式，组织开展联动性强、形式多样、节约高效的应急演练。

第十九条 建设主管部门、建设单位、施工单位应当制定应急预案演练计划，结合实际情况定期组织预案演练。建设主管部门每3年至少组织一次综合应急预案演练；建设单位、施工单位应当有针对性地经常组织开展应急演练，每年至少组织一次，视情况可加大演练频次。

第二十条 建设主管部门、建设单位、施工单位应当对应急预案演练进行评估，并针对演练过程中发现的问题，对应急预案提出修订意见。评估和修订意见应当有书面记录，并及时存档。

鼓励委托第三方进行演练评估。

第二十一条 建设单位、施工单位应当定期开展应急预案和相关知识的培训，至少每年组织一次,并留存培训记录。应急预案培训应覆盖预案所涉及的相关单位和人员。建设主管部门应当监督检查培训开展情况。

第六章 评估和修订

第二十二条 应急预案编制单位应当建立定期评估制度，分析评价预案内容的针对性、实用性和可操作性，实现应急预案的动态优化和科学规范管理。

第二十三条 有下列情况之一的，应急预案编制单位应当修订预案，修订情况应有记录并归档。

（一）有关法律、法规、规章、标准、上位预案中的有关规定发生变化的；

（二）应急指挥机构、主要负责人及其职责发生调整的；

（三）城市轨道交通工程建设规模发生较大变化的；

（四）城市轨道交通工程质量安全风险发生较大变化的；

（五）城市轨道交通工程设计方案、施工工法等发生较大变化的；

（六）在事故应对和应急演练中发现重大问题，需要作出调整的；

（七）应急预案编制单位认为应当修订的其他情况。

第二十四条 对组织指挥体系与职责、应急处置程序、主要处置措施、分类分级标准等重要内容进行修订的，应当按本办法规定进行评审和备案。

第七章 人力和经费保障

第二十五条 建设主管部门、建设单位和施工单位要指定专门机构和人员负责应急预案的编制、评审、备案、培训、演练、评估和修订等工作。

第二十六条 建设主管部门、建设单位和施工单位应将应急预案编制、评审、培训、演练、评估和修订等工作所需经费纳入预算，统筹安排；建设单位和施工单位应按照预案要求落实相应的应急物资、装备及队伍,保证相应费用的投入。确保专款专用，不得挪用。

第八章　附　则

第二十七条　县级以上建设主管部门可以依据本办法的规定，结合本部门实际制定实施细则。

第二十八条　本办法由住房城乡建设部负责解释。

第二十九条　本办法自印发之日起施行。

附件：

城市轨道交通工程质量安全风险类别

一、工程施工风险

（一）明挖法施工风险

主要从工程及水文地质、围护结构施工、基坑降水、支撑架设及拆除、土方开挖、主体结构施工等进行风险分析。重点分析永久结构、围护结构（围护桩、连续墙等）、边坡、支撑构件（锚索、围檩、钢支撑）、模板支架的稳定性，以及基坑进水、基底隆起的风险。

（二）盾构法施工风险

主要从工程及水文地质、盾构吊装、盾构始发和到达、盾构开仓及换刀、管片拼装、电瓶车运输、联络通道施工等进行风险分析。重点分析进出洞土体的稳定性、开仓过程中土体稳定性及有害气体、盾构进水的风险。

（三）矿山法施工风险

主要从工程及水文地质、竖井开挖、隧道开挖、爆破作业、联络通道施工、初支及二衬结构施工等进行风险分析。重点分析冒顶、片帮、涌水、模板支架坍塌的风险。

（四）高架段施工风险

主要从工程及水文地质、基础施工、墩身施工、架桥机架设作业、桥面铺装作业、预应力张拉等进行风险分析。重点分析模板支架稳定性。

（五）轨行区及机电安装施工风险

主要分析轨行区吊装、铺轨、安装、装修等作业以及机电设备吊装、运输及安装调试作业的操作风险。

（六）其他施工风险

主要分析工程施工过程中（含施工前场地“三通一平”及房屋拆迁、管线拆改迁、临时建筑物搭建、临时电路架设等前期工作）可能造成设备倾覆、起重伤害、机械伤害、触电、脚手架垮塌、物体打击、高空坠落、火灾、车辆伤害、爆炸伤害（锅炉、容器、瓦斯、炸药）等风险。

二、自然环境与周边环境风险

（一）自然环境风险

主要包括：天气灾害风险、地震灾害风险、地质灾害风险以及河湖海洋灾害风险等。

（二）周边环境风险

主要包括：工程邻近的建（构）筑物、地下管线、桥梁、隧道、道路、轨道交通设施等风险。

5. 城市轨道交通工程建设安全生产标准化管理技术指南（略）

第二章 安全管理行为

（略）

第三章 安全风险管理

（略）

6. 城市轨道交通工程基坑、隧道施工坍塌防范导则（部分摘录）

第二章 基本规定

2.1 构建基坑、隧道防范坍塌体系

2.1.1 城市轨道交通工程基坑、隧道属于超过一定规模的危大工程，必须严格执行《危险性较大的分部分项工程安全管理规定》（住房城乡建设部令第 37 号）及相关要求。防范基坑、隧道施工坍塌是确保施工过程安全的主要内容。

2.1.2 建设单位牵头构建基坑、隧道防范坍塌体系，细化任务分工，认真组织实施，层层压实责任，强化各参建单位的责任落实。

2.1.3 组织开展重点项目科技攻坚，推广应用城市轨道交通工程创新技术；推动危险性较大的分部分项工程和关键工序的机械化施工水平，促进“机械化换人、自动化减人”；新技术、新工艺、新材料、新设备的应用，应有认证、鉴定、评估或推广证书。

2.1.4 各地宜针对地质条件和工程特点，细化基坑、隧道防坍塌具体措施要求。

2.1.5 加强培训教育，将基坑、隧道防坍塌技术管理要求纳入培训内容，提升防范坍塌意识和技术管理水平。

2.1.6 严格执行地下水控制措施，落实控制效果，加强止水帷幕和帷幕注浆止水效果检测，避免带水作业，及时封堵涌水，必要时采用地层回灌、跟踪补偿注浆等措施，确保地下水控制处于安全状态。

2.1.7 应充分考虑各种非施工因素停工带来的不利影响，提前采取设计、施工应对措施。

2.1.8 建设单位应在基坑开挖前、盾构始发前，组织勘察、设计、施工、监理、第三方检测等单位，结合水文地质情况和周边建（构）筑物、管线情况进行现状调查，形成现状调查报告并分析评估，研究制定相关保护措施。

2.2 完善基坑、隧道施工防范暴雨措施

2.2.1 暴雨易导致基坑、隧道积水，若疏浚不及时，易诱发坍塌风险。

2.2.2 施工现场应确保场地排水系统排水能力满足规范要求，定期检查，确保无淤积、堵塞等现象。抽排水设施管（孔）口应设置防水倒灌措施。雨季期间，通往基坑、隧道的所有可能进水管（口）应进行可靠封堵。并应设专人检查，及时疏浚排水系统，确保施工现场排水畅通。

2.2.3 避免在汛期进行新建线与既有线相接部位的开洞连通施工；若必须在汛期施工，应制定汛期施工保障措施。

2.2.4 基坑（竖井、斜井）、车站出入口等周边挡水墙强度、相对高度应满足防汛要求，并定期检查挡水墙完好性，及时修补处理。

2.2.5 雨期开挖基坑（槽、沟）时，应注意边坡稳定，应加强对边坡坡脚、支撑等的处理，暴雨期间应停止土石方作业。

2.2.6 汛期前，应做好周边河流、管线渗漏情况摸排，对隐患部位及时进行处理。汛期施工时，应落实值班巡查制度，加强监测，与气象、防汛等部门建立防汛联动机制，及时掌握气象、水文等信息。根据当地防汛预警等级要求，及时启动防汛应急预案。

第三章 管理行为

3.1 监管部门

3.1.1 城市轨道交通工程质量安全监管部门应加强对基坑、隧道施工的监督管理，促进参建各方加强坍塌隐患排查治理，对发现的突出问题依法依规进行处理，对重大坍塌隐患挂牌督办，建立健全防坍塌工作机制。

3.1.2 质量安全监管部门要督促建设单位建立不良地质信息、应急及灾害事件信息库。可引入第三方作为监管辅助手段。

3.1.3 质量安全监管部门应创新监督方式，开发应用城市轨道交通工程质量安全监督管理平台，建立基坑、隧道防坍塌管理信息系统，实现互联互通；应加快智能化、信息化、网络化技术与城市轨道交通需求的深度融合，全面提高城市轨道交通工程勘察、设计、施工、监理等参建单位信息化管理水平。

3.2 建设单位

3.2.1 建设单位落实质量安全首要责任，确保工期、造价合理，保障工程施工资金到位，安全文明费用专款专用，全面履行质量安全管理职责。

3.2.2 建设单位牵头构建勘察、设计、施工、监理、监测、检测等参建单位共同参与、各负其责的基坑、隧道防坍塌管理体系，明确参建各方管理责任，督促落实防坍塌措施，加强各阶段组织衔接与工作协调，加强对参建各方的履约管理。组织开展典型事故案例和工程风险技术分析。

3.2.3 建设单位及时提供真实、准确、完整的工程相关资料[气象水文和地形地貌资料，工程地质和水文地质资料，施工现场及毗邻区域内建（构）筑物、地下管线等周边环境资料]，强化地质风险防控，提升信息化管理水平，逐步实现关键部位监测自动化，督促监测数据实时上传，关键工序管理数据实时记录。建设单位可委托第三方咨询机构进行风险评估。

3.3 勘察、设计单位

3.3.1 勘察单位应完善不良地质地区勘察细则，建立地下水动态勘察机制；按照《城市轨道交通工程地质风险控制技术指南》要求做好断层及其破碎带、淤泥、流砂、孤石、水囊、岩溶（溶洞）、地下障碍物等不良地质探查评估，针对不良地质、地质变化复杂区段及坍塌风险较大的地区开展专项勘察；勘察报告中应揭示不良地质条件，对因故未能探明的地层区段或位置，应向设计、施工单位交底并说明对工程施工可能造成的影响。

3.3.2 勘察单位随工程进展和工程位置变更，结合现场条件，及时完成补勘工作，对无法实施的钻孔应采用物探等手段探测地层岩性、地质构造等地质条件；加强勘察钻孔封堵检查验收，杜绝钻孔未封堵或封堵不密实现象。

3.3.3 设计单位应按照法律法规和工程建设强制性标准进行设计，开展风险辨识、分析、跟踪和设计服务。

3.3.4 设计单位应根据工程自身、不良地质、周边环境和自然灾害等坍塌风险，深化工程风险设计；加强基坑围护结构、隧道支护结构方案审查；完善动态设计及配合制度，研究工程应急设计。

3.3.5 设计应充分考虑工程地质和水文地质特性，在符合国家标准、行业标准和地方标准规定前提下，结合工程实际，科学合理地选择重要设计参数、计算方法和计算模型并严格复核，保证足够的结构强度安全系数和稳定性安全系数。

3.3.6 设计宜量化地面沉陷影响范围，结合实际情况制定合理的监测项目、频率和预警控制值；对于不良地质段及关键部位，应将深层沉降监测列为必测项目。

3.4 施工单位

3.4.1 施工单位负责施工阶段的坍塌风险辨识、分析评价和动态管控，排查治理坍塌隐患，建立应急制度，完善应急措施。

3.4.2 施工单位应配备相关专业人员，对施工过程中的地质风险进行日常巡查，评估现场风险状况，及时采取处置措施。

3.4.3 施工单位应严格按照设计文件、施工方案及相关技术标准进行施工，深入辨识工程自身、不良地质、周边环境和自然灾害等可能造成的坍塌风险，明确风险等级和管控措施，形成风险分析报告并进行专家评审。

3.4.4 施工单位应当对工程周边环境进行核查。按照《城市轨道交通工程监测技术规范》GB 50911 有关规定，做好工程自身监测和地表水、地下水位监测工作。按照《危险性较大的分部分项工程安全管理规定》（住建部令第 37 号）、《关于实施〈危险性较大的分部分项工程安全管理规定〉有关问题的通知》（建办质〔2018〕31 号）编制施工监测方案并组织实施；做好施工场地地面硬化，完善排水设施；加强工程邻近海域、河流、湖泊、渡槽等巡视排查；对于不良地质段及有可能发生地质变化的区段，施工单位必须组织开展超前地质探测。

3.4.5 基坑、隧道工程施工方案的编制、审批、专家论证及实施、验收等应符合《危险性较大的分部分项工程安全管理规定》（住建部令第37号）相关规定。施工方案的编制论证应将防坍塌作为重点内容之一。

3.4.6 开工前应详细核查施工区域周边地下管线情况，做好废弃管线排查并与管线产权单位会签确认。施工过程中应随时检查地下管线渗漏水情况，发现地面出现沉降、开裂、渗涌水等情况应及时启动应急预案并协调会商相关部门妥善处理。

3.4.7 施工单位应采用探地雷达法等先进适用方法对施工影响范围内的地下空洞及疏松体、管线渗漏等进行探测，由专业工程师对探测结果进行分析、验证、评估。

3.5 监理单位

3.5.1 监理单位应按照法律法规、标准、设计文件和合同要求配备专业监理人员，应当结合危大工程专项施工方案编制监理实施细则，并对危大工程施工实施专项巡视检查。监理实施细则应包括基坑、隧道防坍塌有关内容，严格按监理规划及实施细则进行监理。

3.5.2 按照工程建设强制性标准要求，审查施工组织设计中的安全技术措施、专项施工方案，监督施工单位按施工方案组织施工，做好施工期间重要工序旁站、巡视等工作。

3.5.3 监理单位应检查施工监测点布置和保护情况，比对分析施工监测和第三方监测数据及巡视信息。发现异常及时向建设、施工单位反馈并督促施工单位采取应对措施。

3.5.4 监理过程中发现施工单位未按专项施工方案施工的，应当要求其进行整改；情节严重，可能存在坍塌风险的，应当要求其暂停施工并及时报告建设单位。

3.6 咨询、监测、检测单位

3.6.1 第三方咨询机构出具的风险评估报告应真实准确，并根据工程进展及时修正或再评估；开展安全风险管理和现场巡查工作，按规定及时发布预警。

3.6.2 第三方监测单位应按相关规范和监测方案开展监测工作，并对监测成果负责，分析监测数据发现异常情况及时向建设单位报告，按规定发布预警；推进信息化管控，关键部位监测项目研究推动自动化监测，实时上传监测数据。

3.6.3 检测单位按照委托合同，采用适宜的检测设备，及时开展地层疏松、空洞等检测，发现问题及时上报。

第四章 基坑工程施工坍塌防范

4.1 一般规定

4.1.1 对围护结构侵限、止水帷幕渗漏、支撑或锚杆（索）轴力超标或松弛、监测值达到红色预警、地下水控制失效、周边建（构）筑物倾斜或产生裂缝等情况处置过程中，设计单位应参与并提出应急保障措施。

4.1.2 采用连续墙作为围护结构的，拐角处连续墙不得采用“一”字型结构，连续墙接缝处宜采用旋喷桩、预留注浆管等止水措施。连续墙接缝处宜“先探后挖”，发现渗漏及时注浆堵漏，连续墙接缝渗漏治理方案应纳入危大工程管理。

4.1.3 加强围护结构施工质量检测，采用声波透射法、钻芯法、低应变法等方法对围护桩、连续墙等围护结构进行完整性检测。

4.1.4 应采用声呐、超声波、光纤维、电位差等方法对围护结构（含止水帷幕）进行渗漏水检测。

4.2 施工准备阶段

4.2.1 基坑工程设计前必须调查地质水文、周边环境及地下管线等情况，严禁情况不明开展设计工作；基坑围护结构设计选型应与地质情况匹配；应保证围护结构坚固可靠，嵌入深度满足稳定性和强度要求，确保基坑围护结构止水措施到位。

4.2.2 基坑工程设计应进行坍塌风险辨识、分析，编制风险清单并制定相应措施，计算围护（支撑）体系内力和变形，结合当地工程经验判断设计成果合理性。

4.2.3 基坑施工必须有可靠的地下水控制方案，临河道、湖泊基坑应做好防汛措施，应在确保地下水得到有效控制的前提下开挖。

4.2.4 基坑施工前应按照相关规定编制专项施工方案并组织专家论证，确保按照经审查合格的设计文件和方案组织实施，做好方案交底，严禁擅自改变施工方法。

4.2.5 围护结构施工前，做好地上及地下建（构）筑物、管线等周边环境调查和变形监测点布设等工作。

4.2.6 基坑开挖前应组织开展关键节点施工前安全条件核查，包括钻孔、成槽等动土作业和土方开挖施工，重点核查可能出现渗漏的围护体系施工质量。未经安全条件核查或条件核查不合格的，不得开挖施作。

4.3 施工阶段

4.3.1 土方开挖时严格遵循自上而下分层分段进行，严格控制开挖与支撑之间的时间、空间间隔，严禁超挖；软弱地层支撑应采用钢筋砼支撑等加强措施；应先撑后挖，采用换撑方案时应先撑后拆；支撑不到位严禁开挖土体；严格换撑、拆撑验收，严禁支撑架设滞后、违规换撑、拆撑。

4.3.2 基坑内土坡坡度和支护方法应符合施工方案规定，基坑开挖分层分段时，应做好超前降水、排水，确保坑内土体安全坡度，基坑分段分期开挖时，必须保证临时隔离结构及支护的工程质量。对周边环境要求严格的地区，可采用伺服式钢支撑。

4.3.3 钢支撑架设必须设置防坠落装置；钢支撑架设时严格按规范要求分级施加预应力，做好钢支撑预应力锁定，钢支撑出现应力损失应及时查明原因并进行应力补偿。

4.3.4 基坑分段开挖长度应符合施工方案要求。基坑开挖见底后尽早施作底板结构，确保基底及时封闭，严禁长距离、长时间暴露。

4.3.5 严格控制基坑边堆载，不得超过设计文件和施工方案规定允许值；加强设备、车辆管理，车辆通行尽量远离基坑，严禁重型机械在基坑边长时间停放；应对基坑两侧的不对称荷载进行专项风险分析。

4.3.6　基坑（槽）开挖后应及时进行地下结构和安装工程施工，基坑（槽）开挖或回填应连续进行。施工过程中应随时检查坑（槽）壁稳定情况。

4.3.7　应防止地表水流入基坑（槽）内造成边坡塌方或土体破坏，基坑施工时应做好坑内和地表排水组织，调查基坑周边的管网渗漏情况，避免地表水流入基坑或给排水管网渗漏、爆管。场地周围出现地表水汇流、排泄或地下水管渗漏时，应组织排水，对基坑采取保护措施。

4.3.8　采用爆破施工时，应编制专项方案，防止爆破震动影响边坡及周边建（构）筑物稳定，并符合当地管理部门要求。

4.3.9　基坑工程应按照设计文件规定进行支撑轴力、围护结构变形、地下水位、地面沉降等监控量测，监控量测数据超过预警值应科学分析并及时处置，超过控制值时应分析查明原因并制定有效处置措施，未采取处置措施前，严禁组织后续施工。

第五章　矿山法隧道施工坍塌防范

5.1　一般规定

5.1.1　矿山法隧道工程采用爆破法施工时应符合当地有关管理规定，建立严格的爆破专项方案并经专家评审论证，按规定报批后方可实施；爆破人员持证上岗；严格控制爆破装药量，当天剩余的爆破器材必须清点数量，及时退库；爆破时划定爆破警戒区，严禁人员进入。

5.1.2　调整设计文件和施工方案主要技术措施参数（如混凝土强度、配筋、结构尺寸等），应经设计专业负责人书面同意，并重新按规定审查。建设单位项目负责人、总监理工程师或总监理工程师代表、项目经理或项目总工程师、设计专业负责人等应参加涉及调整主要技术措施参数的四方会议，并在会议纪要上签字确认。开挖过程中采取的施工步序、超前加固、初期支护及拆除的范围和方式与设计文件及施工方案不符的，严禁开挖施工。

5.1.3　矿山法隧道施工应进行超前地质探测工作，进一步核查隧道开挖面前方的工程地质、水文地质条件，分析地质突变发生几率和危害程度，采取切实有效的防范措施指导工程施工。

5.1.4　施工单位应对重要管线核查清楚，针对可能的风险采取相应措施后，方可进行矿山法隧道施工。对施工影响范围内的燃气、给水排水和雨污水等管线，未经核查或发现重要管线未采取相应措施的，严禁施工。管线核查主要包括管线的规格、材质、所处标高与工程位置关系、使用年限、现状等信息；相应措施主要是指重要管线的保护、加固等措施。

5.1.5　施工单位必须建立矿山法隧道掌子面与地面的通讯联络机制；通讯联络可采用有线电话、无线电话、网络通信等方式，确保两种以上联络方式畅通。

5.1.6　隧道施工完成后，应及时对隧道洞内（壁后）、施工影响区域上部空洞进行探测并处理。

5.2　施工准备阶段

5.2.1　设计单位应进行隧道坍塌风险辨识、分析，并制定相应措施，开展隧道坍塌风险跟踪和设计服务。

5.2.2　设计应加强隧道工程整体方案把控，控制隧道尺寸和深度、选择合适的施工工法、增加与风险源建筑物的距离、合理确定隧道支护结构设计、采取与地质条件相符且足够的风险控制措施。

5.2.3　设计应采取适当的隧道超前支护方法（大管棚、双层小导管、深孔注浆等），对掌子面前方一定范围内的地层进行超前支护，避免掌子面变形过大导致失稳，以及前方地层及管线等构筑物变形过大或破坏。

5.2.4　设计应合理确定分部开挖各导洞的断面尺寸和施工步序，保证各导洞初期支护稳定并减小导洞间群洞效应，设计应明确临时支撑拆除施工步序、长度、范围，确保结构安全。

5.2.5　采用冻结法施工的通道，工程勘察应提供土层的热物理特性指标，应由有资质的单位进行专项设计；施工现场应有充足的物资、设备和配件储备，应有两路以上的电力供应，且有备用发电机。

5.2.6　设计单位必要时进行应急设计，应参与初支结构侵限、土体超前加固不足、渗漏水、监测值达到红色预警等特殊情况下的应急设计方案制定。

5.2.7　矿山法施工方案中应包括掘进支护施工方案，二衬结构施工方案（拆换撑）、地下水控制或降止水施工方案等重要内容。施工工法、施工顺序、超前支护形式、临时支护拆除（拆除长度超过原设计要求 1/3）、降水方式等因素发生变化的，应按要求重新编制、审批、论证施工方案。未按要求编制、审批、论证施工方案的，严禁施工。

5.2.8　矿山法隧道工程应严格按照关键节点施工前安全条件核查的管理规定组织条件核查。未经安全条件核查或核查主控项目不合格的，严禁后续施工。

5.3　施工阶段

5.3.1　施工单位应按设计和施工方案要求进行降（止）水施工，确保矿山法隧道施工的安全作业条件。掌子面出现线状或股状的明流水，施工单位应查明水的来源，组织相关方会商，采取引排水、注浆止水等措施；应采取降（止）水的矿山法隧道工程，未按降（止）水设计图纸和降（止）水方案实施的，严禁开挖施工。

5.3.2　严格控制超前注浆量，超前支护效果达到安全作业条件时方可进行土方开挖。回填土、砂层等松散地层超前支护加固效果不能满足开挖安全需要的，或开挖后出现流砂、土体坍塌等现象，隐患未处理完成的，严禁继续开挖施工。注浆人员应经专业培训考核合格后上岗；加强格栅及丝头加工质量控制；格栅安装时，节点板及连接筋连接不满足要求应采用帮条焊补强。

5.3.3　矿山法隧道开挖进尺应严格执行相关规范、标准、规定及设计要求，严禁超挖，严禁仰挖，严禁以土柱代替格栅支护。

5.3.4 矿山法隧道（非爆破）掌子面应安装视频监控设备，全面记录掌子面围岩情况、地下水控制、超前支护、土方开挖、格栅钢架安装及喷射混凝土等施工全过程。

5.3.5 矿山法隧道格栅钢架、型钢及连接节点应逐榀进行隐蔽工程验收，并留存照片等影像资料。

5.3.6 矿山法隧道贯通、初期支护封闭成环后，结合监控量测资料拆除临时支撑，尽快施作二次衬砌，发挥二次衬砌承载力。

5.3.7 施工单位应严格按照设计图纸和方案开展监测工作。监测数据出现预警时，及时按方案要求及规定程序启动响应处置。未按设计和方案开展监测工作的，严禁开挖施工。

5.3.8 矿山法施工作业前，应确保主要人员、机械设备、物资到位，保持掌子面连续作业；机械设备（包括：注浆设备、喷射混凝土设备）能够保障超前支护注浆效果，开挖后及时喷射混凝土；开挖前，钢格栅（或型钢构件）、喷射混凝土所用的材料等物资准备齐全。分部施工的，格栅架设完成后应及时喷射混凝土；暂停开挖施工的应按要求及时封闭掌子面。

5.3.9 采用冻结法施工的通道，土方开挖前（积极冻结期结束）及停止冻结前应进行条件验收。

5.3.10 加强矿山法隧道施工期间上部道路管理，有条件时采取铺设钢板、车辆限重、限速等措施，确保隧道施工安全。

5.3.11 应对初期支护与围岩之间空隙进行检测，避免围岩松动，造成地表沉降等破坏。应对中隔壁及仰拱施工质量、垂直度进行验收，避免初支破坏。

5.3.12 开挖阶段隧道内应配置应急抢险物资（工字钢、小导管、加气块、钢筋网片等），根据工程进度就近放置。

第六章 盾构法隧道施工坍塌防范

6.1 一般规定

6.1.1 施工项目部应配备具有盾构施工经验且经过培训的土木、机电、测量等相关专业技术人员。盾构机操作工应经专业技能培训考试合格并具有一定操作经验持证上岗。

6.1.2 严格盾构选型程序；盾构机宜优先配备双闸门螺旋机及渣土自动计量装置、径向孔注入系统和超前注浆系统；施工单位必须建立盾构机安全技术档案并使用具备安全技术档案的盾构机。

6.1.3 施工单位应建立盾构机驾驶室与地面通信联络机制；通信联络可采用有线电话、无线电话、网络通讯等方式，确保两种以上联络方式畅通。

6.1.4 隧道施工完成后，应及时对洞内（壁后）、盾构施工影响区域上部空洞进行探测并处理。

6.2　施工准备阶段

6.2.1　盾构机在进场前应通过适应性评估，由建设（或监理）单位组织专家和相关人员验收合格后方可进场；严禁未经验收或验收不合格的盾构机进场。关键节点施工前应开展安全条件核查，未经安全条件核查或核查不合格的，严禁擅自施工。

6.2.2　盾构掘进施工前，施工单位应在具备条件时对地下空洞及易造成地面坍塌风险的不良地质（如上软下硬、孤石、岩溶、富水砂层及断裂带等）进行地面预处理。

6.2.3　针对工程地质、水文地质和周边环境情况，制定盾构始发、接收方案并经专家论证，强化盾构始发、接收土体加固、地下水控制措施；加强对地层加固效果的检测，确保始发、接收过程安全。

6.2.4　针对工程地质、水文地质和周边环境情况，合理选择联络通道辅助工法，制定地层加固方案，加强对地层加固效果的检测。

6.3　施工阶段

6.3.1　施工单位应根据不同的掘进组段，确定合理的土压力、扭矩、刀盘转速、推力、推进速度、添加材料注入量、注浆压力等掘进参数，精确控制盾构掘进姿态，妥善处理轴线偏差，确保盾构匀速连续掘进；建立掘进参数动态调整机制，以出土量控制为核心，确保盾构姿态稳定。

6.3.2　施工单位应按照设计文件规定实施监控量测，监控量测数据超过预警值应科学分析并及时处置，超过控制值应分析查明原因并形成有效的处置措施。未明确处置措施严禁组织后续施工。

6.3.3　盾构穿越高风险区段前，必须保证盾构机运行状况良好，有条件的宜设置穿越试验段以检验并调整掘进参数。应按照注浆量及注浆压力双控要求掘进施工，并加强同步注浆，及时进行背后回填注浆。

6.3.4　施工单位应严格按照操作规程开展水平运输、垂直运输（起重吊装）作业，按规定对运输设备及轨道进行维修保养，保证运行状态良好；盾构机出现故障或其他异常情况时，应及时处置。

6.3.5　应准确控制渣土改良配合比；确保出土量计算准确；逐步推行盾构出土量数据自动计量和网络实时上传制度。

6.3.6　盾构掘进过程中出现参数异常突变、渣土改良效果变差、出土量异常和监测预警时，应及时组织召开专家分析会，并迅速采取有效措施进行处理。

6.3.7　对于复杂地质条件，应在风险较低的地段适当设置掘进试验段，调整、确定适合的掘进方式和掘进参数。

6.3.8　盾构开仓方案应综合考虑周围环境、地面条件、工程地质与水文地质条件、盾构设备状态和掘进参数特征等，选取合理开仓位置，制定有效的地层加固、降水止水、开挖面防坍塌等辅助措施，并经专家评审通过后实施。开仓前应进行安全条件核查，核查通过后现场严格组织，确保开仓作业安全。

第七章　应急响应

7.0.1　各地城市轨道交通建设主管部门以及工程参建各方要根据险情类型、部位、级别、影响范围等实际情况，定期进行基坑、隧道防坍塌事故应急培训。

7.0.2　建设单位应组织勘察、设计、施工、监理、监测、检测等各方参与的基坑、隧道防坍塌演练，提高应急处置实效，完善应急联动机制，督促各方落实应急措施。

7.0.3　施工单位应建立健全生产安全事故应急工作责任制，根据自身工程特点和内容，编制基坑、隧道防坍塌专项应急预案和现场处置方案，建立应急抢险队伍，配备必要的应急救援装备和物资并进行经常性维护保养；作业人员进入有限空间作业应做好防范坍塌措施。

7.0.4　基坑、隧道防坍塌应急演练应突出重点、讲究实效，确保受训人员了解应急预案内容，明确个人职责，熟悉响应程序，掌握突发情况应急处置技能。

7.0.5　矿山法隧道及盾构施工一旦出现施工作业面坍塌、突泥、涌水，应采取有效措施科学处置，首先保证作业人员生命安全，并将情况反馈地面。施工过程中要加强洞内、洞外巡视和监测，设置专人值守和地面巡视，一旦地面发生开裂、隆起、坍塌等情况应及时通知地下人员，视情况及时撤离作业面，并做好地面交通管制和人流疏导。

7.0.6　矿山法隧道及盾构施工对应地面影响位置宜配备围蔽、隔离等应急物资，并随地下结构施工进展及时调整相应存放位置。

7.0.7　建设、施工单位建立与工程周边产权单位联动机制，发生坍塌事件，第一时间通知影响区范围内的房屋、管线产权单位，及时启动应急响应，保证社会人员安全。

7.0.8 险情发生后建设单位应按程序报告险情并组织现场抢险，协调有关工程专家及应急抢险队伍、设备进场。建设、施工单位应防止事态扩大，尽量避免事故次生灾害和衍生灾害发生。

7.0.9　勘察设计单位应配合做好地质水文勘察、险情分析，参与制定、优化重大险情应急抢险实施方案。第三方监测单位应配合做好抢险期间险情发生部位的加密监测工作。

7. 关于进一步加强隧道工程安全管理的指导意见

一、总体要求

以习近平新时代中国特色社会主义思想为指导，全面贯彻党的二十大精神，坚持以人民为中心的发展思想，统筹发展和安全，贯彻“安全第一、预防为主、综合治理”的方针，坚持超前预控、全过程动态管理理念，进一步压实安全生产责任，健全制度体系，强化重大风险管控，夯实安全生产基础，有效防范隧道施工安全事故发生，更好保障重大项目高质量建设，助力经济高质量发展，切实保障人民群众生命财产安全。

二、压实安全生产责任

（一）严格落实建设单位首要责任。各地各有关部门要研究制定建设单位安全生产首要责任的具体规定，督促建设单位加强事前预防管控，牵头组织各参建单位建立全过程风险管控制度，健全参建单位考核检查管理制度，强化对勘察、设计、施工、监理、监测、检测单位的安全生产履约管理。建设单位不具备项目管理条件的，应当委托专业机构和人员进行管理和服务。政府投资项目建设单位应当将履行基本建设程序、质量安全风险管控、合理工期、造价等事项纳入“三重一大”集体决策范围，强化监督检查和责任追究。

（二）严格落实参建企业主体责任。施工总承包单位依法对施工现场安全生产负总责，建立健全项目管理机构和现场安全生产管理体系，落实全员安全生产责任制，完善安全生产条件，组织开展施工现场风险管控和隐患排查治理。隧道项目负责人必须在岗履职，按要求带班作业，危大工程等关键节点施工时必须指派专职安全生产管理人员到场指挥监督。总承包单位要与分包单位签订安全生产管理协议，强化管理措施并承担连带责任，不得转包或违法分包。鼓励施工企业和项目配备安全总监，并赋予相应职权。严格落实勘察设计单位安全责任，依据相关标准规范，在设计阶段采取合理措施降低隧道安全风险，在施工图中提出应对风险的工程措施和施工安全注意事项，在施工过程中做好设计安全交底、施工配合和设计巡查等工作。严格落实监理单位安全责任，认真审查专项施工方案，督促施工单位落实法律法规、规范标准和设计有关要求，加强日常安全检查。

（三）强化属地和部门监管责任。各地各有关部门要进一步提高思想认识，把隧道施工安全工作放在重要位置来抓，定期组织分析研判安全风险，组织有关部门按照职责分工，对本行政区域内容易发生重大生产安全事故的单位进行严格检查，及时采取针对性措施强化隧道施工安全。住房和城乡建设、交通运输、水利、铁路、民航等行业主管部门要按照“三个必须”的要求，依法加强本行业领域隧道施工安全生产监管，建立与公安、国资委、市场监管等部门协同联动机制，强化联合检查，严格执法处罚，定期公布典型执法案例，依法落实失信行为认定记录公布等信用监管制度，实现精准监管和有效监管。各级安委会要把隧道施工安全纳入对地方政府和有关部门安全生产考核巡查的重要内容，按照规定对隧道施工安全事故进行挂牌督办，对事故有关责任企业和部门进行约谈通报。

三、健全制度体系

（四）完善法规标准。各地各有关部门要推动地方性法规、规章制修订工作，明确EPC、BOT、PPP、代建及其他模式下各参建单位安全管理职责，构建以建设单位为主导、以施工单位为主体、以施工现场为核心的安全生产管理体系，加大对违法违规行为的处罚力度。研究制定隧道工程项目管理人员的配备规定和从业规范，提高现场安全管理能力。加强软岩大变形、复合地层、高地应力、高地温、富水、高瓦斯、高寒高海拔、穿越超大城市中心城区等复杂地质环境条件公路、铁路等隧道安全标准制修订。

加快制定完善隧道施工风险清单和重大事故隐患判定标准。

（五）建立合理工期和造价保障机制。指导建设单位依法改进评标方法，严格限定最低投标价法的适用范围，合理界定成本价格，解决低质低价中标带来的安全生产投入不足的问题。对技术风险高、施工难度大的隧道工程项目，应提高安全生产费用提取标准。要从保证工程安全和质量的角度，科学确定合理工期及每个阶段所需的合理时间，及时协调解决影响工程进度的各类问题。严格执行建设工期，不得随意压缩合理工期。确需调整工期的，必须经过充分论证，并采取相应措施，优化施工组织，确保工程安全质量。

（六）完善现场安全管理制度。督促施工现场建立隧道关键工序或工序调整施工前核查验收制度，落实关键工序施工前的参建各方审查责任。建立健全施工方案落实监督和纠正机制，强化施工单位项目管理班子对作业班组的穿透式管理，严格施工现场监理监督检查，防止施工方案和现场施工“两张皮”。依法制定风险分级管控和隐患排查治理、项目安全风险管理、重大生产安全事故隐患报告以及安全教育培训等制度，规范管控行为。严格控制进洞人员数量和洞内高危点位人员数量，严防人员聚集增大事故风险。

（七）优化分包安全管理手段。鼓励施工总承包单位建立分包单位“红名单”“黑名单”，加强对进场施工分包单位和从业人员的资质资格审核，杜绝无资质队伍和无上岗能力的人员进场施工。将专业分包单位和劳务分包队伍纳入总承包单位安全生产管理体系统一管理，严格执行施工人员实名制管理。分包单位应严格落实施工专业技术人员配备标准。对于特长隧道、特大断面隧道以及地质条件复杂隧道工程，总承包单位必须采取更加严格措施强化分包单位选择和现场作业管理。

四、提升重大风险防范化解能力

（八）加强勘察设计源头风险防范。严格按照法律法规和强制性标准进行勘察和设计，确保地质、水文等勘察成果真实准确，隧道断面、支护措施和设计概算等科学合理，从勘察设计源头防范化解安全风险，防止因勘察工作错误或设计不合理造成生产安全事故。高风险隧道应开展专项安全设计和综合风险评估，确定合理工期指标、设计充分辅助措施、科学制定施工工期，实施过程中做好超前地质预报，突水突泥等风险区段应严格落实有疑必探、先探后挖、不探不挖。加强施工现场勘察、设计单位配合，强化动态设计，关键节点施工前参与检查和验收，并做好工程施工过程的后评估，对揭示地质条件与勘察设计不符的，动态调整开挖方案、支护参数、辅助设施、施工资源等综合风险应对措施。

（九）严格施工现场重大风险管控。严格安全风险评估制度，建立风险工点管理清单。组织制定专项施工方案，落实方案审批及专家论证流程，规范施工工序管理，按照方案开展交底、施工和验收工作，落实锚喷支护施作的质量和及时性、控制施工步距和开挖循环进尺、强化监控量测反馈预警等措施规定。严格落实方案变更论证审查程序，严防通过“设计优化”“工艺变更”“材料替代”等形式降低标准，增大安全风险。强化进洞施工人员管控和安全技术交底，加强对作业人员岗位安全生产和应急避险知识的培训教育，以及典型事故案例警示教育，对超前处理、钻孔、爆破、找顶、支护、衬砌、动火、铺轨等关键作业工序，监理人员应加强监督，项目部管理人员必须进行旁站监督。对于按照规定需要进行第三方监测的危大工程，建设单位应当委托独立的第三方单位进行监测。

（十）深化事故隐患排查治理。按照隐患动态“清零”的原则，督促加强施工现场“日检、周检、月检”等常态化排查治理，开展季节性、节假日、重大活动等专项排查，及时制止和纠正违章指挥、强令冒险作业、违反操作规程的行为。建立重大隐患举报奖励和挂牌督办制度，充分运用信息化手段，实施问题隐患清单化管理和闭环管理。

（十一）提高应急处置水平。针对地区环境、隧道类型、地质水文条件和风险类别等特点，指导参建单位制定综合应急预案、专项应急预案和现场处置方案。加强应急演练，制定演练计划，每半年至少组织一次应急预案演练，使所有参建人员熟悉应急处置和逃生方式。与临近救援力量签订救助协议，按规定配备应急物资、装备，定期进行检测维护，使其处于适用状态。与当地气象、水利、自然资源、地震等部门建立联动工作机制，开展项目营地、场站、临时作业场所环境风险评估，遇重大事故或自然灾害前兆，及时发布预警，采取停止作业、撤离人员等方式，严禁冒险作业。事故发生后，有关地区应当充分发挥多部门协同作用，做好应急处置和事故调查工作。

五、夯实安全生产基础

（十二）加快培养隧道施工安全管理人才。加快培养隧道工程技术、施工生产、安全管理人员，培育成熟、稳定、专业的人才队伍。加强常态化技能培训，采取绩效和奖励挂钩机制，鼓励一线管理人员考取相应职业资格，提升安全管理知识和技能。大力推进校企合作，鼓励企业根据隧道施工实际需求，采取订单式培养方式，培养隧道施工专业人才。

（十三）推进核心技术工人队伍建设。鼓励施工企业通过培育自有建筑工人、吸纳高技能技术工人和职业院校毕业生等方式，建立相对稳定的核心技术工人队伍。鼓励发包人在同等条件下优先选择自有建筑工人占比大的施工企业。建立健全建筑工人终身职业技能培训和考核评价体系，建立企业间培训教育互认平台，避免重复无效培训。营造职业技能等级与劳动报酬挂钩的市场环境，增强工人接受安全培训教育的积极性。

（十四）加大先进工艺技术推广应用。大力实施“科技兴安”，推进“机械化换人、自动化减人”，加大机械化、信息化及先进技术推广应用，鼓励采用 TBM、盾构、矿山法全工序机械化配套等施工工艺工法，加快推进先进施工装备、智能设备的研发、制造和应用，提高机械化施工程度。推动提升隧道工程项目信息化、智能化和精细化管理水平。加快淘汰严重危及安全的施工工艺、设备和材料。

六、强化支撑保障

（十五）注重示范引导。各地各有关部门要及时总结和推广典型经验和做法，加强隧道施工企业、隧道建设项目安全生产示范创建工作，推动新技术、新装备、新工艺、新管理模式的应用，形成一批可复制、可推广的创新成果。对安全管理规范、三年内未发生生产安全事故和涉险事件的参建企业，可给予提高安全生产措施费拨付比例、依法适当减少执法检查频次、支持申请政策性资金和各类评优评先等激励措施。有关中央企业要强化示范引领，带动全行业安全管理水平提升。

（十六）充分发挥市场机制作用。依法推行安全生产责任险，切实发挥保险机构参与风险评估和事故预防作用。培育壮大安全咨询行业，鼓励建设单位、施工企业聘用第三方专业服务机构参与安全管理，破解部分企业自身安全管理能力不足的难题。鼓励各行业主管部门通过政府购买服务等方式，弥补监管人员力量不足的短板，强化隧道施工安全监管专业能力。

8. 城市轨道交通工程地质风险控制技术指南（部分摘录）

第二章　地质风险管理基本要求

2.1　一般规定

2.1.1　城市轨道交通工程应开展地质风险管理工作。地质风险管理包括地质风险因素识别、地质风险单元划分、地质风险辨识、地质风险评价与分级、地质风险控制措施建议等。

2.1.2　城市轨道交通岩土工程勘察技术交底，应在地质风险辨识的基础上说明地质条件可能造成的工程风险。

2.1.3　设计单位在开展工程设计时，必须充分熟悉场地不良地质条件，对存在疑问的地方，书面向勘察单位提出。

2.1.4　城市轨道交通工程建设范围内存在不良地质条件时，应开展地质风险专项评估工作，划分地质风险单元、预测地质风险事件、判定地质风险等级、提出地质风险控制措施建议。

2.1.5　城市轨道交通工程应将地质风险评估纳入安全风险管理体系，在勘察设计和施工阶段明确建设、勘察、设计、施工、监理、监测等单位的工作内容。

2.1.6　城市轨道交通工程应采用先进的科学技术和管理方法进行地质条件验证、地质超前预报、地质风险评估和地质风险管理，提高不良地质条件风险控制的质量和效果。

2.1.7　城市轨道交通工程应在勘察设计和施工过程进行地质风险跟踪，当环境影响造成地质条件变化、导致设计方案变更以及实际地质条件与原勘察成果不符或针对地质风险的处理效果不满足要求时，均应进行地质风险再评估。

2.5　地质风险管控措施

2.5.1　各参建单位应根据不同地质风险单元的风险等级，明确风险管控责任、制定相关制度、实施风险管控，将地质风险控制在可接受范围之内，防范生产安全事故发生。

2.5.2　建设单位宜委托专业机构开展地质风险评估，并将评估结果及时提交给建设、设计、施工、监理等单位。

2.5.3　勘察单位应在详细勘察成果中对拟建场地的工法适用性进行评价，分析并说明地质条件可能造成的工程风险，提出地质风险控制措施建议。当地质风险等级为一、二级时，宜根据工程实际情况开展专项勘察。

2.5.4　设计单位应根据地质风险评估报告，采取设计措施降低风险等级。根据地质风险调整后的工程风险为一、二级时，应开展专项设计。

2.5.5　施工单位应根据勘察成果及地质风险评估报告，结合施工方案对施工过程中可能遇到的地质风险进行评估，采取施工措施。

2.5.6　施工单位采取管控措施之前应首先进行地质条件核查，采取技术手段核查开挖面地质情况与原勘察结果的一致性，当差异较大时，应及时上报建设、勘察、设计单位，由建设单位组织勘察、设计、施工、监理单位进行现场踏勘并提出处理意见。

2.5.7　施工单位应严格按照设计单位提出的地质处理措施实施并将处理效果反馈设计单位。

2.5.8　城市轨道交通工程应急预案应包含各类不良地质条件可能引起的安全风险控制措施。当发生地质条件突变、地质风险控制措施效果较差，导致工程整体风险高时，应根据应急预案采取地质超前预报、设计施工措施，控制风险发展。